普通高等学校建筑安全系列规划教材

建筑工程概论

主　编　李凯玲

副主编　陈新建　许　锐

主　审　翟　越

北　京

冶 金 工 业 出 版 社

2023

内 容 提 要

本书系统地介绍了工程建设中所涉及的各类领域和知识，内容涵盖建筑工程基础知识、建筑材料、基础工程、房屋建筑工程、桥梁工程、地下建筑工程、交通土建工程、水利水电工程、环境与土建工程、工程防护及减灾等。力求体现科学性、系统性和先进性，反映建筑工程所研究的内容、方向和后续的发展。

本书可作为高等院校安全工程、建筑设备工程、地质工程、环境工程、工程管理等专业的教材，也可供相关领域工程技术人员参考。

图书在版编目（CIP）数据

建筑工程概论/李凯玲主编 .—北京：冶金工业出版社，2015.10
（2023.9 重印）
普通高等学校建筑安全系列规划教材
ISBN 978-7-5024-7059-3

Ⅰ.①建… Ⅱ.①李… Ⅲ.①建筑工程—高等学校—教材 Ⅳ.①TU

中国版本图书馆 CIP 数据核字（2015）第 242014 号

建筑工程概论

出版发行	冶金工业出版社		电　话	(010)64027926
地　址	北京市东城区嵩祝院北巷 39 号		邮　编	100009
网　址	www.mip1953.com		电子信箱	service@mip1953.com

责任编辑　杨　敏　美术编辑　吕欣童　版式设计　孙跃红
责任校对　葛新霞　责任印制　禹　蕊
北京虎彩文化传播有限公司印刷
2015 年 10 月第 1 版，2023 年 9 月第 4 次印刷
787mm×1092mm　1/16；17.5 印张；422 千字；265 页
定价 38.00 元

投稿电话　(010)64027932　投稿信箱　tougao@cnmip.com.cn
营销中心电话　(010)64044283
冶金工业出版社天猫旗舰店　yjgycbs.tmall.com
（本书如有印装质量问题，本社营销中心负责退换）

普通高等学校建筑安全系列规划教材
编审委员会

序

人类所有生产、生活都源于生命的存在，而安全是人类生命与健康的基本保障，是人类生存的最重要和最基本的需求。安全生产的目的就是通过人、机、物、环境、方法等的和谐运作，使生产过程中各种潜在的事故风险和伤害因素处于有效控制状态，切实地保护劳动者的生命安全和身体健康。它是企业生存和实施可持续发展战略的重要组成部分和根本要求，是构建和谐社会，全面建设小康社会的有力保障和重要内容。

当前，我国正处在经济建设和城市化加速发展的重要时期，建筑行业规模逐年增加，其从业人员已成为我国最大的行业劳动群体；建筑项目复杂程度越来越高，其安全生产工作的内涵也随之发生了重大变化。总的来看，建筑安全事故防范的重要性越来越大，难度也越来越高。如何保证建筑工程安全生产，避免或减少安全事故的发生，保护从业人员的安全和健康，是我国当前工程建设领域亟待解决的重大课题。

从我国建设工程安全事故发生起因来看，主要涉及人的不安全行为、物的不安全状态、管理缺失及环境影响等几大方面，具体包括设计不符合规范、违章指挥和作业、施工设备存在安全隐患、施工技术措施不当、无安全防范措施或不能落实到位、未作安全技术交底、从业人员素质低、未进行安全技术教育培训、安全生产资金投入不足或被挪用、安全责任不明确、应急救援机制不健全等等，其中，绝大多数事故是从业人员违章作业所致。造成这些问题的根本原因在于建筑行业中从事建筑安全专业的技术和管理人才匮乏，建设工程项目管理人员缺乏系统的建筑安全技术与管理基础理论及安全生产法律法规知识，不能对广大一线工作人员进行系统的安全技术与事故防范基础知识的教育与培训，从业人员安全意识淡薄，缺乏必要的安全防范意识以及应急救援能力。

近年来，为了适应建筑业的快速发展及对安全专业人才的需求，我国一些高等学校开始从事建筑安全方面的教育和人才培养，但是由于安全工程专业设置时间较短，在人才培养方案、教材建设等方面尚不健全。各高等院校安全工程专业在开设建筑安全方向的课程时，还是以采用传统建筑工程专业的教材为主，因这类教材从安全角度阐述建筑工程事故防范与控制的理论较少，并不完全适应建筑安全类人才的培养目标和要求。

随着建筑工程范围的不断拓展，复杂程度不断提高，安全问题更加突出，在建筑工程领域从事安全管理的其他技术人员，也需要更多地补充这方面的专业知识。

为弥补当前此类教材的不足，加快建筑安全类教材的开发及建设，优化建筑安全工程方向大学生的知识结构，在冶金工业出版社的支持下，由长安大学组织，西安建筑科技大学、西安科技大学、中国人民武装警察部队学院、天津城建大学、天津理工大学等兄弟院校共同参与编纂了这套"建筑安全工程系列教材"，包括《建筑工程概论》《建筑结构设计原理》《地下建筑工程》《建筑施工组织》《建筑工程安全管理》《建筑施工安全专项设计》《建筑消防工程》《工程地质学及地质灾害防治》等。这套教材力求结合建筑安全工程的特点，反映建筑安全工程专业人才所应具备的知识结构，从地上到地下，从规划、设计到施工等，给学习者提供全面系统的建筑安全专业知识。

本套系列教材编写出版的基本思路是针对当前我国建设工程安全生产和安全类高等学校教育的现状，在安全学科平台上，运用现代安全管理理论和现代安全技术，结合我国最新的建设工程安全生产法律、法规、标准及规范，系统地论述建设工程安全生产领域的施工安全技术与管理，以及安全生产法律法规等基础理论和知识，结合实际工程案例，将理论与实践很好地联系起来，增强系列教材的理论性、实用性、系统性。相信本套系列教材的编纂出版，将对我国安全工程专业本科教育的发展和高级建筑安全专业人才的培养起到十分积极的推进作用，同时，也将为建筑生产领域的实际工作者提高安全专业理论水平提供有益的学习资料。

祝贺建筑安全系列教材的出版，希望它在我国建筑安全领域人才培养方面发挥重要的作用。

2014 年 7 月于西安

前　言

国泰民安是广大人民群众最基本、最普遍的愿望。随着"以新安全格局保障新发展格局"战略部署的推进,建筑安全问题受到越来越广泛的重视,每年有大量的安全工程专业毕业生进入到建筑行业,为社会经济发展献智出力。和许多非土木建筑类专业一样,如环境工程、给水排水、建筑设备工程、地质工程、工程造价、工程管理、物业管理、房地产经营与管理等,建筑安全管理人员在深入了解本专业知识的同时,还需要了解一般建筑工程的基础知识。

建筑安全工程的研究内容涉及地面建筑、地下建筑、隧道、桥梁、道路等工程的修建过程中的施工安全和管理,各工程建设企业对安全工程人员的需求量日益增加。由于传统的《建筑工程概论》教材主要面向一般地面建筑结构,并不包括地下建筑、桥梁、道路等重要结构物;而《土木工程概论》教材又多偏重基本概念,对工程现场安全管理帮助有限。因此,在"建筑工程概论"课程中增加安全因素,不仅为在建筑领域中从事安全管理工作提供必要的专业背景,也为其他相关技术人员在工作中提高安全意识、加强安全管理提供帮助。

本书就是针对这一情况编写的。本书不仅对建筑工程的结构构造进行了详细的讲解,而且与建筑结构安全等方面相结合,具有鲜明的特色。本书还介绍了大量的工程结构案例,使相关知识点变得浅显易懂,方便学生系统、全面地学习各种结构的基本知识。在编写过程中,力图结合安全工程专业的特点,尽可能满足各类工程建设的建筑安全技术与管理人员对建筑基本知识的需求。

本书的内容按照 60 学时编写。在讲授过程中,任课教师可以根据自己学校的实际情况及专业的需要进行取舍。

本书由长安大学李凯玲担任主编,陈新建、许锐担任副主编。其中第 1、2、5、7 章由李凯玲编写,第 3、8、9、10 章由陈新建、李寻昌编写,第 4、5、6、11 章由许锐、汪班桥编写。

在编写过程中,参考了大量的文献资料,对这些文献资料的作者表示由衷的谢意。由于我们水平有限,书中不当或错误之处,敬请读者批评指正。

编　者
2023 年 9 月

目　录

1 绪　论

1.1　引言

在漫长的历史长河之中，人类为了获取食物、求得生存空间，不懈地探究着与自然界的抗争之道与共生法则。在原始社会初期，生产力发展水平极度低下，人类对生存空间的要求，只限于遮风避雨，抵御猛兽侵袭，保证自身的安全。《韩非子·五蠹》中记载："上古之世，人民少而禽兽众，人民不胜禽兽虫蛇，有圣人作，构木为巢，以避群害。"《孟子·滕文公》中提到："下者为巢，上者为营窟。"由此推测，人类是从建造穴居和巢居开始，逐步掌握了地面房屋的营建技术，创造了原始的木架建筑，满足着最基本的居住和公共活动的要求。那时，建筑仅仅是物质生活手段，是人工营造的躲避自然恶劣环境和灾祸的庇护所。

随着生产力的缓慢提高及氏族文化的逐渐形成与发展，人们在满足基本生存需要和安全需要之后，开始有了更高层次的思想和精神需求。建筑，开始成为社会思想观念的一种表现方式和物化形态。在近年的考古工作中，考古学家发现了一大批早期社会公共建筑遗址，例如，浙江余杭县瑶山遗址的良渚文化祭坛、辽西建平县境内的神庙，以及欧洲著名的史前时代文化神庙遗址——巨石阵和古希腊亚哥斯（Argos）的 Hera 神庙等。人们为了表示对神的敬仰，创造出各种超常规的建筑形式，出现了沿轴展开的多重空间组合和建筑装饰艺术。从此建筑不仅具有了它的物质功能，还具有了精神意义。古罗马时代的建筑家马克·维特鲁威（Marcus Vitruvius Pollio）所著的现存最早的建筑理论书《建筑十书》中就曾提到，建筑包含的要素应兼备实用（Utilitas）、坚固（Firmitas）、美观（Venustas）的特点。建筑，不仅应保障人们的生存需要，也应该体现出人们对精神、对美的追求。由此开始，历经六七千年的发展，世界范围内逐渐出现了各种丰富多彩的建筑结构形式。

建筑是各类建筑物与构筑物的总称，是人们为了满足社会生活需要，利用所掌握的物质技术手段，并运用一定的科学规律和美学法则创造的人工环境。

人类为了满足各种生活需要，出现了各种各样的工程结构物。除了房屋建筑，还涉及堤坝、道路、桥梁、隧道等多种土木工程。随着技术手段的日益发展，一些新型的工程设施也应运而生，例如，铁路、运输管道、港口、电站、飞机场、海洋平台、给水和排水以及防护工程等。传统意义上的建筑工程，是指通过对各类房屋建筑及其附属设施的建造和与其配套的线路、管道、设备的安装活动所形成的工程实体，并不包含道路、桥梁、机场等构筑物。因此，从狭义上讲，建筑工程属于土木工程学科的一个分支，但在建筑学和土木工程的范畴里，"建筑"是指兴建建筑物或发展基建的过程。从广义上讲，建筑工程和土木工程应属于同一意义上的概念，尤其是强调设计基本理论、施工技术和安全等环节时，二者并没有不同。建筑工程的基本属性大致包括以下几个方面。

（1）综合性。无论是房屋还是桥梁的建设，任何一项工程设施的建造一般都需要经过勘察、设计和施工三个阶段，需要运用工程地质勘察、水文地质勘察、工程测量、土力学、工程力学、工程设计、建筑材料、建筑设备、工程机械、建筑经济、施工技术、施工组织等领域的知识以及电子计算机和力学测试等方面的技术。因此，建筑工程是一门范围广阔的综合性学科。

（2）社会性。建筑工程是伴随着人类社会的发展而发展起来的。在各个历史时期，工程设施的建造都反映出其独特的社会经济、文化、科学、技术的发展面貌，因而建筑工程也就成为社会历史发展的见证之一。

远古时代，人们就开始修筑简陋的房舍、道路、桥梁和沟洫，以满足简单的生活和生产需求。后来，人们为了适应战争、生产、生活以及宗教传播的需要，兴建了城池、运河、宫殿、寺庙以及其他各种建筑物。许多著名的工程设施显示出人类在这个历史时期的创造力。例如，中国的长城、都江堰、大运河、赵州桥、应县木塔；埃及的金字塔；希腊的巴台农神庙；罗马的给水工程；科洛西姆圆形竞技场（罗马大斗兽场）等。

产业革命以后，建筑材料（钢材、水泥）工业化生产的实现，机械和能源技术以及设计理论的发展，都为建筑工程提供了材料和技术上的保证。在世界各地出现了现代化规模宏大的工业厂房、摩天大厦、核电站、高速公路和铁路、大跨桥梁、大直径运输管道、长隧道、大运河、大堤坝、大飞机场、大海港以及海洋工程等等，为人类社会创造了崭新的物质环境。

（3）实践性。工程建设具有很强的实践性。在早期，结构工程是通过工程实践总结成功的经验、吸取失败的教训发展起来的。从17世纪开始，以伽利略和牛顿为先导的近代力学同土木工程实践结合起来，逐渐形成材料力学、结构力学、流体力学、岩体力学，作为土木工程的基础理论学科。这样土木工程才逐渐从经验发展成为科学。在结构工程的发展过程中，工程实践经验常先行于理论，工程事故常显示出未能预见的新因素，触发新理论的研究和发展。至今不少工程问题的处理，在很大程度上仍然依靠着实践经验。

土木工程技术的发展之所以主要凭借工程实践而不是凭借科学试验和理论研究，有三个原因：一是有些客观情况过于复杂，难以如实地进行室内实验或现场测试和理论分析。例如，地基基础、隧道及地下工程的受力和变形的状态及其随时间的变化，至今还需要参考工程经验进行分析判断；二是各类建筑物的建造过程中，由于其工序多、交叉作业多、实践性强，意外伤害时有发生；三是只有进行新的工程实践，才能揭示新的问题。例如，建造了高层建筑、高耸塔桅和大跨桥梁。工程的抗风和抗震问题突出了，才能发展出这方面的新理论和技术。

（4）统一性。无论是房屋建筑，还是其他类型的土木工程，其技术上、经济上和建筑艺术上都具有统一性。

人们力求最经济地建造一项工程设施，用以满足使用者的预定需求。工程的经济性首先表现在工程选址和总体规划上，其次表现在设计和施工技术上。工程建设的总投资、工程建成后的经济效益和使用期间的维修费用等，都是衡量工程经济性的重要方面。这些技术问题联系密切，需要综合考虑。

在土木工程的长期实践中，人们对房屋建筑艺术给予了很大的重视，取得了卓越的成就；而且还通过选用不同的建筑材料，例如，采用石料、钢材和钢筋混凝土，配合自然环境建造了许多艺术上十分优美、功能上又十分强大的工程。古代中国的万里长城，现代世界上的许多电视塔和斜张桥，都是这方面的例子。此外，工程设施的造型和装饰还能够表现出地方风格、民族风格以及时代风格。一个成功的、优美的工程设施，能够为周围的景物、城镇的容貌增美，给人以美的享受；反之，会使环境遭到破坏。

（5）计划性。要成功地完成每个建设项目，有效的计划是必需的。无论设计、施工还是运营，完成整个建设项目都需要充分考虑到整个建设项目可能会带来的社会和环境影响。在建设项目的施工周期内，用系统工程的观点、理论和方法，对系统的、科学的管理活动进行有效的规划、决策、组织、协调、控制等，从而按项目既定的质量要求、工期、投资总额、资源限制和环境条件，建立建设日程安排表，合理安排项目经费，保证建设项目施工安全，有效组织建筑材料的运输和运用，整理招投标文件资料等等，圆满地实现建设项目目标。

（6）安全性。建筑安全不仅仅是指单体结构物的安全，还研究建筑群以及整个城市的安全。影响结构物安全的因素很多，例如，自然灾害、设计缺陷、施工误差以及管理失误等等。

自然灾害主要涉及风灾、水灾、火灾、地震、崩塌、地面沉陷等。1991年，我国因洪灾而倒塌的房屋有497.9万间。1994年，我国因火灾（包含森林火灾）造成的人员伤亡为7067人。2008年，汶川8.0级地震造成直接经济损失为8452亿元人民币。在财产损失中，民房和城市居民住房的损失占总损失的27.4%，另外还有道路、桥梁等其他城市基础设施的损失，占到总损失的21.9%。

除自然灾害之外，设计、施工或管理的原因也可能造成建筑物的各种质量事故，例如，墙体开裂、构件损坏、建筑物倾斜、功能失效等，严重时甚至发生倒塌事故，出现人员伤亡。因而，工程结构设计的核心是防止建筑物的震坏倒塌，保障人民的人身、财产安全。工程安全性也取决于设计人员的结构设计、施工单位的技术水平以及建筑物的合理使用、日常维护等。工程整体牢固性是保障建筑质量安全的前提，也是结构安全设计需要考虑的重要问题。安全设计的要求就是在建筑物出现局部损坏时也不会导致整体建筑破坏倒塌。工程的整体牢固性取决于结构的良好延展性以及必要的冗余度，这样才能在地震、爆炸等灾害出现时能够最大限度地降低损失。由此可见，建筑结构安全直接影响到人类的生命安全。所以我们对土木建筑工程结构的安全设计一定要给予高度的重视，真正做到"以人民安全为宗旨"。

同时，工程建设具有许多不稳定因素，例如，在有限场地、空间中集中大量的工作人员、各种设备和材料进行多工种、多层次的立体交叉作业，生产活动具有临时性、流动性、时效性、事故多发性等特点。因此，为顺利完成施工任务，防止发生生产事故和出现职业病危害，保证身体健康和生命安全，各工程建设单位必须考虑施工的工艺、用具以及设备等方面的安全性，针对工程特点、施工方法、使用机械、动力设备及现场环境等的具体情况，采取相应的技术手段，防止高空坠物、坍塌等伤害事故的发生。

1.2 建筑历史溯源

1.2.1 古代建筑

土木工程的古代时期是从新石器时代开始的。随着人类文明的进步和生产经验的积累，古代土木工程的发展大体上可分为萌芽时期、形成时期和发达时期。

人类的发展有如文化的接力。伴随着原始农业的产生和逐步成为人类生存的主要保障地位，农业生产对于地域和土壤条件、灌溉条件等的需求，以及农作物生长周期长的特性，使得人类必须在相对固定的一个地区内生活。因此人类开始走出洞穴，走出丛林，向山下的平原及靠近河流的地区迁徙。大致在新石器时代，人们使用简单的木、石、骨制工具，伐木采石，以黏土、木材和石头等模仿天然掩蔽物建造居住场所，开始了人类最早的土木工程活动，真正意义上的"建筑"就这样诞生了。在仰韶、半坡、姜寨、河姆渡等考古发掘中均有居住遗址的发现。母系氏族社会晚期的新石器时代，在黄河流域最早的房屋是半地穴形状的，即一半在地下，一半在地上；而在长江流域的更多的是木结构的地面建筑。位于陕西西安的半坡母系氏族部落聚落遗址是一个氏族部落的聚落所在。建筑构造形式为半地穴式和地面木架建筑式（见图1.1），体现出原始人由穴居生活走向地面生活的发展过程。遗址内有很多直径为5~6m的圆形房屋，室内竖有木桩，用以支顶上部屋顶，四周密排一圈小木桩，既起承托屋檐的结构作用，又是维护结构的龙骨；还有的是方形房屋，其承重方式完全依靠骨架，柱子纵横排列，这是木骨架的雏形。整个聚落已显现出功能分区，即居住区、氏族公墓区及陶窑区。居住用房和大部分经济性房屋，集中分布在聚落的中心，构成整个布局的重心。此时，聚落还注重安全防护设施的布设，围绕居住区有一条深、宽各为5~6m的壕沟，用来防止野兽或外部落的侵扰。此时，整个聚落无论是分区还是布局都已经具有一定章法，反映出原始社会人们已经开始按照当时社会生产与社会意识的需求，进行聚落生活的整体规划。南方较潮湿地区，"巢居"已演进为初期的干阑式建筑。例如，长江下游河姆渡遗址（见图1.2）中就发现了许多木构件遗物，如柱、梁、枋、板等。许多构件上都带有榫卯，有的构件还有多处榫卯。可以说，河姆渡的干阑木构已初具木构架建筑的雏形，体现了木构建筑之初的技术水平。山西龙山文化的住房遗址（见图1.3）已有以家庭为单位的生活痕迹，出现了双室相联的套间式半穴居，平面成"吕"字形。在建筑技术方面，开始广泛地在室内地面上涂抹光洁坚硬的白灰面层，使地面具有防潮、清洁和明亮的效果。这时期的土木工程还只是使用石斧、石刀、石凿等简单工具，所用材料都是天然材料，如茅草、竹、芦苇、树枝、树皮和树叶、砾石、泥土等。掌握了伐木技术以后，就使用较大的树干做骨架；有了煅烧加工技术，就使用红烧土、白灰粉、土坯等，并逐渐懂得使用草根泥、混合土等复合材料。人们开始使用简单的工具和天然材料建房、筑路、挖渠、造桥，使土木工程完成了从无到有的萌芽阶段。

图1.1　半坡原始居民
半地穴式房屋复原图

图1.2　河姆渡原始居民
干阑式房屋想象图

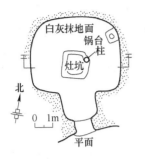
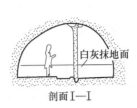
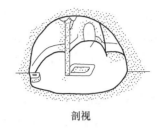

图1.3 山西龙山文化窑洞式遗址复原图

随着生产力的发展，农业、手工业开始分工。大约自公元前3千年起，在材料方面，开始出现经过烧制加工的砖瓦；在构造方面，形成了木构架、石梁柱、券拱等结构体系；在工程内容方面，有宫室、陵墓、庙堂还有许多较大型的道路、桥梁、水利等工程；在工具方面开始使用青铜制造的斧、凿、钻、锯、刀、铲等工具。后来铁制工具逐步推广，有了简单的施工机械，也有了经验总结及形象描述的土木工程著作。如公元前5世纪成书的《考工记》记述了木工金工等工艺，以及城市、宫殿、房屋建筑规范，对后来的土木工程发展有很大影响。秦始皇统一全国后（公元前221年），大力改革政治、经济、文化，统一法令，统一货币与度量衡，统一文字，尤其是修建了通达全国的驰道，筑造了军事工程——长城。建于公元1056年的山西应县木塔是中国现存最高最古老的一座木构塔式建筑。它充分利用传统建筑技巧，全塔广泛采用各式斗拱结构54种，每个斗拱都有一定的组合形式，将梁、坊、柱结成一个整体，形成了一个立体的八边形中空结构，如图1.4所示。隋代建造的河北赵县安济桥（又称赵州桥），不仅可减轻桥的自重，而且能减少山洪对桥身的冲击力，在技术上与造型上达到了很高的水平，是我国古代建筑的瑰宝。

图1.4 山西应县木塔

除了房屋建筑之外，为满足人们的各种需求，其他结构工程也不断出现。距今6000年的湖南澧县古城遗址，不仅有高达4m的城墙，还有宽达35～50m的环城壕池，不但具有军事防备作用，而且有防御洪水和排涝的功用。公元前2650年，埃及人民在杰赖维干河（Wadi Garawi）上修建了用于防洪的水坝。尼罗河上的美利斯水库是利用天然洼地进行改建的，兼具防洪和灌溉的双重效果。我国早在2500年以前，就在安徽寿县修建有大型平原水库，到了秦汉时期，又在流域内的丘陵地区修建了小水库群，具备了挡水、溢洪、取水的功能。公元前256年李冰主持修建的都江堰（见图1.5），合理利用鱼嘴分水堤、飞沙堰泄洪道、宝瓶口引水口等主体工程，使其相互依赖、功能互补、巧妙配合，形成布局合理的系统工程，科学地完成了江水自动分流、自动排沙、控制进水流量等工程，消除了水患，是全世界迄今为止仅存的一项伟大的"生态工程"。

人类在与自然灾害斗争的历史进程中，建筑结构形式一直在不断地优化、改善。在旧石器时代人类居住的洞穴，洞口皆避开当地的大风方向，并与水源保持一定高度，以防风害、水害。中国古建筑中多使用木结构，由于木材其防火性能较差、易蛀蚀，人们在工程建设和使用过程中，也总结出许多重要的经验。《韩非子·亡征》中就提到"木之折也必通蠹，墙之坏也必通隙。然木虽蠹，无疾风不折；墙虽隙，无大雨不坏。"不仅反映出结构破坏的原因，也反映出事物变化的内因与外因的哲学关系。此外，商周时期的宫殿的长宽比较大，不利于抵抗强风和地震的侧向荷载。到了唐宋时期，这种情况开始有所转变。《营造法式》中记载宫殿的长宽比已调整为 1.6~2.0；在东南沿海地区，甚至减为 1.4 左右。

埃及人在公元前 3000 年开始进行大规模水利工程以及神庙（见图 1.6）和金字塔的修建。在修建中积累和运用了几何学与测量学方面的知识，组织了大规模协作劳动。使得土木工程更深一层地发展。有研究人员利用现代强度理论计算了古埃及的许多神庙遗迹中的梁柱，发现这些构件的安全系数取值通常不大于 3~4，而这恰恰符合现代强度理论中对天然石材的设计要求。

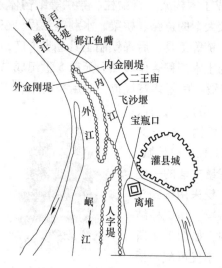

图 1.5　都江堰水利工程示意图

图 1.6　Erecheion 伊瑞克提翁神庙

可以看到，古代劳动人民不但拥有精湛的建筑技术水平，而且在古代重大土木工程建设过程中运用了现代系统工程的分析方法，将工程项目看成一个有机的整体，通过统筹安排、统一管理促进项目的正常开展。随着现代建设规模的不断扩大，建设技术日趋复杂，工程各部分之间紧密联系、相互协同、相互制约、高度综合的工程管理系统已经形成。

1.2.2　近代建筑

从 17 世纪中叶到 20 世纪中叶的三百年间，是土木工程在发展史中迅猛前进的阶段。这个时期土木工程的主要特征是：在材料方面，由木材、石料砖瓦为主，到开始并日益广泛地使用铸铁、钢材、混凝土、钢筋混凝土，直至早期的预应力混凝土；在理论方面，材料力学、理论力学、结构力学、土力学、工程结构设计理论等学科逐步构成，设计理论的发展保证了工程结构的安全和人力物力的节约；在施工方面，由于不断出现新的工艺和新的机械，施工技术进步，建造规模扩大，建造速度加快了。土木工程逐渐发展到包括房屋、道路、桥梁、铁路、隧道、港口、市政、卫生等工程建筑和工程设施，不仅能在地面而且有些能在地下或水域内修建。

17 世纪到 18 世纪下半叶是近代科学的奠基时期，也是近代土木工程的奠基时期。牛顿的力学原理是近代土木工程发展的起点。意大利的伽利略在 1638 年出版《关于两门新科学的谈话和数学证明》中，论述了建筑材料的力学性质和梁的强度，首次用公式表达梁的设计理论。这本书是材料力学领域中的第一本著作，也是弹性体力学史的开端。1687 年牛顿总结的力学运动三大定律是自然科学发展史的一个里程碑，直到现在还是土木工程设计理论的基础。瑞士科学家 L·欧拉建立压屈公式，算出柱的临界压曲荷载，在分析工程构筑物的弹性稳性方面得到了广泛应用。法国工程师 C. A. de 库仑 1733 年写的论文《建筑静力学各种问题极大极小法则的应用》，说明了材料的强度理论、梁的弯曲理论、挡土墙的土压力理论及拱的计算理论。1825 年，法国学者纳维（H. Navier）在材料力学、弹性力学和强度理论的基础上，提出了容许应力法。从此，建筑结构设计有了系统的理论指导。这些近代科学奠基人突破了以现象描述、经验总结为主的古代科学的框框，创造出比较严密的逻辑理论体系，加之对工程实践有指导意义的复形理论、振动理论、弹性稳定理论等在 18 世纪相继产生，这促使土木工程向深度和广度发展。

土木工程的新材料、新设备接连问世，新型建筑纷纷出现。1842 年英国的 J·阿斯普丁取得一种新型水硬性胶结材料——波特兰水泥的专利。1856 年贝塞麦转炉炼钢法发明，钢材越来越多地应用于土木工程。土木工程此时的施工方法已开始机械化和电气化。如蒸汽机用于抽水、打桩、挖土、压路起重等作业；19 世纪 60 年代内燃机和电机出现后，很快创造出各种的起重、加工、现场施工的专用机械和配套机械。

第一次世界大战以后，近代土木工程发展到成熟阶段。这个时期的标志是道路、桥梁、房屋大规模建设的出现。在交通运输方面，由于汽车在交通运输中快速和灵活的特点，道路工程的地位日益提升。1931～1942 年德国首先修建了长达 3860km 的高速公路网，美国和欧洲其他各国也跟着投入建造。20 世纪初出现了飞机，飞机场工程迅速发展起来。钢铁质量和产量上升，使建造大跨桥梁成为现实。1918 年加拿大建成魁北克悬臂桥，跨度 548.6m；1937 年美国旧金山建成金门悬索桥，跨度 1280m，全长 2825m，是公路桥的代表工程，如图 1.7 所示。

图 1.7　金门大桥

近代土木工程发展到成熟的另一个标志是预应力钢筋混凝土的广泛应用。1886 年美国人 P·H·杰克逊首次应用预应力混凝土制作建造构件，后用于制作楼板。1930 年法国工程师 E. 佛雷斯内把高强钢丝用于预应力混凝土，把土木工程技术推向现代化。预应力混凝土结构的抗裂性能、刚度和承载能力，大大高于钢筋混凝土结构，因而用途更为广阔。土木工程进入了钢筋混凝土和预应力混凝土占统治地位的历史时期。

土建工程是具有很强的实践性的学科。在早期，各类工程都是通过工程实践总结成功经验，尤其是吸取失败的教训发展起来的。在土木工程的发展过程中，工程实践经验常常先行于理论，工程事故常显示出未能预见的新因素，促发新理论的研究和发展。当然，人们也从工程事故中获得经验、得到启发，使得工程建设理论日益完善，使结构设计过程更具可靠性。

1.2.3 现代建筑

现代土木工程以现代科学技术为背景，以现代工程材料为基础，以社会生产力的现代发展为动力，以现代工艺与机具为手段高速地向前发展。

第二次世界大战之后，现代科学技术迅猛发展，计算手段和生产工艺都达到一个新的水平，从而为建筑工程的进一步发展提供了强有力的物质基础和技术手段，开启了工程建设的新时期。这时期的工程建设具有更多的特点。

随着人类文明及科学技术的发展，土木工程材料的不断进步与改善。现代土木工程中，传统的土、石等材料的主导地位已逐渐被新型材料所取代。目前，水泥混凝土、钢材、钢筋混凝土已是不可替代的结构材料；新型合金、陶瓷、玻璃、有机材料及其他人工合成材料与各种复合材料等在土木工程中占有愈来愈重要的位置。

在工程地质和地基处理方面，由于结构物的荷载日益增大，对建设场地的变形要求也越来越严苛。建设区域内的工程地质条件和地基处理方式不仅直接决定基础的设计和施工，还常常关系到工程设施的选址、结构体系和建筑材料的选择。工程地质和地基的勘察技术，除了目前主要采用的钻探、井探、槽探等方法之外，还引入了地球物理勘探和遥感技术，使得岩土工程勘察工作向着高精度、多功能、数字化、系列化和智能化方向发展。现代工业的发展，也为地基处理技术的迅速发展提供了强大的技术手段，从可增加土的抗拉强度的加筋法，到考虑土的密实度的强夯法和振动水冲法，以及施工便捷的高压喷射注浆法。

图 1.8 迪拜阿里法塔

在空间规划方面，向着更高、更深的立体化格局发展。由于人口剧增，城市用地紧张，交通拥挤加剧，这就要求房屋建筑和道路交通向高空和地下发展。高层建筑一度成了现代化城市的象征。现代高层建筑由于设计理论的进步和材料的改进，出现了新的结构体系，如剪力墙、筒中筒结构等。美国是拥有高层建筑最多的国家，其中超过 200m 的有 100 多座，许多发展中国家也竞相建造世界第一高楼（见图 1.8）。另一方面，地铁、高铁等不断发展，地下商业街、地下停车场、地下工厂也陆续发展起来，加之城市道路下面密布电缆、给排水、供热、供气的管道构成了城市脉络。现代城市建设已经成为一个立体、有机的系统，这对土木工程各个分支以及它们之间的协作提出了更高要求。

工程设计理论方面，人们努力使设计尽可能符合实际情况，达到适用、经济、安全、美观的目的。为此，人们已开始采用概率统计来分析确定荷载值和材料强度值，研究自然界的风力、地震波、海浪等作用在时间、空间上的分布与统计规律，积极发展反映材料非弹性、结构大变形、结构动态以及结构与岩土共同作用的分析，进一步研究和完善结构可靠度极限状态设计法和结构优化设计等理论。现代科学信息传递速度大大加快，一些新理论与方法，如计算力学、结构动力学、动态规划法、网络理论、随机过程论、滤波理论等成果，随着计算机的普及而渗进了土木工程领域。结构动力学已发展完备。荷载不再是静止的和确定性的，而将被作为随时间变化的随机过程来处理。这些应用在地震预测中起到巨大作用，同时可以应用到材料的测算、结构分析、结构抗力等领域。计算机不仅用以辅助设计，更作为优化手段；不但运用于结构分析，而且扩展到建筑、规划领域。

工程施工方面，随着土木工程规模的扩大和由此产生的施工工具、设备、机械向多品种、自动化、大型化发展，施工日益走向机械化和自动化。同时组织管理开始应用系统工程的理论和方法，日益走向科学化。有些工程设施的建设继续趋向结构和构件标准化和生产工业化。这样不但可以降低造价、缩短工期、提高劳动生产率，而且可以解决特殊条件下的施工作业问题，以建造过去难以施工的工程。

此外，现代土木工程与环境紧密相扣，在功能上考虑它造福人类的同时，还要注意它和环境的和谐问题。现代生产和生活时刻排放大量废水、废气和废渣，发出噪声，污染着环境。环境工程，如废水处理工程等又为土木工程增加新内容。核电站和海洋工程的快速发展又产生新的令人关心的环境问题。随着大规模现代土木工程的建设，土木工程对环境的影响越来越大。

1.3 建筑未来发展

1.3.1 空间发展

为了解决城市土地供求矛盾，城市建设向更高、更深的方向发展，日本提出了占地约 $400\text{m} \times 400\text{m}$，地下深 60m，地上高 1000m，总建筑面积约 $8 \times 10^6 \text{m}^2$，计划容纳 3 万 ~ 4 万人居住的摩天城市的构想。而迪拜的一家建筑设计公司也打算在迪拜附近的沙漠或绿洲上建造一座名为"吉吉拉特"的金字塔城，该建筑计划占地 2.3km^2，高 750m，计划容纳 100 万人居住。

同时，人们一直格外关注地下空间的开发利用。地下工程不仅可以开拓人类的生存空间，而且还具有恒温性、恒湿性、隔热性、遮光性、气密性、隐蔽性、安全性等诸多地面建筑无法企及的优点。地下工程在社会、经济、环境等多方面都能产生良好的综合效益。它对节约城市占地、节省能源、缓解交通、减少污染、提高工作效率等方面，也都有着极其重要的作用。

整个地球表面积的 70.8% 都是海洋，人们为了节约用地和防止噪声的影响，通过填海造地在海上修筑人工岛并在岛上修建了机场，例如，中国澳门机场、日本关西国际机场均在人工岛上修建有跑道和候机楼。与此相似的，香港大屿山国际机场劈山填海、荷兰 Delf 围海造城也都是利用海面造福人类的宏大工程。另外，人们从航空母舰和大型运输船的建造中得到启发，对建立海上浮动城市提出了设想。美国佛罗里达州的 FREEDOM SHIP 国际公司正在建造一座以太阳能和波浪能为动力，分为 25 层，可供 5 万人居住的移动海上城市。在这城市里，学校、医院、公园、机场等设施应有尽有。海洋土木工程的兴建，在解决陆地土地少的矛盾的同时，还将为海底油气资源及矿物的开发提供立足之地。

目前高速公路、高速铁路的建设仍呈现发展趋势，环球铁路和环球高速公路的设想也在实现中。人们可以从阿根廷的火地岛经由中美洲、北美洲，从阿拉斯加穿白令海峡到俄罗斯，再经中国、蒙古到东欧、西欧，从西班牙跨直布罗陀海峡到摩洛哥，经北非，穿撒哈拉沙漠到南非，直达好望角。有着完善的安全保障、通信和综合服务系统的现代化的城市交通系统也在设计中，它为各个城市提供了快速、直达、舒适的运输系统。

沙漠或荒漠地区约占全世界陆地的 1/3。由于沙漠地区存在缺水，生态环境恶劣，日夜温差太大，空气干燥，太阳辐射太强等缺点，不适于人类生存，许多国家已开始了沙漠改造工程。为了使沙漠变成绿洲，人们使用了兴修水利，种植固沙植物，改良土壤等方法。此外，人们通过各种途径解决沙漠缺水问题，例如，利比亚已发现撒哈拉大沙漠下有丰富的地下水，并已部分开始利用；沙特阿拉伯曾研究将巨大的冰山从南极拖入沙漠地区；以及进行海水淡化。沙漠的改造利用既增加了有效土地利用面积，又改善了全球生态环境，可谓一举两得。

自古以来，人类一直有着"飞天梦"，梦想着向高空、太空发展。1992 年，日本提出"一个工程师的梦"计划，梦想制造 X-SEED4000 超整体都市结构，即高空 4000m 的空中城市。虽然这是个梦，但说明已有人在探索向超高空拓展的问题。20 世纪 50 年代以来，太空科学技术迅猛发展，人类已建立了太空站，宇宙飞船已经可以在地球与太空站之间往返，人类实现了太空旅游。美籍华裔科学家林桂铜博士利用从月球带回来的岩石烧制成了水泥，他认为只要将氢、氧带上月球化合成水，则可在月球上就地制造混凝土。日本人设想在月球上建立可以拼接扩大的六角形钢结构蜂房式基地，内部造成适合人类居住的人工气候。随着太空站和月球基地的建立，人类甚至可以向火星进发。利用生物工程，将制氧微生物及低等植物移向火星，使之在较短时间内走完地球几亿年才走完的进程，使火星地球化，适宜于人类居住。那时人类便可向火星移民，人们的生活空间将大大扩展。要把人类的活动舞台扩展到太空中的另一个星球，我们还要走很长的路，这需要我们的共同努力，其中土木工程会在这个计划中占十分重要的一环。

1.3.2 技术革新

科技的发展日新月异，在未来建筑结构的材料、设计和施工等方面均会展现出新的发展趋势。

日益加快的城市化进程，日趋加大的城市人口密度，日益集中和强化的城市功能，要求人们通过建造高层建筑来解决众多人口的居住问题和行政、金融、商贸、文化等部门的办公空间，因此要求结构建筑向轻质、高强方向发展。开发高强度钢材和高强混凝土，同时探索将碳纤维及其他纤维材料与混凝土聚合物等复合制造的轻质高强结构材料仍然是目前的主要目标。

到目前为止，普通建筑物的寿命一般设定在 50~100 年。现代社会基础设施的建设日趋大型化、综合化，例如，超高层建筑，大型水利设施，海底隧道等大型工程，耗资巨大、建设周期长、维修困难，因此对其耐久度的要求越来越高。此外，随着人类对地下、海洋等苛刻环境的开发，也要求高耐久度的材料。目前，高耐久性混凝土、钢骨混凝土、防锈钢筋、陶瓷质外壁胎面材料、合成树脂涂料、防虫蛀材料、耐低温材料，以及在地下、海洋、高温等苛刻环境下能长久保持性能的材料，都是主要的开发目标。

在大空间建筑中，由高分子聚合物涂层与基材按照所需的厚度、宽度通过特定的加工工艺粘合而成的膜材料也是一种广泛应用的新型材料。这种材料不仅耐磨、耐高温、耐腐蚀，还有良好的绝缘性、阻燃性和极佳的延展性、自洁性。它可以发挥极大承载力，灵活构筑空间，具有自然的生态美外观。

　　大深度地下空间是目前为止还没有被广泛开发利用的领域，随着地球表面土地面积逐年减少，人类除了向高空发展外，大深度地下也是一个很有潜力的发展空间。与超高层建筑相比，地下空间结构具有保温、隔热、防风等优点，可以节省建筑能耗。为实现大深度地下空间建设，需要开发能适应地下环境要求的药剂材料、生物材料、土壤改良剂、水净化剂等。

　　海洋建筑与陆地建筑的工作环境有很大差别。为了实现海洋空间的利用，建造海洋建筑，必须开发适合于海洋条件的建筑材料。材料很容易受到海水中的盐分、氯离子、硫酸根等的侵蚀作用而破坏；海水波浪不同的往复作用会对建筑物构成冲击、磨耗和疲劳荷载作用；台风、海啸等严酷的气候条件也会经常影响海洋建筑；建筑在海滩、近海等软弱地基上的建筑物的沉降现象也很明显。这些严酷苛刻的环境下工作的海洋建筑物所用的材料，要求具有很高的强度、抗冲击性、耐疲劳性、耐磨耗等力学性能，同时还要具有优良的耐腐蚀性能。为实现这些性能，要求开发涂膜金属板材、耐腐蚀金属、水泥基复合增强材料、地基强化材料等新型材料。

　　随着逐渐加快的城市道路、市政建设步伐，人行路、停车场、广场、住宅庭院与小区内道路的建设量，也逐年被建筑物和灰色的混凝土路面所覆盖。这使城市地面缺乏透水性，雨水不能及时还原到地下，严重影响城市植物的生长和生态平衡。同时，这种缺乏透气性的路面，对城市空间的温度也有影响。多孔的路面材料能吸收交通噪声，减轻交通噪声对环境的污染，是一种与环境相协调的路面材料。这种路面还可以将雨水导入地下，调节土壤湿度，有利于植物生长，同时雨天不积水，提高行车、行走舒适性和安全性。除此之外，各种多彩多姿的彩色路面、柔性路面等路面材料，也可增加道路环境的美观度，为人们提供一个赏心悦目的环境。

　　日益完善的计算机的应用普及和结构计算理论使计算结果更能反映实际情况，从而能更好地发挥材料的性能，并保证结构的安全。为了缩短工期、提高经济效益，人们将会设计出更为优化的方案进行工程建设。

　　对象信息模型方法在建筑领域的运用近几年发展比较迅速。它不仅是简单的数字信息集成，还是一种数字信息的应用，可以用于建筑、桥梁、厂区、管网等领域的设计、建造、管理的数字化方法。这种方法支持工程建设的集成管理环境，能够通过在工程项目的整个周期中提供数据，来显著提高建设效率、大幅度减少风险。还可以利用四维模拟施工，在前期设计阶段就可以预测到后期施工阶段可能会出现的各种问题，进行提前处理，减少损失。并在后期提供合理的施工方案及人员、材料配置，指导施工活动开展，从而在最大范围内实现资源合理运用。

　　土木工程施工是将设计者的创意、理念以及构思转化为工程实体的过程，无论是乡村的民居民宅还是都市的高楼大厦，都需要通过"施工"这一过程来塑造。目前，一大批标志性的土木工程已经被我国运用现代化的土木工程施工技术成功修建，例如，长江三峡水利工程、广州电视塔、北京"鸟巢"体育馆、青岛跨海大桥等等。随着人们科学技术的进步以及工程建设理论的不断发展，未来工程施工的机械化、高科技化、智能化以及低碳化必然会成为施工技术最主要的发展方向。

　　今后需要重点研究和加以应用的课题将是土木工程的计算机仿真分析和虚拟技术的应用。我们可以对重大土木工程设置"健康"检测系统，建立"健康"档案，以便及时根据土木工程在使用过程中的不正常现象找出问题所在，及时维修和解决，确保土木工程使用安全，延长其寿命。还可以开展对各种灾害作用的研究，不断发展的结构工程学科，会使结构分析理论日益完善，我们可以通过精细分析，对结构性态描述得到相当准确的结果。还可以开展对整个结构体系可靠度的研究。关于建造技术的展望：今后发展重点将是计算机技术在建造过程中的应用上，包括钢结构构件的计算机辅助制造；建造机器人的方法将提到议事日程上来，其应用也将日益普遍。

1.3.3　绿色节能

土木工程是一种对资源的需求和对环境的危害非常明显的大型社会性创造活动。日益增强的低碳环保理念，使人类的可持续发展意识越来越强烈，低碳经济已经成为当前世界经济发展的主流趋势，土木工程环保节能技术的发展与创新显得尤为重要。当前工程节能环保技术已经取得了一定的成果，例如，保温技术、空心砖、加气混凝土以及各种节能板材、保温建材等在工程建设中已广泛应用，但土木工程环保节能技术的推广与创新仍有待于全社会的共同努力。

1.3.3.1　环保型绿色建筑材料

（1）绿色健康建筑材料。绿色健康建筑材料指的是在对环境起到有益作用或对环境负荷很小的情况下，在使用过程中能满足舒适、健康功能的建筑材料。绿色健康建筑材料首先要亲和环境。环境亲和的建筑材料应该有着耐久性好、易于维护管理、不散发或很少散发有害物质的特点。当前建筑中的污染物主要来自于石材类、板材类、涂料类及水泥等方面，绿色建筑的发展将淘汰这些"垃圾"建材，改以催生具有更优性能的环保型材料来取代。在使用过程中无害的基础上，绿色健康材料还应该实现其净化及改善环境的功能，随着纳米技术和纳米材料的进一步发展和研究，国内外正利用纳米材料对新型建筑材料进行研究开发和应用。利用纳米的氧化分解能力和超亲水作用可制成改善生活环境、提高人们生活质量的生态建筑材料，例如，具有抗菌灭菌、净化空气、防噪声、防辐射、除臭、表面自洁以及可以产生负离子等功能的绿色健康材料。

（2）节能建筑材料。世界各国建筑学、建筑技术、材料学和相应空调技术研究的重点和方向正倾向于建筑物的节能。室内环境所要求的温度与室外环境温度的差异造成了建筑物的能耗，因此有效降低建筑物的能耗主要有两种途径：一是改善室内采暖、空调设备的能耗效率；二是利用保温砂浆、聚氨酯泡沫塑料（PUF）、聚苯乙烯泡沫板（PSF）、聚乙烯泡沫塑料（PEF）、硬质聚氨酯防水保温材料、玻璃纤维增强水泥制品（GRC）、外挂保温复合墙、外保温聚苯板复合墙体、膨胀珍珠岩、防水保温双功能板等材料，增强建筑物围护结构的保温隔热性能。

（3）可再生材料。根据可持续发展要求、新型建筑材料的生产、使用及回收全过程都要考虑其对环境和资源的影响，我们需要使用具有可循环再生利用性的建筑材料，实现材料的可循环再生利用。建筑材料的可循环再生利用包括建筑废料及工业废料的利用。例如，利用工业废料（粉煤灰、矿渣、煤矸石等）生产水泥、砌块等材料；利用废弃的泡沫塑料生产保温墙体板材；利用废弃的玻璃生产贴面材料等。这样不但可以减少固体废渣的堆存量，减轻环境污染，而且可以节省自然界中的原材料，对环保和地球资源的保护具有积极的作用。因此，要尽可能地使用由可再生原料制成的材料和可循环使用的建筑材料，最大限度地节约资源，减少固体垃圾，这样才符合绿色建筑的发展道路。

（4）智能化材料。随着人类智能化的发展，智能化材料也逐渐被人们重视和研发。智能化材料就是材料本身具有自我诊断和预告破坏、自我调节和自我修复的功能，以及可重复利用的一种新型材料。这类材料当内部发生某种异常变化时，能将材料内部的位移、变形、开裂等情况反映出来，以便在破坏前采取有效措施；同时，智能化材料能够根据内部的承载能力及外部作用情况进行自我调整，例如，吸湿、放湿材料，可根据环境的温度自动吸收或放出水分，能保持环境温度平衡；自动调光玻璃，根据外部光线的强弱调整进光量，满足室内功能的采光和健康性要求。智能化材料还具有类似于生物的自我生长，新陈代谢的功能，能自我修复破坏或受到伤害的部位。当建筑物解体的时候，可重复使用的材料本身还可以减少建筑垃圾更加环保。这类材料的研究开发目前处于起步阶段，关于自我诊断、预告破坏和自我调节等功能已有初步成果。

1.3.3.2　绿色建筑设计

绿色建筑设计就是指以符合自然生态系统客观规律并与之和谐共生为前提，充分利用客观生态系统环境条件、资源，尊重文化，集成适宜的建筑功能与技术系统的设计，坚持本地化原则，具有资源消耗最小及使用效率最大化能力，具备安全、健康、宜居功能并对生态系统扰动最小的可持续、可再生及可循环的全生命周期建筑设计。绿色建筑设计的三大特点为：减少对地球资源与环境的负荷和影响；创造健康；舒适的生活环境及与周围自然环境相融合。

（1）进行节能设计和使用清洁能源。波兰建筑事务所设计的集雨摩天楼，借助覆盖整个外表面的水槽网和屋顶的巨型碗状雨水收集设施，在最大程度上获取雨水，并将雨水直接汇入一个处理厂。处理后获得的生活用水循环使用，例如，冲马桶、洗衣服、其他清洗工作以及浇灌植物等。

（2）打造生命住宅。来自 15 个国家的科学家于 1994 年在美国讨论时提出了"生命建筑"的概念。生命建筑具有"大脑"，它能以生物的方式感知建筑内部的状态和外部环境，并及时做出判断和反应。当灾害发生时，它能进行自我保护。例如，日本开发成功的智能化主动质量阻尼技术，一旦地震发生，建筑物内的阻尼物的质量会被生命建筑中的驱动器和控制系统智能地改变，从而改变阻尼物的振动频率，以此来抵消建筑物的震动。除此之外，自我康复也是生命建筑的功能之一。美国伊利诺斯大学已研制出生命建筑自我康复的方法。当生命建筑出现裂缝时，充有异丁烯酸甲酯粘结剂和硝酸钙抗蚀剂的小管断裂，管内物质流出，形成自愈的混凝土结构。这完全像人体血液中的血小板，能够填塞创口，使肌体康复。

（3）绿化走进建筑。屋顶花园既可以有效地降低建筑物的温度，又能够增加城市绿化面积，增强城市的"呼吸"。要想降低建筑物的温度，还可以在建筑物外墙面上种植攀缘植物。这样还可以对外墙材料起到一定的保护作用。这两种方法一起让"绿色"建筑真正实现了视觉上的绿色，使建筑物亲和自然的效果更加突出。土耳其伊斯坦布尔的"One & Ortakoy"多功能建筑群由两座建筑构成，正面使用天然石头打造，整体形态弯曲、起伏，屋顶由绿草和鲜花覆盖，与周围延绵的山峦融为一体。

1.3.4　安全保障

在工程设计中，力学分析是必不可少的基本过程。但由于土木工程结构的复杂性和人类计算能力的局限，人们对工程的设计计算还比较粗糙，有一些仍主要依靠经验。对于一些巨型工程仅仅依靠人工计算是不可能完成的，因为其应力方程组可能达到几十万甚至上百万组，例如，海上采油平台、核电站、摩天大楼、跨海隧道等。不过随着快速计算机的出现，使这一计算得以实现。在结构设计时，需要考虑台风、地震、火灾、洪水等小概率事件的发生，但是却很难通过实验进行验证，而通过计算机仿真技术，则可以模拟真实大小的工程结构在灾害发生时，结构从变形到破坏的全过程，从而揭示结构不安全的部位和影响结构安全的因素，大大提高工程结构的可靠性。此外，传统的制图方式已经完全被计算机绘图所替代，并仍然在进一步的发展和完善。

传统材料将进一步地得到改进。混凝土材料耐久性好的特点将继续发挥，为了改善其韧性差的问题，人们正在开发研制可加入微型纤维的混凝土、塑料混合混凝土。此外，具有耐锈蚀的钢材也正在研制中，以及可以高效防火的涂料也将用于钢材和木材。其他主要用于门窗、管材和装饰的合成材料，今后也是向着耐高温、耐腐蚀、耐磨、耐压、无毒的方向发展。此外，还将出现耐火性能好的预制结构钢，耐火陶瓷微粒可以渗入高强钢中，并形成永久化合物。

信息化施工是指在施工过程中所涉及的各部分、各阶段广泛应用计算机信息技术，对工期、人力、材料、机械、资金、进度等信息进行收集、存储、处理和交流，并加以科学地综合利用，为施工管理及时、准确地提供决策依据。例如，在大型建筑现代化地下工程施工中，常安装各种监测系统，利用掘进过程中所获取的地下水位、水质、岩土体的变形、土压力的变化等数据，指导和调整施工的工作。这样既可以保证施工过程更加安全，又可以使结构设计更加合理。施工信息化还可以通过网络与其他国家和地区的工程数据库联系，及时地商讨、解决遇到的疑难问题。

发展到今天，社会各个方面已经都渗透着土木工程。土木工程在社会中发挥着巨大的作用，并且必然会随着社会的发展而继续进步。从原来的原始土木工程到现在的高科技土木工程，经验与创新同步进行。高质量发展是全面建设社会主义现代化国家的首要任务。在未来，土木工程将会针对工程建设包括使用功能的发展、结构性能的发展、可持续发展等一系列内容继续探索。例如，在可持续发展方面，污染少、更重复利用的材料在未来可能会成为土木工程的主流材料，诸如纤维聚合物等；在结构的使用功能上，相比于当今的普通建筑，智能化建筑、仿生建筑将会得到更大的发展空间。近年来，频繁发生的灾害已经使结构发展的首要课题成为结构抗灾性能的提高，未来的土木工程可能不仅可以抗震、抗风，甚至还可以抗爆、抗海啸、防火、防撞、防辐射等。科技的进步，经济的繁荣将带给土木工程发展的春天。

思 考 题

1－1　建筑的发展经历了哪几个阶段？
1－2　科技的进步是如何影响建筑的发展的？
1－3　绿色建筑应该具有哪些特征？
1－4　建筑的安全应该考虑哪些方面？

2 建筑工程基础知识

我国现存了大量优秀的古代建筑，例如，长城、都江堰水利工程、大运河、故宫等。这些建筑规模宏大、工艺精湛，至今仍发挥着良好的经济和社会效益。可以看到，我国古代劳动人民不仅拥有精湛的建筑技术水平，而且在古代重大土木工程建设过程中运用了系统工程的分析方法，将工程项目看成一个有机的整体，通过统筹安排、统一管理促进项目的正常开展。随着现代建设规模的不断扩大，建设技术日趋复杂，工程各部分之间紧密联系、相互协同、相互制约、高度综合的工程管理系统已经形成。

2.1 工程结构分类

人类在初期营造活动中，利用土、石、草、竹、木等天然材料的特点，逐步摸索出圆拱、支架等原始的结构形式和扎结、夯筑等原始的构筑方式；通过不断实践，逐步形成了开山辟路、越水架桥、拦河筑坝、引水灌田等各种工程结构的营造技巧。随着人类历史的发展和社会制度的变迁，先后出现了以不同的材料来满足当时人们所需要的古代土、木、石、砖各种结构的营造方式，并配合当时的建筑艺术，筑成了雄伟壮丽、精巧美观、风格各异且符合力学原理的工程结构，如埃及的金字塔，巴比伦的星象台，希腊的神庙，罗马的竞技场，中国的大运河、宫殿、佛塔、竹索桥，以及各国人民的民居、桥梁、堤坝、宫殿、陵墓、庙宇、教堂、纪念塔，分别显示了各国古代能工巧匠的智慧和才华。

工程结构按所用材料分类可分为混凝土结构、砌体结构、钢结构、木结构；按使用功能可以分为建筑结构（如住宅、公共建筑、工业建筑等）、桥梁结构；特种结构（如烟囱、水塔、水池、筒仓、挡土墙等）、地下结构（隧道、涵洞、人防工事、地下建筑等）。按施工方法可以分为现浇结构、装配式结构、装配整体式结构、预应力混凝土结构等。本节主要介绍混凝土结构、砌体结构、钢结构、木结构。

2.1.1 砌体结构

砌体结构泛指由各种块体（普通黏土砖、空心砖、石材）和砂浆砌筑而成的结构，包括砖砌体、砌块砌体、石砌体和墙板砌体等。在一般的工程建筑中，砌体占整个建筑物自重的约1/2，用工量和造价约各占1/3，是建筑工程的重要材料。

砌体结构是最古老的一种建筑结构。我国的砌体结构有着悠久的历史和辉煌的纪录。两千多年前，用"秦砖汉瓦"建造的万里长城，是世界上最伟大的砌体工程之一；建于唐代的陕西西安大雁塔（见图2.1），高64.5m，是仿木结构的四方楼阁式砖塔，保存着玄奘法师由天竺经丝绸之路带回长安的经卷、佛像；建于隋大业年间的河北赵县安济桥，净跨37.37m，全长50.82m，宽约9m，拱高7.2m，为世界上最早的空腹式石拱桥，该桥已被美国土木工程学会选为世界第12个土木工程里程碑。这些砖石结构都是我国建筑史上的光辉典范。

在罗马和希腊，大量用砖石砌筑的古城堡和教堂则代表着西方的古代文明。水泥发明之后，有了强度较高的砂浆，促进了砖石结构的发展。19 世纪以来，欧美各国建造了各种类型的砖石房屋建筑，例如，美国芝加哥的摩纳德诺克（Monadnock）大楼（见图2.2），高达 16 层，但是受当时技术所限，底层墙体厚度达 1.8m。

图 2.1　西安大雁塔　　　　　　　图 2.2　摩纳德诺克（Monadnock）大楼一角

砌体结构在我国应用很广泛，既是较好的承重结构，也是较好的围护结构。传统砌体结构主要表现出以下特点：

（1）原材料来源广泛，容易就地取材。黏土、天然石、工业废料都可以作为砌体结构的原材料。例如，砖主要用黏土烧制；石材的原料是天然石；砌块可以用工业废料——矿渣制作。

（2）砖、石或砌块砌体具有很好的耐久性及较好的化学稳定性和大气稳定性。但是，与钢结构和混凝土结构相比，砌体结构的强度较低，因而构件的截面尺寸较大，材料用量多，自重大。

（3）砌体砌筑时不需要模板和特殊的施工设备，可以节省木材，施工适应性强，建筑布置灵活。新砌筑的砌体上即可承受一定荷载，因而可以连续施工。在寒冷地区，冬季可用冻结法砌筑，不需特殊的保温措施。然而，砌体的砌筑基本上是手工方式，砌筑工作繁重，施工劳动量大。

（4）由于砖、石、砌块和砂浆间粘结力较弱，因此无筋砌体的抗拉、抗弯及抗剪强度都很低，抗震性能很差。因此对多层砌体结构抗震设计需要采用构造柱、圈梁及其他拉结等构造措施以提高其延性和抗倒塌能力。

（5）砖墙和砌块墙体能够隔热和保温，节能效果明显。由于传统的砌体结构存在强度低、自重大、抗震性能差的缺点，在高层建筑领域及地震区的建筑中逐渐为其他材料的结构所代替。尤其是 1931 年新西兰纳皮尔（Napier）7.9 级的大地震中，许多砖石结构房屋遭到严重损坏。此后，砖石结构几乎被一些欧美国家所淘汰。

随着科学技术的发展，各国对砌体结构进行了大量的研究和改进，砌体材料朝着轻质、高强、空心、大块、多功能的方向发展，使砌体结构拥有了较强的抗压、抗弯和抗剪强度，增加了砌体的抗震性能。1971 年，美国西部圣福尔南（San Fernando）多发生的

6.6级地震使洛杉矶一栋十层的钢筋混凝土框架结构遭到严重破坏，而与其毗邻的一栋十三层配筋砌体结构却完好无损，这表明砌体结构已经具有了新的竞争力。

2.1.2 混凝土结构

从现代人类的工程建设史上来看，相对于砌体结构、木结构和钢、铁结构而言，混凝土结构是一种新兴结构，它的应用也不过一百多年的历史。1824年，英国的烧瓦工人Joseph Aspdin调配石灰岩和黏土，第一次成功烧制人工硅酸盐水泥，并取得专利。1854年，法国技师J. L. Lambot将铁丝网加入混凝土中制成了小船，并在巴黎博览会上展出，可以说是最早的钢筋混凝土制品。此后，不断出现各种钢筋混凝土结构，但是由于当时水泥和混凝土的质量都很差，加之设计计算理论尚未建立，所以发展比较缓慢。直到19世纪末以后，随着生产的发展，以及试验工作的开展、计算理论的研究、材料及施工技术的改进，这一技术才得到了较快的发展，已成为现代工程建设中应用最广泛的建筑材料之一。

和其他材料的结构相比，混凝土结构的优点具体体现在以下几个方面：整体性好，可灌筑成为一个整体；可模性好，可灌筑成各种形状和尺寸的结构；耐久性和耐火性好；工程造价和维护费用低。

其主要缺点是：混凝土抗拉强度低，容易出现裂缝；结构自重比钢、木结构大；室外施工受气候和季节的限制；新旧混凝土不易连接，增加了补强修复的困难。

此外，混凝土结构施工工序复杂，周期较大，且受季节和气候的影响较大。如遇损伤，则修复比较困难。混凝土的隔热、隔声性能也较差。

第二次世界大战后，国外建筑工业化的发展很快，已从采用一般的标准设计走向工业化建筑体系，趋向于做到一件多用或仅用较少几种类型的构件（如梁板合一构件、墙柱合一构件等）就能建造成各类房屋。建筑工业化在加快建设速度、降低建筑造价、保证施工质量等方面有着巨大优越性。在大力发展装配式钢筋混凝土结构体系的同时，有些国家还采用了工具式模板、机械化现浇与预制相结合，即装配整体式钢筋混凝土结构体系。

由于轻质、高强混凝土材料的发展以及结构设计理论水平的提高，使得混凝土结构应用跨度和高度都不断地增大。例如，目前世界上最高的混凝土建筑为香港中环广场达78层374m，最高的全部轻混凝土结构的高层建筑是休斯敦贝壳广场大厦52层215m，德国采用预应力轻骨料混凝土建造的飞机库房盖结构跨度达90m，应用预应力混凝土箱形截面建造的日本沃名大桥跨度已达240m以上。所有这些都显示了近代钢筋混凝土结构设计和施工水平的日新月异，迅速发展。

19世纪末20世纪初，我国也开始有了钢筋混凝土建筑物，如上海市的外滩、广州市的沙面等，但工程规模很小，建筑数量也很少。新中国成立后，在落后的国民经济基础上进行了大规模的社会主义建设。随着工程建设的发展及国家进一步的改革开放，混凝土结构在我国各项工程建设中得到迅速的发展和广泛地应用。

我国20世纪70年代起，在一般民用建设中已较广泛地采用定型化、标准化的装配式钢筋混凝土构件，并随着建筑工业化的发展以及墙体改革的推行，发展了装配式大板居住建筑，在多高层建筑中还广泛采用大模剪力墙承重结构外加挂板或外砌砖墙结构体系。各地还研究了框架轻板体系，最轻的每平方米仅为3~5kN。由于这种结构体系的自重大大减轻，不仅节约材料消耗，而且对于结构抗震具有显著的优越性。

在大跨度的公共建筑和工业建筑中，常采用钢筋混凝土桁架、门式刚架、拱、薄壳等结构形式。在工业建设中已经广泛地采用了装配式钢筋混凝土及预应力混凝土。为了节约用地，在工业建筑中多层工业厂房所占比重有逐渐增多的趋势，在多层工业厂房中除现浇框架结构体系以外，装配整体式多层框架结构体系已被普遍采用，并发展了整体预应力装配式板柱体系。由于其构件类型少，装配化程度高、整体性好、平面布置灵活，是一种有发展前途的结构体系。同时升板结构、滑模结构也有所发展。此外，如电视塔、水塔、水池、冷却塔、烟囱、贮罐、筒仓等特殊构筑物，也普遍采用了钢筋混凝土和预应力混凝土。如9度抗震设防、高380m的北京中央电视塔、高405m的天津电视塔、高490m的上海东方明珠电视塔等。

混凝土结构在水利工程、桥隧工程、地下结构工程中的应用也极为广泛。用钢筋混凝土建造的水闸、水电站、船坞和码头在我国已是星罗棋布。如黄河上的刘家峡、龙羊峡及小浪底水电站，长江上的葛洲坝水利枢纽工程及三峡工程等。1982年建成的四川泸州大桥（见图2.3），采用了预应力混凝土T形结构，三个主跨为170m，主桥全长1252.5m，引道长达7460m。为改善城市交通拥挤，城市道路立交桥正在迅速发展。

图2.3　四川泸州大桥

随着混凝土结构在工程建设中的大量使用，我国在混凝土结构方面的科学研究工作已取得较大的发展。在混凝土结构基本理论与设计方法、可靠度与荷载分析、单层与多层厂房结构、大板与升板结构、高层、大跨、特种结构、工业化建筑体系、结构抗震及现代化测试技术等方面的研究工作都取得了很多新的成果，基本理论和设计工作的水平有了很大提高，已达到或接近国际水平。

2.1.3　钢结构

钢结构是指以钢材制作为主的结构，是主要的建筑结构类型之一。由于钢材具有强度高、自重轻、整体刚性好、变形能力强的特点，因此大量用于建造大跨度和超高、超重型的建筑物；同时，钢材匀质性和各向同性好，属于理想弹性体，最符合一般工程力学的基本假定；材料塑性、韧性好，可有较大变形，能很好地承受动力荷载。

公元前二百多年前的秦朝就已经用铁锻造桥墩。汉明帝时代，云南建成了世界上最早的铁链悬桥——兰津桥，横跨澜沧江上，素有"西南第一桥"之称。1061年建于湖北荆州的玉泉寺13层铁塔，高17.9m，塔身由生铁打造，重达53.3t。

英国是最早将铁作为建筑材料的欧美国家，主要采用铸铁锻造拱桥。18世纪欧洲工业革命以后，由于钢铁冶炼技术的发展，欧美各国在钢结构的应用上有了很大发展。随着铆钉联结和锻铁技术的发展，铸铁结构逐渐被锻铁结构所取代，1850 年威尔士建成的 Brittania Bridge 就是由点造型板和角铁铆钉连接而成。1889 年建成位于法国巴黎战神广场上的埃菲尔铁塔是一座镂空结构铁塔（见图 2.4），总高达 324m。铁塔使用了 1500 多根巨型预制梁架、150 万颗铆钉、12000 个钢铁铸件，总重 7000t，由 250 个工人花了 17 个月建成。

图 2.4　伦敦埃菲尔铁塔

位于伦敦东部泰晤士河畔的格林威治半岛上的千年穹顶，是英国政府为迎接 21 世纪而兴建的标志性建筑。穹顶周长为 1km，直径 365 m，中心高度为 50m，由超过 70km 的钢索悬吊在 12 根 100m 高的钢桅杆上。屋盖采用圆球形的张力膜结构，膜面支承在 72 根辐射状的钢索上，这些钢索则通过间距 25m 的斜拉吊索与系索为桅杆所支撑，吊索与系索同时对桅杆起稳定作用。

中国虽然早期在铁结构方面有卓越的成就，但由于 2000 多年的封建制度的束缚，长期停留于铁制建筑物的水平。直到 19 世纪末，我国才开始采用现代化钢结构。1996 年，我国钢产量超过一亿吨，居世界首位，为钢结构发展创造了良好的物质基础。高效的焊接工艺和新的焊接、切割设备的应用以及焊接材料的开发应用，都为发展钢结构工程创造了良好的条件。全国各地分别建起了钢结构的标志性建筑。例如，世界第三高度 421m 的上海金茂大厦，跨度 1490m 的润扬长江大桥，345m 高的跨长江输电铁塔，以及首都国际机场等许多彩钢结构体系的重要工程，标志着建筑钢结构正向高层重型和空间大跨度钢结构发展。

钢材构成的钢结构与木材、混凝土、砖石构成的结构相比，具有如下特点：

（1）结构强度高，自身重量轻。钢材强度较高，弹性模量也高。与混凝土、木材、砖石相比，钢材的密度较大，但其强度较大，因而在同样受力条件下，钢结构比其他构件的截面尺寸小，自重轻，便于运输和安装，适于跨度大、高度高、承载重的结构。例如，当跨度和荷载均相同时，钢屋架的重量仅为钢筋混凝土屋架的 1/3 ~ 1/4，冷弯薄壁型钢屋架甚至接近于 1/10。但由于其强度高，一般的构件截面小而壁薄，受压时容易发生屈曲变形，使得强度难以充分发挥作用。

（2）钢结构可靠性高。与砖石和混凝土相比，钢材属于单一材料，由于生产过程质量控制严格，因此内部组织结构均匀，近于各向同性匀质体。钢材的弹性模量很高，在正常使用的情况下具有良好的延性，当结构超载时，在一定的条件下，将发生较大变形，不易发生突然地断裂破坏。韧性好，适于承受冲击和动力荷载，具有良好的抗震性能。钢结构可简化为理想弹塑性体，最符合一般工程力学的基本假定，计算结果比较可靠。

（3）易于拼装，工业化程度高。钢材具有良好的冷热加工性能和焊接性能，便于专业化的工厂生产大批量的构件，然后运至现场进行吊装、拼接。工厂机械化制造钢结构构件成品精度高、生产效率高。钢构件较轻，运输安装方便，施工周期短。钢结构由于连接的特点，易于加固、改建和拆迁，因此钢结构是工业化程度最高的一种结构。

（4）钢结构密封性好。由于焊接结构可以做到完全密封，可以作成气密性、水密性均很好的高压容器、大型油池、压力管道等，甚至是载人航天结构。

（5）钢结构耐热但不耐火。当温度在150℃以下时，钢材性质变化很小，具有一定的耐热性能，因而钢结构适用于热车间。不过，结构表面受150℃左右的热辐射时，需要采用隔热板加以保护。当温度超过300℃时，钢材强度和弹性模量均明显降低。一旦发生火灾，钢结构的耐火时间不长。因此，对有特殊防火需求的建筑，钢结构必须采用耐火材料加以保护以提高耐火等级。

（6）钢结构耐腐蚀性差。钢材在潮湿环境中，特别是位于腐蚀性介质的环境中容易锈蚀，影响钢结构的使用寿命。因此，即使没有接触侵蚀性介质的一般钢结构，也要进行彻底除锈、镀锌或涂上合格的涂料，且要定期维护。对处于海水中的海洋平台结构，需采用耐候钢或不锈钢提高其抗腐蚀性能。

（7）钢结构的低温冷脆倾向。由厚钢板焊接而成的承受拉力或弯矩的构件及其连接节点，在低温下有脆性破坏的倾向。1938年和1940年，在比利时的哈塞尔特城和海伦赛贝斯城先后发生了两次钢桥坍塌事故。经研究，这些事故正是材料的冷脆造成的。

我国钢结构住宅起步很晚，只是改革开放后，从国外引进一些低层和多层钢结构住宅建造技术，才使我们有了学习与借鉴的机会。钢结构作为绿色环保产品，与传统的混凝土结构相比较，具有自重轻、强度高、抗震性能好等优点。其适合于活荷载占总荷载比例较小的结构，更适合于大跨度空间结构、高耸构筑物，并适合在软土地基上建造，也符合环境保护与节约、集约利用资源的社会需求。近年来，随着城市建设的发展和高层建筑的增多，我国钢结构发展十分迅速，钢结构住宅作为一种绿色环保建筑，已被列为重点推广项目。

2.1.4　木结构

木材是一种取材容易、加工简便的结构材料，木结构就是用木材制成的结构。木结构自重较轻，构件便于运输、装拆，能多次使用，因此广泛地用于桥梁、塔架和房屋建筑中。

在中国古代建筑体系中，木结构是主要的结构类型。自上古时期出现了"巢"与"穴"两种原始的居住形式时开始，即产生了木结构的原始雏形。文献中关于上古时期"构木为巢"的记述，无疑是对木结构萌芽状态的描述。就穴居来说，袋状竖穴的穴口，也必然要采用树木的枝干和草木枝条编扎而成的支撑结构和覆盖结构。进而发展演变成建造在地面上的各类建筑，并形成了独特的中国木结构体系。唐宋是我国木结构建筑文化及技术发展的鼎盛时期。在此期间，木结构建造技术形成了标准化，编制了《唐六典》，广泛传播到日本、韩国及一些西方国家。位于山西忻州市的南禅寺，是目前为止发现最早的唐代木结构古建筑，建于公元782年。主殿由台基、屋架、屋顶三部分组成，共用檐柱12根，殿内没有天花板，也没有柱子，梁架制作极为简练，墙身不负载重量，只起隔挡作用，如图2.5所示。屋顶重量主要是通过梁架由檐墙上的

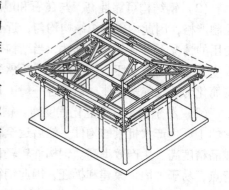

图2.5　南禅寺木结构图

柱子支撑。全殿结构简练，形体稳健，庄重大方，体现了我国中唐大型木构建筑的显著特色。

　　建于 1056 年的山西省应县木塔，针对木材的特点进行了有效的技术处理。在木柱下面设置础石，既避免木柱与地面接触受潮，又防止白蚁顺木柱上爬危害结构；在木材表面用较厚的油灰打底，然后油漆，除美化环境外，兼有防腐、防虫和防火的功能。北宋李诚主编的《营造法式》，是中国也是世界上第一部木结构房屋建筑的设计、施工、材料以及工料定额的法规。文中将构件截面分为八种，根据跨度的大小选用。经按现代材料力学原理核算，这些木构件截面与跨度的关系符合等强度原则，说明中国宋代已能通过比例关系选材，体现出梁抗弯强度的原理。

　　近代木结构是在产业革命以后，随着房屋和桥梁的建设而发展起来的。木材是一种再生的天然资源，且人类习惯使用木材已有悠久历史，在对木材的防腐、防虫、防火措施日臻完善的条件下，充分发挥木材自重轻、制作方便的优点，做到次材优用，小材大用，提高木材的利用率。近代胶合木结构的出现，更扩大了木结构的应用范围。这些木产品强度高，模数体系齐全，以及完善的分等分级规定，能满足各种从单体住宅等小型建筑到体育馆和桥梁等大型建筑的多种需要。木结构房屋除具有美观、舒适、节能、环保、施工期短等特点外，由于其自身的结构特征，易于充分按照个性化要求进行设计和施工。美国木结构住宅建设已经进入到工业化体系，一些高新技术已成为木结构住宅产业可持续发展的重要支撑。

2.2　土木工程设计基础

2.2.1　基本设计方法

　　现代建筑结构和构筑物的建造需要进行结构的设计和计算。建筑设计和结构计算的根本目的就是建造既经济又安全的满足建筑功能使用要求的建筑。在结构设计中，首先应该保证建筑物在施工过程中和使用过程中，结构构件不出现破坏，整个建筑不会出现倒塌，结构安全可靠。其次，建筑能满足使用者的适用性要求，结构不出现大的变形或裂缝。在满足上述要求的前提下，考虑如何将建设费用降至最低。结构的安全可靠性、使用期间的适用性和经济性是对立的，是进行结构设计时研究和考虑的主要问题。

　　我国目前的规范对结构设计制定了明确的规定，即建筑结构必须满足以下各项功能要求：

　　（1）能承受在正常施工和正常使用时可能出现的各种作用；

　　（2）在正常使用时具有良好的工作性能；

　　（3）在正常维护下具有良好的耐久性能；

　　（4）在偶然事件发生时或发生后，仍能保持必需的整体稳定性。

　　由此可见，结构设计并未要求结构达到百分之百的安全，而是要求结构的失效概率达到人们的心理可接受的程度。

　　我国现行的规范采用半概率的极限状态设计方法，即在同时考虑极限状态的发生概率和工程经验的基础上，对荷载取值、构件强度乘以相应的安全系数进行保障。荷载安全系数，就是考虑到在偶然情况下，结构可能受到超出正常使用条件下的最大值的荷载作用，而利用荷载安全系数将设计荷载放大。采用构件强度安全系数，就是为了考虑施工误差、材料不均匀性等方面的因素对结构强度的影响。此外，针对结构的重要程度，设计中还采用了附加安全系数。

建筑结构的结构设计可以分为四个阶段：建立结构计算模型；确定结构荷载；构件内力计算及结构选型和施工图绘制。

（1）建立结构计算模型。实际结构是很复杂的，完全按照结构的实际情况进行结构分析是不可能的，也是不必要的。因此，对实际结构进行力学分析之前，必须加以简化，略去不重要的细节，显示其基本特点，用一个简化的图形代替实际结构。

（2）确定结构荷载。建筑结构上的荷载主要有恒载、活载两大类。恒载主要是指结构的自重、土压力等不随时间发生改变的荷载。活载包括考虑楼面、屋面上的人员荷载，吊车荷载，风荷载等。荷载的确定常常比较复杂。荷载规范中总结了设计经验和科学研究的成果，供设计时使用。在一些情况下，还需要设计者深入现场，结合实际情况进行调查研究，合理确定荷载。

（3）构件内力计算及结构选型。确定计算模型和结构荷载之后，即可绘制结构计算模型，并针对该计算模型进行内力及变形计算。内容包括：

1）依据经验估计结构构件的截面尺寸，然后进行该模型的力学分析，计算出该模型的内力及变形；

2）依据内力计算结果，进行结构的配筋计算和结构的强度、刚度和稳定性的验算；

3）如果选定的尺寸无法满足要求，就需要重新选择截面，重新计算，直至满足要求。

（4）施工图绘制。当构件尺寸满足要求后，需要将其反映到施工图纸上。施工图纸的绘制必须规范。因为施工人员是按照图纸进行施工，只有按照规范绘制的图纸，施工人员才能准确识别，正确施工。

2.2.2 结构设计力学基础

2.2.2.1 力学的发展

土木工程离不开力学知识。但是在现代力学知识创立之前，人们是根据对建筑材料和建筑结构的感性知识，确定构件的尺寸。凭借这种感性认识和经验法则，古代人民建造了金字塔、长城等伟大的建筑结构。

古希腊人在建筑技术发展过程中，开始了静力学的研究。阿基米德（Archimedes）对杠杆平衡条件做出了严格的证明，概述了物体重心的求法，并应用到各种起重机械的设计中。文艺复兴时期的达·芬奇（Leonado da Vinci）强调数学和力学是科学的基础。他研究了落体运动、梁的强度，也研究过压杆的强度。但这些研究成果仅停留在他的大量笔记中，没有公开发表。这一时期的工程师主要凭借经验确定结构尺寸。

土木工程是具有很强的实践性的学科。在早期，土木工程是通过工程实践，总结成功的经验，尤其是吸取失败的教训发展起来的。

从17世纪开始，以伽利略和牛顿为先导的近代力学同土木工程实践结合起来，逐渐形成材料力学、结构力学、流体力学、岩体力学，作为土木工程的基础理论的学科。这样土木工程才逐渐从经验发展成为科学。

在土木工程的发展过程中，工程实践经验常先行于理论，工程事故常显示出未能预见的新因素，触发新理论的研究和发展。至今不少工程问题的处理，在很大程度上仍然依靠实践经验。

土木工程技术的发展之所以主要凭借工程实践而不是凭借科学试验和理论研究，有两个原因：一是有些客观情况过于复杂，难以如实地进行室内实验或现场测试和理论分析。例如，地基基础、隧道及地下工程的受力和变形的状态及其随时间的变化，至今还需要参考工程经验进行分析判断。二是只有进行新的工程实践，才能揭示新的问题。例如，建造了高层建筑、高耸塔桅和大跨桥梁等，工程的抗风和抗震问题突出了，才能发展出这方面的新理论和技术。

2.2.2.2 应力及应变

应力和应变有两种不同类型：一类是正应力 σ 和正应变 ε，另一类是切应力 τ 和切应变 γ。构件破坏的原因主要是由于强度不足而引起的。要判断构件是否满足强度的要求，必须知道内力的分布集度，以及材料承受荷载的能力。构件截面上内力的分布集度，称为应力。因此，结构设计主要考虑结构中最大应力的确定，要求其在允许范围之内。然而，应力难以直接观测到，需要借助应变进行推算。应变是构件在单位长度上的变形，可以由变形构件的几何形状计算出来，或者在实验室用应变仪测量出来。

正应变是在拉伸和压缩下的变形。通常，拉应变表示拉伸时的长度（面积或体积）增加，如图2.6a所示；压应变表示压缩情况下的长度（面积或体积）减少，如图2.6b所示。切应变引起结构单元的倾斜，如图2.7所示。结构的破坏可能是正应力超出应力极限导致，也可能由切应力达到极限引起导致。

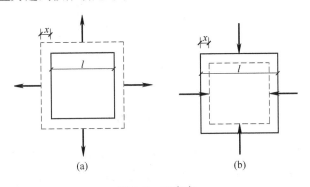

图2.6 正应变

（a）拉应变；（b）压应变

2.2.2.3 常见变形

（1）轴向拉伸和压缩变形。工程中有很多构件，如钢木组合桁架中的杆件（见图2.8）和测定材料力学性能的万能试验机的立柱等，除连接部分外都是等直杆。此时，作用于杆上的外力（或外力合力）的作用线与杆轴线重合，这类构件简称为拉（压）杆。

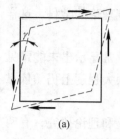 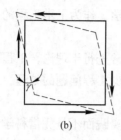

图2.7　切应变

（a）正切应变；（b）负切应变

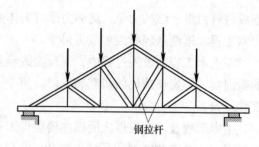

图2.8　钢木组合桁架

如果不考虑杆件端部的连接方式，轴向拉伸和压缩的受力图可简化为图2.9。其受力特征是杆在两端各受一个集中力的作用，两个力大小相等，指向相反，且作用线与杆轴线重合；其变形特征是杆将发生纵向伸长或缩短。其横截面上的主要应力为正应力σ。

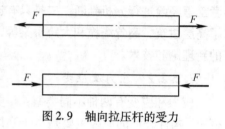

图2.9　轴向拉压杆的受力

（2）弯曲变形。在荷载作用下构件，其轴线由原来的直线变成了曲线，构件的这种变形称为弯曲变形。大多数构件都承受弯曲作用，如梁（见图2.10a）、板、支挡结构（见图2.10b）等。

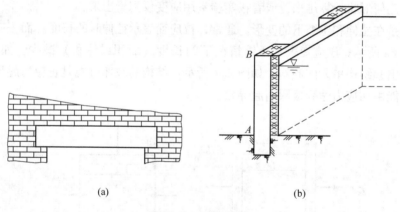

图2.10　受弯构件

由于梁的弯曲变形中应力和应变分布不均匀，人们花费了几个世纪的时间才弄明白。1826年，那维叶（M. H. Navier）提出了中性轴的概念，认为横截面与应力平面的交线上没有压应变也没有拉应变，这条交线称为中性轴。如果设想梁是由无数层纵向纤维组成的，由于横截面保持平面，说明纵向纤维从缩短到伸长是逐渐连续变化的，其中必定有一个既不缩短也不伸长的中性层（不受压又不受拉）。中性层是梁上拉伸区与压缩区的分界面。中性层与横截面的交线，称为中性轴，如图2.11所示。变形时横截面是绕中性轴旋转的，其主要应力为正应力σ和切应力τ。

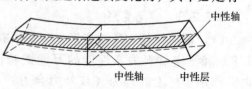

图2.11　中性层

（3）扭转变形。等值杆件承受作用垂直于杆轴线的平面内的力偶时，杆将发生扭转变形。工程中单纯发生的扭转变形并不多，但以扭转为主要变形的则不少，如一些桥梁、厂房等空间结构中的一些构件。杆件扭转变形是由大小相等，方向相反，作用面都垂直于杆轴的两个力偶引起的，表现为杆件的任意两个横截面发生绕轴线的相对运动。其变形特征

图 2.12　扭转变形

是杆的相邻截面将绕轴线发生相对转动，杆表面的纵向线将变成螺旋线（见图 2.12），横截面上的主要应力为切应力 τ。

在工程实际中，构件在荷载作用下往往发生两种或两种以上的基本变形。若其中一种变形为主要变形，其余变形所引起的应力（变形）较小，则构件可按照主要的基本变形进行计算。若几种变形所对应的变形（或应力）属于同一个数量级，则构件的变形称之为组合变形。例如，烟囱（见图 2.13a）除自重引起的轴向压缩外，还应该考虑水平风力引起的弯曲变形；工业厂房中吊车立柱（见图 2.13b）除受到屋架轴向力 F_1 之外，还有吊车梁的偏心压力 F_2 的作用，立柱将同时发生轴向压缩和弯曲变形。

另外，桥梁桁架结点处的铆钉或高强螺栓的连接，木结构的榫连接等，其变形往往比较复杂，工程中也常根据其可能的破坏形式进行简化假设。

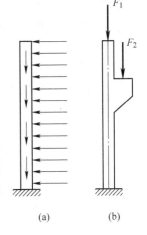

(a)　　　(b)

图 2.13　组合变形
（a）烟囱；（b）吊车立柱

2.2.3　结构的失效形式

结构的失效有很多种，例如，整个结构的倾覆，结构在连接点处的分离，整个结构或部分结构的屈曲变形，变形或裂缝不能维持建筑物的正常使用。

2.2.3.1　结构的强度

结构材料主要受到拉伸、压缩、弯曲、剪切和扭转的作用或几种受力的组合。材料的失效主要受应力控制。钢材的失效意味着出现了永久变形，混凝土的失效意味着出现了断裂，因此需要确定避免结构失效的强度控制值，即结构的任何部位都不能超过材料的最大容许应力：

$$[\sigma] = \frac{\sigma_u}{n}$$

式中　σ_u——材料的极限强度；

　　　n——强度安全系数。

σ_u 是材料的极限强度，对于塑性材料制成的拉（压）杆，当其达到屈服而发生显著的塑性变形时，即丧失了正常的工作能力，所以常取屈服强度 σ_s 作为 σ_u；对于无明显屈服阶段的塑性材料，则用 $\sigma_{p0.2}$ 作为 σ_u；对于脆性材料，取拉伸（压缩）强度 σ_b（$\sigma_{s,bc}$）作为 σ_u。

安全系数的确定不是一个单纯的力学问题，还包括工程上的考虑和经济问题。安全系数一方面是为了结构提供必要的安全储备，一方面还要考虑极限应力的统计差异、构件截面尺寸制造误差、偶遇荷载以及实际结构与计算简图的差异。随着结构理论的成熟、材料

工艺水平提高以及建筑工地管理水平的改善，安全系数已经逐渐缩小。下面给出了安全系数的大致范围。在静荷载作用下，塑性材料的安全系数一般取为1.25~2.5，其中对荷载的考虑全面、材料质量可靠的条件下，可取较低值，反之则取较高值。由于脆性材料的破坏以断裂为标志，且脆性材料的强度指标分散度大，因此对脆性材料而言需要提供较高的安全储备，一般取2.5~3.0，有时甚至取到4~10。

2.2.3.2　节点的破坏

虽然现代结构通常是根据构件的应力进行设计的，但是有些结构仍会在联结处破坏。例如，传统的木结构的构件通常比需要的尺寸大，因此破坏常常发生在联结处。在中国古代木结构中，通过利用设计十分独特精巧的斗栱和构件间连接的榫卯构造处理木结构的联结问题。

斗栱是"斗"与"栱"的统称，多用于梁、柱、檩等构件汇集处，以及檩枋之间，是中国古代建筑特有的木构件。斗栱不但可以扩大节点处构件的接触面，改善节点受力情况，缩短所承托构件的净跨，而且通过斗栱的层层出挑，以支承建筑物的深远出檐。榫卯连接也是中国古代匠师创造的一种连接方式，如图2.14a所示。其特点是利用木材承压传力，以简化梁柱连接的构造；利用榫卯嵌合作用，使结构在承受水平外力时，能有一定的适应能力。因此，这种连接至今仍在中国传统的木结构建筑中得到广泛应用。其缺点是对木料的受力面积削弱较大，用料不甚经济。

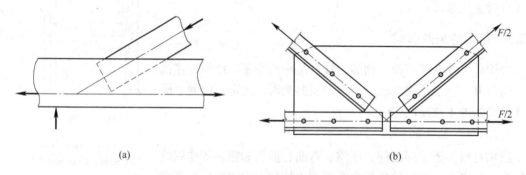

(a)　　　　　　　　　　　　(b)

图2.14　连接方式
（a）榫连接；（b）螺栓连接

现代钢结构和混凝土结构的结点的设计强度比其联结的构件强度大。因此，在混凝土结构中，通过在结点处增加钢筋来增加结点强度。在钢结构中，利用焊接和铆接处理结点，制成强度高的联结点，如图2.14b所示。

2.2.3.3　变形和开裂

变形和开裂很少会引起建筑物的损毁。但是开裂会使雨水渗入建筑物内，影响功能正常使用，也会渗入钢筋导致钢筋锈蚀；此外，一些由脆性材料做成的天花板等，会由于梁发生较大的挠度而出现开裂。

引起结构变形和开裂的原因很多，例如，钢材本身的挠度、混凝土的蠕变、温度应力的影响、湿度的变化以及基础沉降。

钢结构挠度通常通过某个比值（例如跨度的1/250）来进行控制。混凝土和木材均会出现蠕变，这是一种在恒荷载作用下应变随时间缓慢增长的现象。研究发现，混凝土的蠕变变形可能达到弹性变形的 1~2 倍，甚至更大。尤其是蠕变的发展常常需要一段时间，如果在使用过程中才发现问题，维修成本将大大提高。因此，对于高跨比较小的结构，如混凝土板，控制蠕变的有效措施就是减小跨度，否则就会出现脆性装修开裂、门窗卡住等问题。

结构出现裂缝可以是由荷载引起的，也可能是温度或湿度变化的影响。当温度在 0~100℃ 范围内时，混凝土的线膨胀系数为 0.00001/℃，也就是说温度改变 50℃ 时每 10m 膨胀 5mm。另外，混凝土在凝固过程中还会出现干缩现象，即每 10m 干缩 3~10mm。因而，在混凝土设计中要配置足够的钢筋，以控制开裂。

对位于在有压缩性的黏土层上建造的结构，还应该考虑地基沉降造成的影响。另外，采矿区的建筑基础也可能产生沉降。虽然建筑物的整体均匀沉降对结构本身不会产生危害，但是如果发生不均匀沉降，将会在结构内部产生显著的应力重分布，导致结构开裂。

2.2.3.4　结构的倾覆

对于高层结构，风的作用特别重要，如果基础处理不当，就有可能发生倾覆。因而，目前常常采用扩大基础或桩基础的方式解决这一问题，如图 2.15 所示。

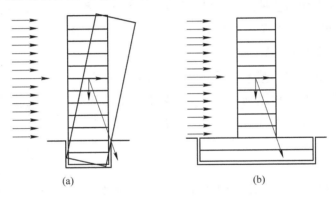

图 2.15　在风压作用下结构的倾覆破坏
（a）结构不安全；（b）扩大基础

地基沉陷也会导致结构的整体倾覆。1958 年里约热内卢的一座 11 层大厦由于修建于软土地层上，在建造过程中基础就出现缓慢下陷，最终导致整体倾覆。

2.2.3.5　屈曲变形

屈曲变形是指对于长细的压杆，即使荷载还没有达到结构的屈服承载力，压杆也有可能进入不稳定的弯曲变形状态，甚至倒塌。1876 年，美国阿什特比拉大桥在使用过程中突然垮塌，经调查发现，大桥垮塌的原因是多方面的。例如，建好之后草草验收，施工中出现多处差错，结构设计不合理，但直接原因却是由于当时美国的压杆设计经验公式考虑不周，导致计算临界应力远远大于实际允许应力。因此，在细长压杆的结构设计中需要考虑构件的屈曲变形。

由于混凝土构件的截面尺寸都能比较大，因此很少出现失稳破坏，但是对于细长的钢构件就必须考虑失稳问题。通常采用加劲板来改善薄壁结构（如钢梁的腹板和承压的翼缘）的屈曲。

2.2.4　施工图设计概述

施工图设计的主要任务是满足工程项目具体技术要求，提供一切准确施工依据，其内容包括工程施工所有专业的基本图、详图及其说明书、计算书等。此外还应有整个工程的施工预算书。整套施工图纸是设计人员的最终技术成果，也是施工单位进行施工的依据。所以施工图设计的图纸必须详细完整、前后一致、尺寸齐全、正确无误，符合国家建筑制图标准。

建筑工程施工图通常包括建筑施工图、结构施工图、设备施工图。

建筑施工图主要用以表示房屋建筑的规划位置、外部造型、内部各房间的布置、内外装修、材料构造及施工要求等，其主要内容包括建筑设计总说明、建筑总平面图、各层平面图、立面图、剖面图及详图等。

结构施工图主要用以表示房屋结构系统的结构类型、构件布置、构件种类、数量、构件的内部构造和外部形状、大小以及构件间的连接构造。

设备施工图主要表达房屋给水排水、供电照明、采暖通风、空调、燃气等设备的布置和施工要求等。主要包括各种设备的布置平面图、系统图和施工要求等内容。

下面介绍平面图、立面图、剖面图和详图的基本绘制方法。

2.2.4.1　平面图的绘制

平面图是建筑施工图的基本样图，它是假想用一水平的剖切面沿门窗洞位置将房屋剖切后，对剖切面以下部分所作的水平投影图，如图 2.16 所示。它反映出房屋的平面形状、大小和布置；墙、柱的位置、尺寸和材料；门窗的类型和位置等。

平面图作为建筑设计、施工图纸中的重要组成部分，它反映建筑物的功能需要、平面布局及其平面的构成关系，是决定建筑立面及内部结构的关键环节。其主要反映建筑的平面形状、大小、内部布局、地面、门窗的具体位置和占地面积等情况。所以说，平面图是新建建筑物的施工及施工现场布置的重要依据，也是设计及规划给排水、强弱电、暖通设备等专业工程平面图和绘制管线综合图的依据。

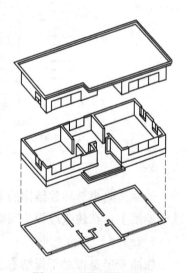

图 2.16　平面图的形成

剖切平面沿房屋底层门、窗洞口切开，所得到的平面图为底层平面图（见图 2.17）。以此类推，可得到各层平面图。如果除底层外其他各层的平面布置相同，或只有局部不同时，可只画一个标准层平面图（见图 2.18），对局部不同的地方，则另画局部平面图。

屋顶平面图（见图 2.19）主要表明屋顶的形状，屋面排水方向及坡度、檐沟、女儿墙、屋脊线、落水口、上人孔、水箱及其他构筑物的位置和索引符号等。屋顶平面图比较简单，可用较小的比例绘制。

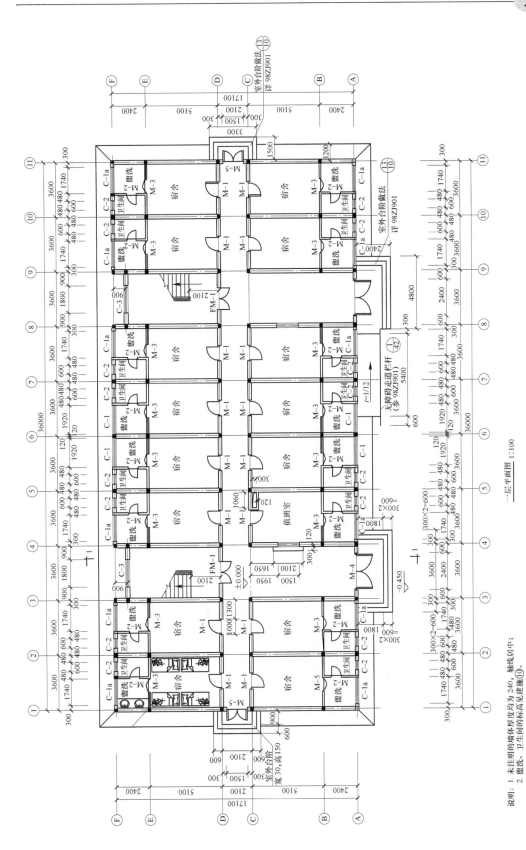

图 2.17 某宿舍楼一层平面图

一层平面图 1:100

说明：1. 未注明的墙体厚度均为240，轴线居中；
2. 盥洗、卫生间的标高见建施⑩。

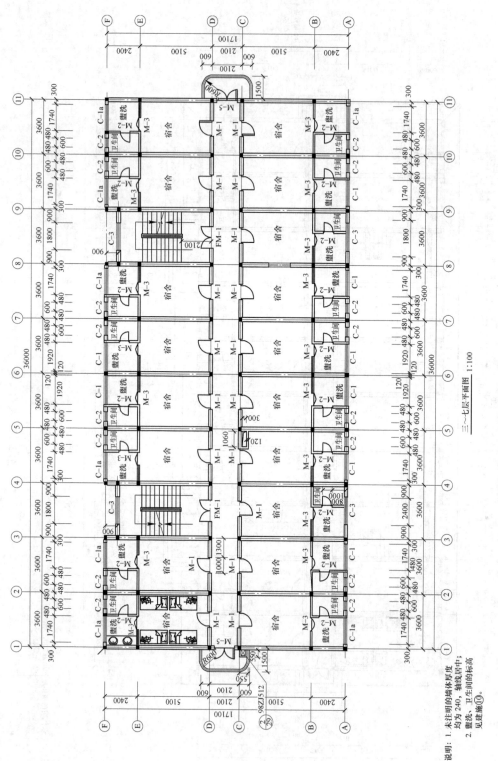

三一七层平面图 1:100

图 2.18 某宿舍楼标准层平面图

说明: 1. 未注明的墙体厚度均为240, 轴线居中;
2. 盥洗、卫生间见建施⑩。

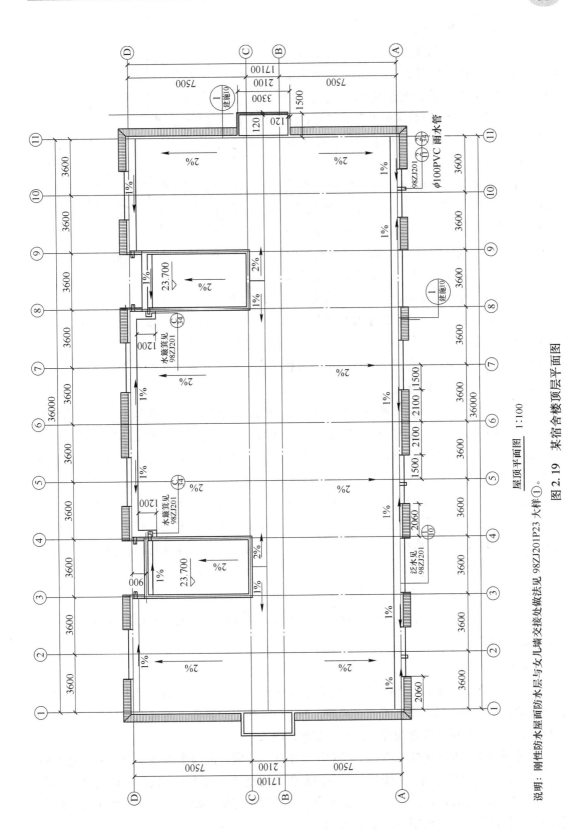

屋顶平面图 1:100

图 2.19 某宿舍楼顶层平面图

说明：刚性防水屋面防水层与女儿墙交接处做法见 98ZJ201P23 大样①。

2.2.4.2　立面图的绘制

建筑立面图是在与房屋立面平行的投影面上所作的正投影图，如图 2.20 所示。立面图反映建筑外貌，室内的构造与设施均不画出。由于图的比例较小，不能将门窗和建筑细部详细表示出来，图上只是画出其基本轮廓，或用规定的图例加以表示。

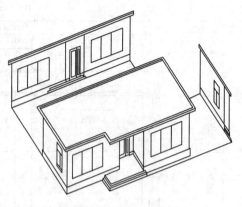

图 2.20　立面图的形成

为使立面图外形更清晰，通常用粗实线表示立面图的最外轮廓线，而凸出墙面的雨篷、阳台、柱子、窗台、台阶、花池等投影线用中粗线画出，地坪线用加粗线（粗于标准粗度的 1.4 倍）画出，其余如门、窗及墙面分格线、落水管以及材料符号引出线，说明引出线等用细实线画出。

其中，反映主要出入口或比较显著地反映出房屋外貌特征的那一面立面图，称为正立面图。其余的立面图相应称为背立面图、侧立面图。通常也可按房屋朝向来命名，如南北立面图，东西立面图。当有定位轴线时，也可按照定位轴线命名，如图 2.21 所示。

2.2.4.3　剖面图的绘制

假想用一个或多个垂直于外墙轴线的铅垂剖切面，将房屋剖开，所得的投影图称为建筑剖面图，简称剖面图，如图 2.22 所示。剖面图用以表示房屋内部的结构或构造形式、分层情况和各部位的联系、材料及其高度等，是与平、立面图相互配合的不可缺少的重要图样之一。

剖面图的数量是根据房屋的具体情况和施工实际需要而决定的。剖切面一般横向，即平行于侧面，必要时也可纵向，即平行于正面。其位置应选择在能反映出房屋内部构造比较复杂与典型的部位，并应通过门窗洞的位置。若为多层房屋，应选择在楼梯间或层高不同、层数不同的部位。剖面图的图名应与平面图上所标注剖切符号的编号一致，如 1—1 剖面图、2—2 剖面图等，如图 2.23 所示。

剖面图中的断面，其材料图例与粉刷面层和楼、地面面层线的表示原则及方法，与平面图的处理相同。

2.2.4.4　详图

建筑平面图、立面图、剖面图反映了房屋的全貌，但由于绘图的比例小，一些细部的构造、做法、所用材料不能直接表达清楚，为了适应施工的需要，需将这些部分用较大的比例单独画出，这样的图称为建筑详图，简称详图。

建筑详图是建筑细部的施工图，是对建筑平面、立面、剖面图等基本图样的深化和补充，是建筑工程的细部施工、建筑构配件的制作及编制预算的依据。因此，建筑详图具有比例大、图示内容详尽清楚、尺寸标注齐全、文字说明详尽的特点。建筑详图包括：墙身详图、楼梯详图、门窗详图等，如图 2.24 所示。

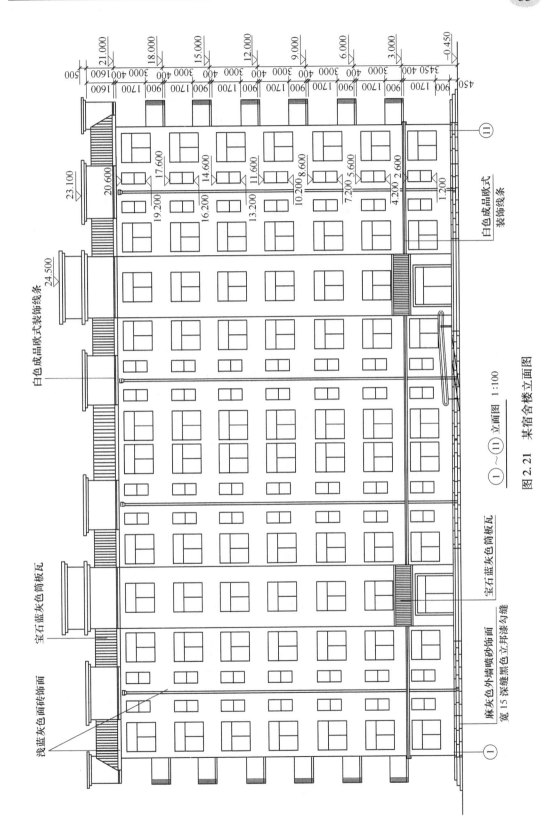

① ~ ⑪ 立面图 1:100

图 2.21 某宿舍楼立面图

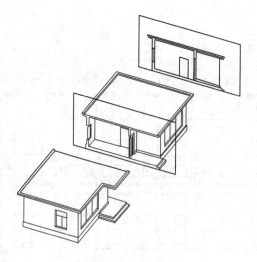

图 2.22 剖面图的形成

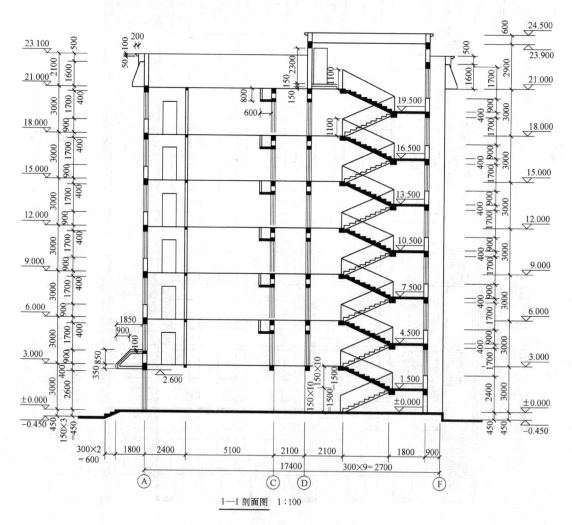

1—1 剖面图 1∶100

图 2.23 某宿舍楼一层剖面图

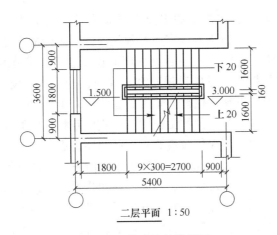

图 2.24　某建筑楼梯详图

由于某些基本构件（如门、窗、楼梯、阳台、雨水管等）以及一些构造节点（如檐口、窗台、勒脚、明沟等）的形状、尺寸、材料、详细做法有一定的规律性，把这些建筑详图进行归类，形成标准化的做法，就逐渐形成了各地的标准图，如各省标准图集、国家标准图集、中南标、西北标等。

2.3　工程建设项目管理

2.3.1　工程项目建设程序

工程建设项目是以实物形态表示的具体项目，它以形成固定资产为目的。在我国，工程建设项目包括：基本建设项目（新建、扩建等扩大生产能力的项目）和更新改造项目（以改进技术、增加产品品种、提高质量、治理三废、劳动安全、节约资源为主要目的的项目）。

基本建设项目一般指在一个总体设计或初步设计范围内，由一个或几个单位工程组成，在经济上进行统一核算，行政上有独立组织形式，实行统一管理的建设单位。凡属于一个总体设计范围内分期分批进行建设的主体工程和附属配套工程、综合利用工程、供水供电工程等，均应作为一个工程建设项目，不能将其按地区或施工承包单位划分为若干个工程建设项目。此外，也不能将不属于一个总体设计范围内的工程归算为一个工程建设项目。

更新改造项目是指对企业、事业单位原有设施进行技术改造或固定资产更新的辅助生产项目和生活福利设施项目。

土木工程建设项目工作有它固有的几个特点，概括起来表现在以下方面：

（1）建设地点的固定性。由于建设项目建成后的位置是固定的，因此可以为当地提供生产能力或使用效益，当然也会产生一些环境影响。因此，对准备投资的项目，必须进行充分的可行性研究，认真进行勘察调研，搞清拟建地点的资源情况，工程地质和水文地质情况，以及一切有关的自然条件和社会条件，根据整体规划合理布局，慎重地选择建设地点。

（2）工程建设用途的特定性。每一项工程都是为发挥其特定的用途来设计的。因此，对某项拟建工程来说，其产品或建设的规模需要有多大，选用什么设备、生产流程或标准，建造什么样的建筑物和构筑物等内容进行预先设计，才能进行施工和购置。

（3）工程项目建设程序的固定性。建设程序的建设过程，就是固定资产和生产能力或使用效益的形成过程。根据这一发展过程的客观规律，构成了建设工作程序的主要内容。要经过规划、可行性研究、勘察、设计、施工、验收等若干阶段，每个阶段又包含着许多环节。这些阶段和环节，各有其不同的工作内容，它们互相之间联系在一起，并有其客观的先后顺序。在这个过程中，不仅仅应遵照其先后顺序，更重要的是注意各阶段工作的内在联系，确定各阶段工作的深度、标准，以便为下一阶段工作的开展提供有利条件，从而使整个建设过程的周期有缩短的可能性。例如，在初步设计阶段要为主要设备和材料的预安排订货提供清单，施工图设计按分期交付办法时，必须满足施工的延续性。

工程项目建设程序是指工程项目从策划、评估、决策、设计、施工到竣工验收、投入生产或交付使用的整个建设过程中，各项工作必须遵循的先后工作次序。工程项目建设程序是工程建设过程客观规律的反映，是建设工程项目科学决策和顺利进行的重要保证。工程项目建设程序是人们长期在工程项目建设实践中得出来的经验总结，不能任意颠倒，但可以合理交叉。

（1）策划决策阶段。决策阶段，又称为建设前期工作阶段，主要包括编报项目建议书和可行性研究报告两项工作内容。

在项目建设的最初阶段，需要根据国民经济和社会发展长远规划，结合行业和地区发展规划的要求，提出项目建议书。项目建议书的主要作用是为了推荐建设项目，以便在一个确定的地区或部门内，以自然资源和市场预测为基础，选择建设项目。

项目建议书经批准后，可进行可行性研究工作，对项目在技术上和经济上是否可行进行科学分析和论证。

（2）勘察设计阶段。岩土工程勘察工作是设计和施工的基础。如果勘查工作不到位，不能及时发现不良地质问题，就会对上部结构的稳定、安全带来严重影响，甚至导致结构破坏。复杂工程勘察分为初勘和详勘两个阶段。其主要任务是按照不同勘察阶段的要求，正确反映场地的工程地质条件及岩土体形状的影响，并结合工程设计、施工条件以及地基处理等工程的具体要求，进行技术论证和评价，提出岩土工程问题及解决问题的决策性具体建议，并提出基础、边坡等工程的设计准则和岩土工程施工的指导性意见，为设计、施工提供依据。

一般设计过程分为初步设计和施工图设计两个阶段，对于大型复杂项目，可根据不同行业的特点和需要，在初步设计之后增加技术设计阶段。

初步设计是设计的第一步，如果初步设计提出的总概算超过可行性研究报告投资估算的10%以上或其他主要指标需要变动时，要重新报批可行性研究报告。

初步设计经主管部门审批后，建设项目被列入国家固定资产投资计划，方可进行下一步的施工图设计。施工图一经审查批准，不得擅自进行修改，否则必须重新报请原审批部门，由原审批部门委托审查机构审查后再批准实施。

（3）建设准备阶段。建设准备阶段主要内容包括：组建项目法人、征地、拆迁、"三通一平"乃至"七通一平"；组织材料、设备订货；办理建设工程质量监督手续；委托工程监理；准备必要的施工图纸；组织施工招投标，择优选定施工单位；办理施工许可证等。按规定作好施工准备，具备开工条件后，建设单位申请开工，进入施工安装阶段。

（4）施工阶段。建设工程具备了开工条件并取得施工许可证后方可开工。项目新开工时间，按设计文件中规定的任何一项永久性工程第一次正式破土开槽时间而定。不需开槽的以正式打桩作为开工时间。铁路、公路、水库等以开始进行土石方工程作为正式开工时间。

（5）生产准备阶段。对于生产性建设项目，在其竣工投产前，建设单位应适时地组织专门班子或机构，有计划地做好生产准备工作，包括招收、培训生产人员；组织有关人员参加设备安装、调试、工程验收；落实原材料供应；组建生产管理机构，健全生产规章制度等。生产准备是由建设阶段转入经营的一项重要工作。

（6）竣（交）工验收阶段。工程竣工验收是全面考核建设成果、检验设计和施工质量的重要步骤，也是建设项目转入生产和使用的标志。验收合格后，建设单位编制竣工决算，项目正式投入使用。

由于公路工程属于社会公用设施，在项目完成并具备通车要求后，应及时投入使用，以提高社会效益和经济效益，因此在竣工验收之前还要求进行交工验收。通过交工验收可以检查施工合同的执行情况，评价工程质量是否符合技术标准及设计要求，是否可以移交下一阶段施工或者是否满足通车要求。同时由于公路工程建设规模大、内容多，需通过试运营对其工程质量进行检验，并完成后期的决算、审计和环保工作，通过竣工验收评价工程建设成果，对工程质量、参建单位和建设项目进行综合评价。

（7）考核评价阶段。建设项目后评价是工程项目竣工投产、生产运营一段时间后，对项目的立项决策、设计施工、竣工投产、生产运营等全过程进行系统评价的一种技术活动，是固定资产管理的一项重要内容，也是固定资产投资管理的最后一个环节。

2.3.2　工程项目管理

工程项目管理是指从事工程项目管理的企业（以下简称工程项目管理企业）受业主委托，按照合同约定，代表业主对工程项目的组织实施进行全过程或若干阶段的管理和服务。施工项目管理是以施工项目为管理对象，以项目经理责任制为中心，以合同为依据，按照施工项目的内在规律，实现资源的优化配置和对各生产要素进行有效地计划、组织、指导、控制，取得最佳的经济效益的过程。

工程项目管理企业不直接与该工程项目的总承包企业或勘察、设计、供货、施工等企业签订合同，但可以按合同约定，协助业主与工程项目的总承包企业或勘察、设计、供货、施工等企业签订合同，并受业主委托监督合同的履行。工程项目管理的具体方式及服务内容、权限、取费和责任等，由业主与工程项目管理企业在合同中约定。

项目管理服务是工程项目管理企业按照合同约定，在工程项目决策阶段，为业主编制可行性研究报告，进行可行性分析和项目策划；在工程项目实施阶段，为业主提供招标代理、设计管理、采购管理、施工管理和试运行（竣工验收）等服务，代表业主对工程项目进行质量、安全、进度、费用、合同、信息等管理和控制。工程项目管理企业一般应按照合同约定承担相应的管理责任。

施工项目管理是建筑业企业运用系统的观点、理论和方法对施工项目进行的计划、组织、监督、控制、协调等全过程、全方位的管理，是工程建设实施阶段的项目管理。

以工程建设作为基本任务的项目管理的核心内容可以概括为"三控制、三管理、一协调"。"三控制"即进度控制、质量控制、成本控制;"三管理"即合同管理、信息管理、职业健康安全与环境管理;"一协调"即组织协调。运用系统工程的理论和方法,对项目的全过程进行管理、控制。

目前,项目管理已进入信息化时代,利用计算机网络和互联网技术,促进建设项目参与各方的联系,突破时间和空间的限制,及时、有效地进行信息的交流和共享。

因此,建设项目施工管理是建筑企业运用系统理论对施工项目进行的计划、组织、监督、控制、协调的全过程,其具有以下特点:

(1)施工项目的管理者是建筑施工企业。建设单位和设计单位都不进行施工项目管理,监理单位只把施工单位作为监督对象,不直接参与施工项目管理。

(2)施工项目管理的对象是施工项目。施工项目具有多样性、固定性和庞大性的特点,且其生产周期长,包括工程投标、签订工程项目承包合同、施工准备、施工、交工验收及保修等阶段。因此施工项目管理与一般生产项目管理相比,更具有复杂性和艰难性。

(3)施工项目管理的内容具有时间跨度长、阶段性变化的特点。施工项目是按照一定的建设程序和施工程序进行的,管理者需要根据施工内容的变化,做出设计、签订合同、提出措施等有针对性的动态管理,并使资源优化组合,以提高施工效率和施工效益。

(4)施工项目管理强调组织协调管理。由于施工项目的单件性,参与施工的人员流动性大,必须采用特殊的流水作业方式,组织量大;同时,由于工作环境为露天作业,受天气、环境影响大,再加上施工活动涉及很多复杂的经济关系、技术、法律、行政和社会关系,施工项目管理中的组织协调关系艰难、复杂而多变,必须采取强化组织协调的方法才能保证施工顺利进行,例如,优选项目经理、建立调度机构、配备称职的人员、建立动态的控制体系。

2.3.3   工程项目建设组织

建筑施工的对象,是许多不同类型的工业、民用、公共建筑物或构筑物。而每一个建筑物或构筑物的施工,从开工到完工都要经历诸如土方、打桩、砌筑、混凝土、吊装、装饰等若干个施工过程。在这些施工过程中,除需要消耗大量的劳动力、机械和材料之外,还应该按照各施工过程的工艺特征组织相应的生产活动,以完成一定形态的建筑产品。与普通工业生产相比,建筑产品的生产具有固定性、流动性、区域性、多样性、标准化、协调性、露天生产的特点。

由建筑产品及其生产的特点可知,不同的建筑物或构筑物均有不同的施工方法,就是相同的建筑物或构筑物,其施工方法也不尽相同,即使同一个标准设计的建筑物或构筑物,因为建造的地点不同,其施工方法也不可能完全相同,所以根本没有完全统一的、固定不变的施工方法可供选择,应该根据不同的拟建工程,编制不同的施工组织设计。这样必须详细研究工程特点、地区环境和施工条件,从施工的全局和技术经济的角度出发,遵循施工工艺的要求,合理地安排施工过程的空间布置和时间排列,科学地组织物质资源供应和消耗,把施工中的各单位、各部门及各施工阶段之间的关系更好地协调起来。这就需要在拟建工程开工之前，进行统一部署，并通过施工组织设计科学地表达出来。

建设项目的施工组织就是针对施工安装过程的复杂性，用系统的思想并遵循技术经济规律，对拟建工程的各阶段、各环节以及所需的各种资源进行统筹安排的计划管理行为。它努力使复杂的生产过程，通过科学、经济、合理的规划安排，使建设项目能够连续、均衡、协调地进行施工，满足建设项目对工期、质量及投资方面的各项要求。施工组织设计是指导拟建工程项目进行施工准备和正常施工的基本技术经济文件，是对拟建工程在人力和物力、时间和空间、技术和组织等方面所做的全面合理的安排。

施工组织设计的基本任务是根据业主对建设项目的各项要求，选择经济、合理、有效的施工方案；确定合理、可行的施工进度；拟定有效的技术组织措施；采用最佳的劳动组织，确定施工中劳动力、材料、机械设备等需要量；合理布置施工现场的空间，以确保全面高效地完成最终建筑产品。

无论是单个建筑还是建筑群，其施工组织的内容基本包含以下内容：

（1）工程概况和特点的分析，包括拟建工程的建设地点、内容，建设总期限、分批交付生产和使用的期限，施工条件等。

（2）确定施工方案。根据对工程特点的分析，结合人力、材料、机械、资金和施工方法等因素，提出可采用的几个施工方案，并进行评价，选择最终方案。

（3）安排施工进度计划。采用适当的计划理论和计算方法，综合平衡进度计划，以使各种资源综合运用、合理配置；规定适当的施工步骤和时间，安排人力和各种资源的计划安排，使之符合施工准备工作计划，绘制出施工计划横道图（见图2.25）或施工计划网络图。

施工进度计划横道图

序号	项目名称	单位	工程数量	计划工日	2002年												
					1	2	3	4	5	6	7	8	9	10	11	12
一	施工准备	项	1	2800												
二	拆老桥	座	2	800												
三	主桥施工	座	1	46889												
1	扩大基础	m³	812	2812												
2	墩身	m³	1367	14067												
3	北主桥0~9号块	m³	1539	12191												
4	北主桥现浇段	m³	753	1407												
5	北主桥边、中跨合拢	m³	61	1407												
6	南主桥0~9号块	m³	1539	12191												
7	南主桥现浇段	m³	753	1407												
8	北主桥边、中跨合拢	m³	61	1407												

图2.25　某项目施工进度横道图

（4）绘制施工总平面图。将材料、构件、机械、运输、动力和工人的生产、生活的活动场地，做出合理的施工现场平面布局，如图 2.26 所示。

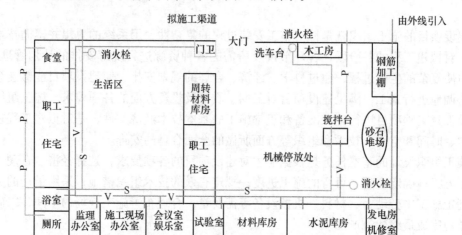

图 2.26　某项目施工总平面图示意图

（5）制定主要技术措施。保证施工顺利进行，还应制定涉及安全管理、安全经济和应急救援的安全生产的技术措施，涉及文明施工、环境保护和工地标准化的文明施工技术措施，确保工期的技术措施，质量通病的防治措施，季节性施工措施，成品保护技术措施以及项目成本控制等。

建筑施工的根本目的是在于把拟建项目迅速建成，使之尽早地交付生产或使用，因此在组织施工中应坚持以下几个原则：

（1）实事求是原则。严格执行基建程序和施工程序。科学地确定施工方案，贯彻执行施工技术规范、操作规程，提高工程质量，确保安全施工，缩短工期、降低成本。

（2）可操作原则。遵循建筑施工工艺及其技术规律，坚持合理的施工程序和施工顺序，在保证质量的前提下，加快速度，缩短工期。

（3）经济合理原则。精心规划施工平面图，节约土地；尽量减少临时设施，合理存储物资，充分利用当地资源，减少物资运输量。选择有效的施工方法，优先采用新技术、新工艺，确保工程质量和生产安全。

（4）全局化原则。采用流水施工方法和网络计划等先进技术，组织有节奏、连续和均衡的施工，科学地安排施工进度计划，保证人力、物力充分发挥作用。确定重点，保证进度。

（5）前瞻性原则。统筹安排，保证重点，合理地安排冬季、雨季施工项目，提高施工的连续性和均衡性。建设总进度一定要留有适当的余地；重视施工准备，有预见地把各项准备工作做在工程开工的前头。

2.3.4　建设监理

监理是一个执行机构或一位执行者以某项条例、准则为依据，对一项行为进行监视、督察、控制和评价。"监"是监视、督察的意思。《诗经·小雅·节南山》就提到："国既卒斩，何用不监。""监"是一项目标性很明确的具体行为，若进一步延伸，它有视察、检查、评价、控制等含义，通过纠偏以督促实现目标。"理"首先是一个哲学概念，通常指条理、准则。战国《韩非子》认为："理者，成物之文（指规律）也"；其次，"理"通"吏"，是官员或执行者的意思。这个执行机构或执行者不仅应该按程序办事，对违"理"者必进行责任追究，还要采取组织、协调、控制等措施，协调行为方更准确、更完整、更合理地达到预期目标。因此，所谓"监理"：（1）以准则为镜，对特定行为进行对照、审查，以便找出问题；（2）通过视察、检查、评价，以便对不规范的行为进行修正、纠偏，以使不规范行为得以规范；（3）具有任务执行者的含义。

国际上统称的建设监理是一个由多学科、多专业构成的技术密集型的智能性组织，在城市建设和工程建设中起着举足轻重的作用。这一制度在许多国家和地区已有多年历史，美国、英国、德国、日本等国家在建筑立法、技术规范化、管理科学化和现代组织管理等方面为建筑监理的发展做出了很多工作。我国工程建设监理制度始建于1988年，其主要任务是工程质量控制、工程投资控制和建设工期控制。

监理工作是一个庞大且复杂的系统工程，它涉及面广、持续时间长、技术难度大、技术含量高，既有阶段性又有连续性，影响因素十分复杂。由于合同文件不可能预料到项目实施过程中所有的问题，因此大量的监督、控制、协调、协商、变更以及反馈等管理工作需要监理人员去完成。事实上，监理的实施过程就是对项目合同不断补充和完善的过程。因此，监理工作贯穿工程建设的全过程，其工作质量的好坏直接影响到项目管理的成败。我国工程建设监理具有以下特点：

（1）服务性。工程建设监理的服务客体是建设单位的工程项目，服务对象是建设单位。它不同于承建商的直接生产活动，也不同于建设单位的直接投资活动；它不向建设单位承包工程，也不参与承包单位的利益分成，仅获得技术服务性报酬。

（2）科学性。监理的科学性体现为其工作的内涵是为工程管理与工程技术提供智力的服务。它是一种高智能的有偿技术服务，我国的工程监理属于国际上业主方项目管理的范畴。在国际上把这类服务归为工程咨询（工程顾问）服务。

（3）公正性。成为建设单位与承建商之间的公正的第三方，要维护建设单位和不损害被监理单位双方的合法权益。其服务性的活动是严格按照委托监理合同和其他有关工程建设合同来实施，是受法律约束和保护的。

（4）独立性。与建设单位、承建商之间的关系是一种平等主体关系，应当按照独立自主的原则开展监理活动。

工程建设监理的中心任务是工程质量控制、工程投资控制和建设工期控制，由此需对建设项目的建设前期阶段、设计阶段、施工准备阶段、施工阶段、工程保修阶段进行全过程控制。

在建设前期阶段应着重投资决策咨询、编制项目建议书和项目可行性研究报告以及进行项目评估。

在设计阶段应重点审查或评选设计方案，协助建设单位选择合适的勘察、设计单位，签订勘察、设计合同并监督合同的实施；核查设计概预算。

在施工准备阶段需协助业主编制招标文件，核查施工图设计和预算；协助业主组织招标投标活动；协助业主与中标单位商签承包合同。

在施工阶段应协助业主与承包商编写开工报告；确认承包商选择的分包单位；审批施工组织设计；下达开工令；审查承包商的材料、设备采购清单；检查工程使用的材料、构件、设备的规格和质量；检查施工技术措施和安全防护设施；主持协商工程设计变更（超出委托权限的变更须报业主决定）；督促履行承包合同，主持协商合同条款的变更，调解合同双方的争议，处理索赔事项；检查工程进度和施工质量，验收分部分项工程，签署工程付款凭证；督促整理承包合同文件和技术档案资料；组织工程竣工预验收，提出竣工验收报告；核查工程结算。

在工程保修阶段，负责检查工程质量状况，鉴定质量问题责任，督促责任单位修理。

思 考 题

2－1　工程结构按所用材料可分为哪几类，各有什么特点？

2－2　在进行结构设计时，建筑结构必须满足哪些功能要求？

2－3　建筑结构可能发生哪些形式的失效？

2－4　工程项目建设需要经历哪些阶段？

2－5　我国工程建设监理具有哪些特点？

3 建 筑 材 料

材料、生物、能源、信息是支撑人类文明的四大支柱技术。材料（Materials）是人类用来制作各种产品的物质，是人类生产和生活的物质基础，反映了人类社会文明的水平。建筑材料常用于地基、地面、墙体、楼板、屋顶等各种部位，并最终构成建筑物，是建设工程的重要物质基础。

建筑材料的规格质量和性能，决定着工程的结构、质量、施工方法。正确选择和合理使用建筑材料，对建筑结构物的安全、实用、美观、耐久及降低造价有着重大的意义。掌握各种建筑材料的性能及其适用范围，选择最合适的品种，是工程设计者的主要任务。

建筑材料的特点，表现在材料类型和规格繁多、性质多样、更新速度快、可选性强，对工程成本影响显著。

3.1 材料的基本性质

3.1.1 材料的物理性质

3.1.1.1 材料的自然性质

自然状态下的体积即包括材料结构内部的空隙，而绝对密实状态下的体积不包括材料结构内部的空隙，对于结构完全密实的材料（如钢铁、玻璃等），其自然状态与绝对密实状态的体积相等。

（1）密度 ρ、重力密度 γ。材料在自然状态下，单位体积内的质量叫材料密度（ρ），可用下式表示：

$$\rho = \frac{m}{V} \tag{3-1}$$

式中　ρ——密度，kg/m^3；

m——自然状态下材料的质量，kg；

V——自然状态下材料的体积，m^3。

在自然状态下，单位体积的材料所受到的重力作用叫重力密度或重度（γ），即：

$$\gamma = \rho g \quad （g \text{ 为重力加速度}） \tag{3-2}$$

（2）相对密度。材料在绝对密实状态下，其质量与同体积的 4℃ 水的质量之比称为相对密度（d_s）或比密度。在工程实际中，相对密度即指材料在绝对密实状态下单位体积内的质量，可用下式表示：

$$d_s = \frac{m_s}{V_s} \tag{3-3}$$

式中　m_s——材料在绝对密实状态下的质量，kg；

V_s——材料在绝对密实状态下的体积，m^3。

材料的表观体积是指包含内部孔隙的体积。当材料孔隙内含有水分时，其质量和体积均将有所变化，故测定表观密度时，须注明其含水情况。一般是指材料在气干状态（长期在空气中干燥）下的表观密度。在烘干状态下的表观密度，称为干表观密度。

堆积密度（ρ'）是指粉状或粒状材料在堆积状态下，单位体积的质量。测定散粒材料的堆积密度时，材料的质量是指填充在一定容器内的材料质量，其堆积体积是指所用容器的容积而言。因此，材料的堆积体积包含了颗粒之间的空隙。堆积密度按下式计算：

$$\rho' = \frac{m_0}{V_0} \qquad\qquad (3\text{-}4)$$

式中　m_0——填充在一定容器内的材料质量，kg；

　　　V_0——容器的容积，m^3。

常见材料的比密度与堆密度、材料的密实度与孔隙率如表3.1所示。

表3.1　几种常见材料的比密度与堆密度（kg/m³）

材料名称	比密度/d_s	表观密度	堆密度/ρ'
石灰石	2400～2600		1600～2400
花岗岩	2700～3000		2500～2900
碎石	2600	2600	1400～1700
砂	2500～2600	2650	1500～1700
黏土	2500～2700	1600～1900	1600～1800
黏土砖	2600～2700		1600～2900
水泥	2800～3100		1100～1350
普通混凝土	2500～2600	1950～3500	1800～2500
钢筋混凝土	—		2400～2600
钢	7800～7900	—	7850
木材	1550～1600	400～800	400～900
水（4℃）	1000		1000

（3）材料的密实度和孔隙率。密实度 D 是指材料体积内被固体物质充实的程度。按下式计算：

$$D = \frac{V_s}{V} \times 100\% \qquad\qquad (3\text{-}5)$$

孔隙率 P 是指材料体积内，孔隙体积与总体积之比。用下式计算：

$$P = \frac{V - V_s}{V} = 1 - \frac{V_s}{V} = 1 - D \qquad\qquad (3\text{-}6)$$

材料的孔隙率与密实度从不同的角度说明了材料的同一性质，一般只用一个表示。

孔隙率的大小直接反映了材料的致密程度。材料内部孔隙的构造，可分为连通的与封闭的两种。连通孔隙不仅彼此贯通且与外界相通，而封闭孔隙则不仅彼此不连通且与外界相隔绝。孔隙按尺寸大小又分为极微细孔隙、细小孔隙和较粗大孔隙。孔隙的大小及其分布对材料的性能影响较大。

（4）填充率与空隙率。填充率（D'）是指散粒材料在某堆积体积中，被其颗粒填充的程度，按下式计算：

$$D = \frac{V_s'}{V'} \times 100\% \quad \text{或} \quad D' = \frac{\rho_0'}{\rho} \times 100\% \qquad\qquad (3\text{-}7)$$

空隙率（P'）是指散粒材料在某堆积体积中，颗粒之间的空隙体积所占的比例，用下式表示：

$$P' = \frac{V' - V'_\text{s}}{V'} = 1 - \frac{V'_\text{s}}{V'} = 1 - D' \tag{3-8}$$

空隙率的大小反映了散粒材料的颗粒互相填充的致密程度。空隙率可作为控制混凝土骨料级配与计算含砂率的依据。

3.1.1.2 材料的水理性质

（1）亲水性和憎水性。材料表面遇水后，其吸附能力的大小，即被水浸润的程度，用亲水性和憎水性来衡量。

水滴落于材料表面时，由于材料表面吸附能力不同，会使其受水润湿的程度也有所不同。吸附能力大，浸润的程度也大，水滴很快被吸吮，反之，则被润湿的也就慢，材料表面形成的水滴就出现了不同状态。图 3.1a 说明材料吸附能力大，受润湿程度严重，表面形成的水滴很小，

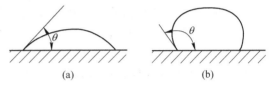

图 3.1 材料的亲（憎）水性
（a）为亲水性材料；（b）为憎水性材料

甚至可能完全被吸收。此时对水滴做外圆切线时，小于 90°，则称此材料为亲水性材料。切线与材料表面夹角越小，说明材料被润湿越严重。如果夹角变成零，则说明水已经全被材料所吸收。

图 3.1b 说明材料对水的浸润，吸附力较小，形成了椭圆形的水滴。当沿水滴表面的切线与水和固体接触面所成的夹角大于 90° 时，称之为憎水性材料。

常见建筑材料中的石材、金属、水泥制品、陶瓷等无机材料和部分木材等为亲水材料；沥青、塑料、橡胶和油漆等为憎水材料，工程上多利用材料的憎水性来制造防水材料。

（2）含水量（率）。材料中所含水的质量（$m - m_\text{s}$）与干燥状态下材料的质量（m_s）之比，称为材料的含水率 w，即

$$w = \frac{m - m_\text{s}}{m_\text{s}} \times 100\% \tag{3-9}$$

（3）吸水性与吸湿性。材料在水作用下吸入水分的能力称为吸水性。材料的吸水性用吸水率表示，材料的吸水率有质量吸水率和体积吸水率两种表达形式。

质量吸水率指材料吸水饱和时，所吸收水量占材料干质量的百分率，表示为：

$$w_m = \frac{m_\omega - m_\text{s}}{m_\text{s}} \times 100\% \tag{3-10}$$

体积吸水率指材料吸水饱和时，所吸收水分的体积占材料自然体积的百分率，表示为：

$$w_V = \frac{V_\omega - V}{V} \times 100\% \tag{3-11}$$

式中　w_m——材料质量吸水率；

　　　　w_V——材料体积吸水率；

　　　　m_ω——材料吸水饱和时的质量，kg；

m_s——材料干燥至恒重时的质量（材料干质量，绝对密实状态下的质量），kg。

材料的吸水性，取决材料本身是亲水的还是憎水的，同时还取决于材料孔隙率的大小与孔隙特征。含水的材料其堆密度、导热性增大、强度降低、体积膨胀，影响材料的使用。

材料吸收空气中水分的能力称为吸湿性。吸湿性是材料在潮湿空气中吸收水分的能力，通常以湿度（含水率）表示。材料吸水达到饱和状态时的含水率等于吸水率。材料的吸湿性是可逆的。当较干燥材料处于较潮湿空气中时，会从空气中吸收水分；当较潮湿材料处于较干燥空气中时，材料就会向空气中放出水分。

吸水性与吸湿性二者所处的环境条件完全不一样，前者是在水中，后者则在空气中。

（4）耐水性。材料长期在饱和水作用下而不破坏，其强度也不显著降低的性质称为耐水性。一般材料随着含水量的增加，会减弱其内部结合力，强度都有不同程度的降低。

材料的耐水性一般用软化系数（R）表示，其表达式为：

$$R = \frac{\sigma_{sat}}{\sigma_{dry}} \tag{3-12}$$

式中 σ_{sat}——表示材料在吸水饱和状态下的抗压强度，MPa；

         σ_{dry}——表示材料在干燥状态下的抗压强度，MPa。

受水浸泡或处于潮湿环境的重要建筑物，必须选用软化系数不低于 0.75 的材料建造；软化系数大于 0.85 的材料，通常可以认为是耐水材料。

（5）抗渗性。抗渗性是指材料抵抗压力水渗透的性质，又称为不渗水性。地下建筑物及水工构筑物，因常受到压力水的作用，所以要求材料具有一定的抗渗性。材料的抗渗性通常用渗透系数表示，也可用抗渗等级表示。抗渗性也是检验防水材料质量的重要指标。

材料抗渗性的好坏，与材料的空隙率和孔隙特征有密切关系。材料的亲水性、裂缝缺陷等也是影响抗渗性的重要因素。工程上常采用降低孔隙率提高密实度、提高闭口孔隙比例、减少裂缝或进行憎水处理等方法来提高材料的抗渗性。

（6）抗冻性。材料在饱水状态下，能经受多次冻融循环作用而不破坏，也不严重降低强度的性质，称为材料的抗冻性。材料的抗冻性用抗冻等级表示。用符号"F_n"表示，其中 n 即为最大冻融循环次数，如 F_{25}、F_{50} 等。

材料的抗冻性取决于孔隙率、孔隙特征及充水程度。材料的变形能力大、强度高、软化系数大时，其抗冻性较高。抗冻性常作为考查材料耐久性的一项指标。

材料抗冻等级的选择，是根据结构物的种类、使用条件、气候条件等来决定的。例如，烧结普通砖、陶瓷面砖、混凝土等墙体材料，一般要求其抗冻等级为 F_{15}、F_{25}；用于桥梁和道路的混凝土应为 F_{50}、F_{100} 或 F_{200}，而水工混凝土要求高达 F_{500}。

3.1.1.3   材料的热工性质

材料的热工性质是指与温度有关的性质。为了保证建筑物具有良好的室内温度，同时能降低建筑物的使用能耗。要求建筑材料必须具有一定的热工性能。建筑材料常用的热工性质有导热性、比热等。

（1）导热性。当材料两侧存在温度差时，热量将由温度高的一侧通过材料传递到温度低的一侧，材料的这种传导热量的能力称为导热性。

材料的导热性可用导热系数表示。材料的导热系数越小，表示其绝热性能越好。各种材料的导热系数差别很大，如泡沫塑料 $\lambda = 0.035 W/(m \cdot K)$，而大理石 $\lambda = 3.48 W/(m \cdot K)$。工程中通常把 $\lambda < 0.23 W/(m \cdot K)$ 的材料称为绝热材料。

（2）比热容。材料的导热系数和比热容是设计建筑物围护结构（墙体、屋盖）进行热工计算时的重要参数。设计时应选用导热系数较小而比热较大的建筑材料，以使建筑物保持室内温度的稳定性。同时，导热系数也是工业窑炉热工计算和确定冷藏库绝热层厚度时的重要数据。几种典型材料的热工性质指标如表 3.2 所示，由表可知，水的比热容最大。

表 3.2　几种典型材料的热工性质指标

材　料	导热系数/W · (m · K)$^{-1}$	比热容 c/kJ · (kg · K)$^{-1}$
铜	370	0.38
钢	55	0.46
花岗岩	2.9	0.80
普通混凝土	1.8	0.88
烧结普通砖	0.55	0.84
松木（横纹）	0.15	1.63
泡沫塑料	0.03	1.30
冰	2.20	2.05
水	0.60	4.19
静止空气	0.025	1.00

（3）防火性。材料遇到火时，能经受高温作用而不破坏、不严重降低强度的性质，称为防火性（耐燃性）。材料依其防火能力，可分为三类；

1）不燃烧类：迟到火焰或高热，即起火或不阴燃、不炭化，如砖、石、混凝土、石棉等；

2）难燃类：遇到火焰或高热，难于起火、阴燃和炭化，当火源在时能继续燃烧或阴燃，火源移去燃烧即停，如沥青混凝土、木丝板等；

3）燃烧类：遇到火焰或高热，即起火或阴燃，移去火源或能继续燃烧，如木材、沥青等。

（4）耐熔性。材料在较长时间的高温作用下不熔化，并能承受一定荷重的性能，称为耐熔性。工程上用于高温环境的材料和热工设备等都要使用耐火材料。材料依其耐火性，可分为三类：

1）耐火材料：温度在 1580℃ 以上不变形、不破坏，如耐火砖等耐火材料属于此类；

2）难熔材料：能经得住 1350 ~ 1580℃ 高温而不破坏不变形的材料，如难熔黏土砖等；

3）易熔材料：材料的熔化温度在 1350℃ 以下的，皆属此类，如普通料土砖等。

3.1.2　材料的力学性质

材料的力学性质，就是指材料在受到外力作用下，其抵抗外力作用的性质。外力作用下的材料性能表现为强度、弹塑性、脆韧性及硬度、耐磨性。

3.1.2.1　强度

材料在外力（荷载）作用下抵抗破坏的能力称为强度。外力增加，应力相应增大，直至材料内部质点间结合力不足以抵抗所作用的外力时，材料即发生破坏。材料破坏时，应力达极限值，这个极限应力值就是材料的强度，也称极限强度。根据外力作用方式的不同，材料强度主要有抗拉、抗压、抗弯和抗剪强度等，如图3.2所示。

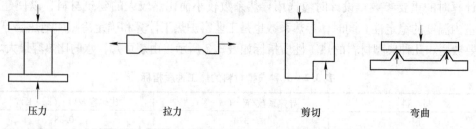

压力　　　　　　　拉力　　　　　　　剪切　　　　　　　弯曲

图3.2　材料受外力作用示意图

材料的这些强度是通过静力试验测定的，故总称为静力强度。材料的静力强度是通过标准试件的破坏试验而测得。材料的抗压、抗拉和抗剪强度的计算公式为：

$$f = \frac{F}{A} \tag{3-13}$$

式中　f——材料的极限强度（抗压、抗拉或抗剪），MPa；

　　　F——试件破坏时的最大荷载，kN；

　　　A——试件受力面积，m^2。

材料的抗弯强度与试件的几何外形及荷载施加的方式有关，对于矩形截面的条形试件，当其二支点间的中间作用一集中荷载时，其抗弯极限强度按下式计算：

$$f_m = \frac{3Fl}{2bh^2} \tag{3-14}$$

当在试件支点间的三分点处作用两个相等的集中荷载时，则其抗弯强度的计算公式为：

$$f_m = \frac{Fl}{bh^2} \tag{3-15}$$

式中　f_m——材料的抗弯极限强度，MPa；

　　　F——试件破坏时的最大荷载，kN；

　　　l——试件两支点间的距离，m；

　　b，h——试件截面的宽度和高度，m。

材料的强度与其组成及构造有关，即使材料的组成相同而构造不同，强度也不一样。材料的孔隙率越大，则强度越小。一般表观密度大的材料其强度也大。晶体结构的材料，其强度还与晶粒粗细有关，其中细晶粒的强度高。玻璃原是脆性材料，抗拉强度很小，但当制成玻璃纤维后，则成了很好的抗拉材料。材料的强度还与其含水状态及温度有关，含有水分的材料，其强度较干燥时为低。一般温度高时，材料的强度将降低，这对沥青、混凝土尤为明显。几种常用建筑材料的强度值见表3.3。

表3.3 常用建筑材料的强度

材 料	抗压/MPa	抗拉/MPa	抗剪/MPa
花岗岩	100 ~ 250	5 ~ 8	10 ~ 14
烧结普通砖	7.5 ~ 30	—	1.6 ~ 4.0
普通混凝土	7.5 ~ 60	1 ~ 9	—
松木（横木）	30 ~ 50	80 ~ 120	60 ~ 100
建筑钢材	240 ~ 1500	240 ~ 1500	—

材料的强度与其测试所用的试件形状、尺寸有关，也与试验时加荷速度及试件表面形状有关。材料的强度是大多数材料划分等级的依据。

3.1.2.2 材料的弹性与塑性

材料在外力作用下产生变形，当外力去除后能完全恢复到原始形状的性质称为弹性。材料的这种可恢复的变形称为弹性变形。弹性变形属可逆变形，其数值大小与外力成正比，这时的比例系数 E 称为材料的弹性模量；材料在弹性变形范围内，E 为常数，其值可用应力（σ，MPa）与应变（ε）之比表示。即：

$$E = \frac{\sigma}{\varepsilon} \tag{3-16}$$

弹性模量是衡量材料抵抗变形能力的一个指标，E 值越大，材料越不易变形，亦即刚度好。弹性模量是结构设计时的重要参数，各种材料的弹性模量相差很大。

材料在外力作用下产生变形，当外力去除后，有部分变形不能恢复，这种性质称为材料的塑性。这种不能恢复的变形称为塑性变形，塑性变形为不可逆变形。

许多材料在受力时，弹性变形和塑性变形同时发生；这种材料当外力取消后，弹性变形会恢复，而塑性变形不能消失。混凝土就是这类材料的代表。弹塑性材料的变形曲线如图3.3所示。图中 ab 为可恢复的弹性变形，bO 为不可恢复的塑性变形。

3.1.2.3 材料的脆性与韧性

材料受外力作用及当外力达一定值时，材料发生突然破坏，且破坏时无明显的塑性变形，这种性质称为脆性。具有这种性质的材料称脆性材料，其变形曲线如图3.4所示。脆性材料的抗压强度远大于其抗拉强度，可高达数倍甚至数十倍，所以脆性材料不能承受振动和冲击荷载，也不宜用作受拉构件，只适于作承压构件。建筑材料中大部分无机非金属材料为脆性材料，如天然岩石、陶瓷、玻璃、普通混凝土等。

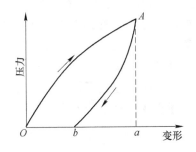

图3.3 弹塑性材料的变形曲线

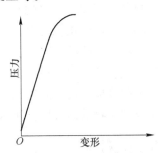

图3.4 脆性材料的变形曲线

材料在冲击或振动荷载作用下，能吸收较大的能量，同时产生较大的变形而不破坏，这种性质称为韧性。在建筑工程中，对于要求承受冲击荷载和有抗震要求的结构，如吊车架、桥梁、路面等所用的材料，均应具有较高的韧性。

3.1.2.4　材料的硬度与耐磨性

硬度是指材料表面抵抗硬物压入或刻划的能力。测定材料硬度的方法有多种，通常采用的有刻划法和压入法两种，不同材料其硬度的测定方法不同。刻划法常用于测定天然矿物的硬度，按硬度递增顺序分为 10 级，即滑石、石膏、方解石、萤石、磷灰石、正长石、石英、黄玉、刚玉、金刚石。压入法如布氏硬度值是以压痕单位面积上所受压力来表示的，常用于测定钢材、木材和混凝土等建筑材料的硬度。

一般情况下材料的硬度越大，其耐磨性越好。工程中有时也可用硬度来间接推算材料的强度。材料的耐磨性与材料的组成成分、结构、强度、硬度等有关。在建筑工程中，对于用作踏步、台阶、地面、路面等的材料，应具有较高的耐磨性。

3.1.3　材料的其他性质

3.1.3.1　材料的耐久性

材料的耐久性是指用于建筑物的材料在环境的多种因素作用下，能经久不变质、不破坏，长久地保持其使用性能的性质。

材料在建筑物使用过程中，除材料内在原因使其组成、构造、性能发生变化以外，还受到使用条件及各种自然因素的作用，这些作用概括为四类：（1）物理作用。包括环境湿度、温度的交替变化，即冷热、干湿、冻融等循环作用。材料在经受这些作用后，将发生膨胀、收缩或产生内应力，长期的反复作用将使材料遭受破坏。（2）化学作用。包括大气和环境水中的酸、碱、盐等溶液或其他有害物质对材料的侵蚀作用，以及日光、紫外线等对材料的作用。（3）机械作用。包括荷载的持续作用，交变荷载对材料引起的疲劳、冲击、磨损、磨耗等。（4）生物作用。包括菌类、昆虫等的侵害作用，导致材料发生腐朽、虫蛀等而破坏。

耐久性是材料的一项综合性质，各种材料耐久性的具体内容，因其组成和结构不同而异。例如，钢材易受氧化而锈蚀；无机非金属材料常因氧化、风化、碳化、溶蚀、冻融、热应力、干湿交替等作用而破坏；有机材料多因腐烂、虫蛀、老化而变质等。

3.1.3.2　材料的装饰性

建筑是技术与艺术相结合的产物，而建筑艺术的发挥，除建筑设计外，在很大程度上取决于建筑材料的装饰性，表现在材料的色彩、光泽、透明性、表面质感和形状尺寸等。建筑装饰材料主要用作建筑物内、外墙面，柱面，地面及顶棚等处的饰面层，这类材料往往兼具结构、绝热、防潮、防火、吸声、隔音或耐磨等两种以上的功能。因此，采用装饰材料修饰主体结构的面层，不仅能大大改善建筑物的外观艺术形象，使人们获得舒适和美的感受，最大限度地满足人们生理和心理上的各种需要，同时也起到了保护主体结构材料的作用，提高建筑物的耐久性。所以材料的装饰性对于建筑物具有十分重要的作用。

3.2　常见建筑材料

建筑材料可按不同原则进行分类。根据材料来源，可分为天然材料及人造材料；根据使用部位，可分为结构材料、屋面材料、墙体材料和地面材料等，如表 3.4 所示；根据建筑功能，可分为结构材料、装饰材料、防水材料、绝热材料等；根据组成物质的种类及化学成分，可分为无机材料、有机材料和复合材料等，如表3.5所示。

表3.4 建筑材料分类表（一）

类　型	建筑材料及举例
建筑结构材料	砖混结构：石材、砖、水泥混凝土、钢筋
	钢木结构：建筑钢材、木材
墙体材料	砖及砌块：普通砖、空心砖、硅酸盐、砌块
	墙　板：混凝土墙板、石膏板、复合墙板
建筑功能材料	防水材料：沥青及其制品
	绝热材料：石棉、矿棉，玻璃棉、膨胀珍珠岩石
	吸声材料；木丝板、毛毡，泡沫塑料
	采光材料：窗用玻璃
	装饰材料：涂料、塑料装饰材料、铝材

表3.5 建筑材料分类表（二）

类型	种　类	建筑材料及举例
无机材料	非金属材料	天然石材：石子、砂、毛石、料石
		烧土制品：黏土砖、瓦、空心砖、建筑陶瓷
		玻　璃：窗用玻璃、安全玻璃、特种玻璃
		胶凝材料：石灰、石膏、水玻璃、各种水泥
		混凝土及砂浆：普通混凝土、轻混凝土、特种混凝土、各种砂浆
		硅酸盐制品：粉煤灰砖、灰砂砖、硅酸盐砌块
		绝热材料：石棉、矿棉、玻璃棉、膨胀珍珠岩
	金属材料	黑色金属：生铁、碳素钢、合金钢
		有色金属：铝、锌、铜及其合金
有机材料	植物质材料	木材、竹材、软木、毛毡
	沥青材料	石油沥青、煤沥青、沥青防水制品
	高分子材料	塑料、橡胶、涂料、胶粘剂
复合材料	无机非金属材料和有机材料的复合	聚合物混凝土、沥青混凝土、水泥刨花板、玻璃钢

3.2.1 块体材料

3.2.1.1 砖

砖是采用黏性土、煤矸石、粉煤灰、水泥、砂、煤渣等原料加工制成的块状建筑材料，广泛应用于墙体、柱子、拱、沟道及基础等部位。砖按孔洞率分为：（1）无孔洞或孔洞率小于15%的实心砖（普通砖）；（2）孔洞率介于15%~35%，孔的尺寸小而数量多的多孔砖；（3）孔洞率等于或大于35%，孔的尺寸大而数量少的空心砖等。砖按制造工艺分为：烧结砖、蒸养（压）砖、免烧砖等。

A　烧结砖

（1）烧结普通砖。烧结砖是以黏土、页岩、煤矸石、粉煤灰等原料为主，加入少量添加料，经配料、混合匀化、制坯、干燥、预热、焙烧而成。因此，烧结砖有黏土砖（N）、页岩砖（Y）、煤矸石砖（M）、粉煤灰砖（F）等多种。

烧结普通砖的标准尺寸为 240mm × 115mm × 53mm。黏土砖的表观密度在 1600 ~ 1800kg/m³ 之间；吸水率一般为 6%~18%；导热系数约为 0.55W/（m·K）。砖的吸水率与焙烧温度有关，焙烧温度高，砖的孔隙率小、吸水率低、强度高。

烧结普通砖的六个强度等级：MU30、MU25、MU20、MU15、MU10 和 MU7.5，应不小于表 3.6 规定的值。砖的耐久性能由抗冻实验、泛霜实验、石灰爆裂实验和吸水率实验来确定。

表 3.6　烧结普通砖强度等级

强度等级	抗压强度平均值/MPa	抗压强度标准值/MPa
MU30	30.0	23.0
MU25	25.0	19.0
MU20	20.0	14.0
MU15	15.0	10.0
MU10	10.0	6.5
MU7.5	7.5	5.0

（2）烧结多孔砖。烧结多孔砖是以黏土、页岩、煤矸石等为主要原料，经焙烧而成。烧结多孔砖为大面有孔的直角六面体，孔多而小，孔洞垂直于受压面。主要规格为：M 型 190mm × 190mm × 90mm、M 型 240mm × 115mm × 90mm。砖的形状如图 3.5 所示。

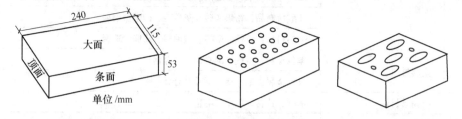

图 3.5　烧结普通砖、多孔砖

根据烧结多孔砖的抗压强度和抗折荷重，分为 30、25、20、15、10、7.5 六个强度等级。根据砖的尺寸偏差、外观质量、强度等级和物理性能（冻融、泛霜、爆裂、吸水率等），分为优等品、一等品和合格品三个产品等级，其抗压强度和抗折荷重应不小于表 3.7 中的值。

表 3.7　烧结多孔砖的强度等级

产品等级	强度等级	抗压强度/MPa		抗折荷重/kN	
		平均值	单块最小值	平均值	单块最小值
优等品	30	30	22.0	13.5	9.0
	25	25	18.0	11.5	7.5
	20	20	14.0	9.5	6.0
一等品	15	15	10.0	7.5	4.5
	10	10	6.0	5.5	3.0
合格品	7.5	7.5	4.5	4.5	2.0

烧结多孔砖孔洞率在 15% 以上, 表观密度约为 1400kg/m³。虽然多孔砖具有一定的孔洞率, 使砖受压时有效受压面积减小, 但因制坯时受较大的压力, 使砖孔壁致密程度提高, 且对原材料要求也较高, 这就补偿了固有效面积减少而造成的强度损失。由于烧结多孔砖的强度仍较高, 常被用于砌筑六层以下的承重墙。

(3) 烧结空心砖。烧结空心砖是以黏土、页岩、煤矸石等为主要原料, 经焙烧而成。烧结空心砖为顶面有孔洞的直角六面体, 孔大而少, 孔洞为矩形条孔或其他孔形、平行于大面和条面, 在与砂浆的接合面上应设有增加结合力的深度 1mm 以上的凹线槽, 如图 3.6 所示。

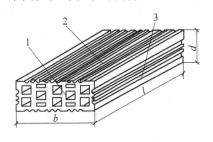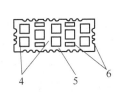

图 3.6　烧结空心砖

1—顶面; 2—大面; 3—条面; 4—肋; 5—凹线槽; 6—外壁

烧结空心砖和空心砌块的表观密度分成 800kg/m³、900kg/m³、1100kg/m³ 三个密度级别, 每个表观密度级别又根据孔洞及其排列数、尺寸偏差、外观质量、强度等级、物理性能等分为优等品、一等品、合格品三个产品等级 (见表 3.8)。根据抗压强度分为 3.0、3.0、5.0 三个强度等级。砖和砌块的规格尺寸 (长度 l × 宽度 b × 高度 d, 见图 3.6) 有两个系列: 290mm × 190(140)mm × 90mm 和 240mm × 180(175)mm × 115mm。

表 3.8　烧结空心砖的强度等级

产品等级	强度等级	大面抗压强度/MPa		条面抗压强度/MPa	
		平均值	单块最小值	平均值	单块最小值
优等品	5.0	5.0	3.7	3.4	3.3
一等品	3.0	3.0	3.2	3.2	1.4
合格品	3.0	3.0	1.4	1.6	0.9

烧结空心砖的孔洞率一般在 35% 以上, 表观密度在 800 ~ 1100kg/m³ 之间。这种砖自重较轻, 强度不高, 因而多用作非承重墙, 如多层建筑的内墙或框架结构的填充墙等。

多孔砖、空心砖可节省黏土, 节省能源, 且砖的自重轻、热工性能好, 使用多孔砖尤其是空心砖和空心砌块, 既可提高建筑施工效率、降低造价, 还可减轻墙体自重、改善墙体的热工性能等。

B　蒸养 (压) 砖

蒸养 (压) 砖是以石灰和含硅材料 (砂子、粉煤灰、煤矸石、炉渣和页岩等) 加水拌合, 经压制成型、蒸汽或蒸压养护而成。我国目前使用的主要有灰砂砖、粉煤灰砖、炉渣砖等。

(1) 灰砂砖 (又称蒸压灰砂砖)。灰砂砖是由磨细生石灰或消石灰、天然砂和水按一定配比, 经搅拌混合、陈伏、加压成型, 再经蒸压 (一般温度为 175 ~ 203℃、压力为

0.8～1.6MPa的饱和蒸汽）养护而成。实心灰砂砖的规格尺寸与烧结普通砖相同，其表观密度为1800～1900kg/m³，导热系数约0.61W/(m·K)。蒸压灰砂砖按浸水24h后的抗压强度分为MU25、MU20、MU15、MU10四个等级。

灰砂砖的表面光滑，与砂浆粘结力差；砌筑时灰砂砖的含水率会影响砖与砂浆的粘结力，所以应使砖含水率控制在7%～12%；砌筑砂浆宜用混合砂浆。砖中的氢氧化钙等组分会被流水冲失，所以灰砂砖不能用于有流水冲刷的地方。

（2）粉煤灰砖。粉煤灰砖是以粉煤灰、石灰为主要原料，掺加适量石膏和骨料经坯料制备、压制成型、常压或高压蒸汽养护而成的实心砖。粉煤灰砖分为MU20、MU15、MU10、MU7.5四个强度等级。根据砖的外观质量、强度、抗冻性和干燥收缩值分为优等品、一等品、合格品。

粉煤灰砖呈深灰色，表观密度约为1500kg/m³。粉煤灰砖可用于工业与民用建筑的墙体和基础。粉煤灰砖不得用于长期受热（200℃以上）、受急冷、急热和有酸性介质侵蚀的建筑部位。用粉煤灰砖砌的建筑物，应适当增设圈梁及伸缩缝，或采取其他措施，以避免或减少收缩裂缝的产生。粉煤灰砖宜存放一星期后再用于砌筑。

（3）炉渣砖。炉渣砖又名煤渣砖，是以煤燃烧后的炉渣为主要原料，加入适量石灰、石膏（或电石渣、粉煤灰）和水搅拌均匀，并经陈化、轮碾、成型、蒸汽养护而成。

炉渣砖呈黑灰色，表观密度一般为1500～1800kg/m³，吸水率为6%～18%。炉渣砖按抗压强度和抗折强度分为MU20、MU15、MU10三个强度等级；可用于一般工程的内墙和非承重外墙。

C 免烧砖

免烧砖（见图3.7）是利用粉煤灰、煤渣、煤矸石、尾矿渣、化工渣以及天然砂、海涂泥等作为主要原料，按一定的比例加入凝固剂及微量化学添加剂，使粒度、湿度、混合程度达到最佳可塑状态后经高压压制成型，砖体迅速硬化，是不经高温煅烧而制造的一种新型墙体材料。免烧砖按主要原料分为黏土砖（N）、页岩砖（Y）、煤矸石砖（M）和粉煤灰砖（F）；根据抗压强度分为MU30、MU25、MU20、MU15、MU10、MU7.5六个强度等级。

免烧砖无需烧结，自然养护、常温蒸养均可。砖的实用性好，砌墙时不用浸泡，外观整齐。由于该种材料强度高、耐久性好、尺寸标准、外形完整、色泽均一，具有古朴自然的外观，可做清水墙，也可以做外装饰。

图3.7 粉煤灰砖、免烧砖及砖墙

3.2.1.2 瓦

用于烧结瓦的黏土应杂质含量少、塑性好。黏土瓦由黏土经制坯、干燥、焙烧而成，按颜色分为红瓦和青瓦两种；按用途分为平瓦和脊瓦两种。平瓦用于屋面，脊瓦用于屋脊。

混凝土瓦的耐久性好、成本低，但自重大。在配料中加入耐碱颜料，可制成彩色瓦。混凝土平瓦的标准尺寸有 400mm × 240mm 和 385mm × 235mm 两种。

石棉水泥瓦是用水泥和温石棉为原料，经加水搅拌、压滤成型、养护而成。它分为大波瓦、中波瓦、小波瓦和脊瓦四种。石棉水泥瓦单张面积大、有效利用面积大、防火、防腐、耐热、耐寒、质轻，适用于简易工棚、仓库及临时设施的屋面。但石棉纤维对人体健康有害。

钢丝网水泥大波瓦是用普通水泥和沙子加水搅拌后浇模，中间放置一层冷拔低碳钢丝网，成型后再经养护而成的波形瓦。这种瓦的尺寸为 1700mm × 830mm × 14mm。每块重 50kg 左右。适用于工厂散热车间、仓库及临时建筑的屋面，有时也用作这些建筑的围护结构。

此外，可用于屋面的板材还有多种，如聚氯乙烯波纹瓦、玻璃钢波形瓦、沥青瓦、铝合金波纹板、彩色压型钢板、钢丝网水泥夹芯板、预应力空心板、金属面板与隔热芯材组成的复合板等。

3.2.1.3　砂

由自然条件作用而形成的、粒径在 2mm 以下的岩石碎屑，称为天然砂；是岩石风化后所形成的大小不等、由不同矿物散粒组成的混合物，一般有河砂、海砂及山砂。普通混凝土用砂多为河砂。河砂是由岩石风化后经河水冲刷而成，特征是颗粒光滑、无棱角。山区所产的砂粒为山砂，是由岩石风化而成，特征是多棱角。沿海地区的砂称为海砂，海砂中含有氯盐，对钢筋有锈蚀作用。

砂子的粗细颗粒要搭配合理，不同颗粒等级的搭配称为级配。因此，混凝土用砂要符合理想的级配。砂子的粗细程度还可以用细度模数来表示。一般细度模数为 3.1 ~ 3.7 的砂子称为粗砂，3.3 ~ 3.0 的为中砂，1.6 ~ 3.2 的为细砂，0.7 ~ 1.5 的则为特细砂。配制混凝土的细骨料要求清洁不含杂质，以保证混凝土的质量。

3.2.1.4　石

天然石材是指从天然岩体中开采出来的，并经加工成块状或板状材料的总称，它是最古老的建筑材料之一。天然石材具有较高的抗压强度，良好的耐久性和耐磨性，在建筑中主要用于结构、装饰、混凝土骨料等建材的原料。但由于石材脆性强、抗拉强度低、自重大，石结构的抗震性能差，加之岩石的开采加工较困难、价格高等原因，石材作为结构材料，近代已逐步被混凝土材料所代替，但装饰用石材仍十分普遍。

天然石材按表观密度大小可分为重石和轻石两类，表观密度大于 1800kg/m³ 的为重石，表观密度小于 1800kg/m³ 的为轻石。重石可用于建筑物的基础、贴面、地面、房屋外墙、桥梁及水工构筑物等；轻石主要用作墙体材料。

3.2.1.5　砌块

砌块是利用各种技术将各种散体材料聚合加工成规则的块体形建筑材料。目前各地广泛采用的材料有混凝土、加气混凝土、各种工业废料、粉煤灰、煤矸石、石渣等。

砌块规格以中、小型砌块和空心砌块居多（见图 3.8）。小型砌块，有实心砌块相空心砌块之分。其外形尺寸（厚×长×高）多为 190mm×190mm×390mm，辅助块尺寸为 90mm×190mm×190mm 和 190mm×190mm×190mm，中型砌块；各地尺寸均不统一。空心砌块尺寸为 180mm×630mm×845mm、180mm×1280mm×845mm、180×2130×845（mm）等。实心砌块的尺寸为 240×280×380（mm）、240×430×380（mm）、240mm×580mm×380mm、240mm×880mm×380mm 等。

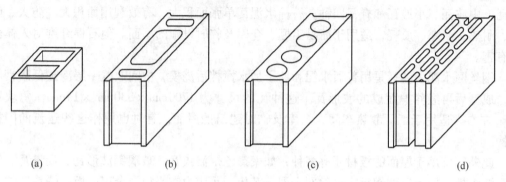

图 3.8　空心砌块
（a）单排方孔；（b）单排扁孔；（c）单排圆孔；（d）多排扁孔

（1）粉煤灰砌块。粉煤灰砌块是以粉煤灰、石灰、石膏和骨料为原料；加水搅拌、振动成型、蒸汽养护而成的密实砌块，规格有 880mm×380mm×240mm 和 880mm×430mm×240mm 两种。粉煤灰砌块适用于砌筑民用和工业建筑墙体和基础。

（2）混凝土小型砌块。混凝土小型砌块是用普通混凝土制成的小型空心砌块，其主要规格尺寸为 390mm×190mm×190mm。砌块按抗压强度分为 3.5、5.0、7.5、10.0 和 15.0 五种标号，按相对含水率分为 M 级和 P 级，按是否要求抗渗性指标分为 S 级和 Q 级。

（3）增压加气混凝土砌块。增压加气混凝土砌块是由含钙材料（水泥或生石灰）和含硅材料（砂、粉煤灰、矿渣等）经搅拌、发气、切割、增压处理而成；常作为墙体材料，具有质量轻、绝热性能好、吸声、加工方便、施工效率高等优点。

3.2.2　胶凝材料

在工程建筑中，常把一些散体颗粒和块料胶合成整体使用，以满足工程需要和安全稳定，水泥、石灰则是应用广泛的胶凝材料，水泥、石灰配制成的砂浆、混凝土及其制成品均是常用的建筑材料。

3.2.2.1　水泥

水泥（cement）是最主要的建筑材料之一，广泛应用于工业民用建筑、道路、水利和国防工程；作为胶凝材料与骨料及增强材料制成混凝土、钢筋混凝土、预应力混凝土构件，也可配制砌筑砂浆、装饰、抹面、防水砂浆用于建筑物砌筑、抹面、装饰等。

硅酸盐类水泥是硅酸盐类水泥熟料、0～5% 石灰石或粒化高炉矿渣、适量的石膏磨细制成的水硬性胶凝材料，即国外统称的波兰水泥。硅酸盐类水泥分两种型号：不掺混合材料的称 Ⅰ 型硅酸盐水泥，在硅酸盐水泥熟料粉磨时掺加不超过水泥重量 5% 石灰石或矿渣混合材料的称为 Ⅱ 型硅酸盐水泥。

由硅酸盐水泥熟料加入少量混合材料和适量石膏磨细制成普通硅酸盐水泥（普通水泥）。按我国水泥国家标准规定：掺活性混合材料不得超过 15%；掺非活性混合材料不得超过 10%；掺活性与非活性混合材料总量不得超过 15%。普通水泥广泛用于各种混凝土或钢筋混凝土工程，是我国主要水泥品种之一。由硅酸盐水泥熟料掺入 20%～70% 的高炉矿渣（按重量计），再加入适量石膏磨细制成矿渣水泥。由硅酸盐水泥熟料料拌入 20%～50% 的火山灰质混合材料（按重量计），再加入适量石膏磨细制成火山灰水泥。由硅酸盐水泥熟料掺入 20%～40% 的粉煤灰（按重量计），再加入适量石膏磨细制成粉煤灰水泥。各种常用水泥的特性及适用范围见表 3.9。

表 3.9　常用水泥的特性及其使用范围

品种	特　性		使用范围	
	优　点	缺　点	适用于	不适用于
硅酸盐水泥	1. 凝结硬化快 2. 抗冻性好 3. 早期强度高 4. 水化热大	耐软水侵蚀和耐化学腐蚀差	1. 重要结构的高强度混凝土和预应力混凝土 2. 冬季施工及严寒地区遭受反复冰冻工程	1. 经常受压力水作用的工程 2. 受海水、矿泉水作用的工程
普通水泥	1. 早期强度高 2. 水化热大 3. 抗冻性好	1. 耐热性差 2. 耐腐蚀与耐水性较差	1. 一般土建工程及受冰冻作用的工程 2. 早期强度要求高的工程	1. 大体积混凝土工程 2. 受化学及海水侵蚀的工程 3. 受水压作用的工程
矿渣水泥	1. 抗侵蚀、耐水性好 2. 耐热性好 3. 水化热低 4. 蒸汽养护强度发展较快 5. 后期强度高	1. 早期强度低，凝结慢 2. 抗冻性较差 3. 干缩性大，有泌水现象	1. 地下、水下、工程及受高压水作用的工程 2. 大体积混凝土 3. 蒸汽养护工程 4. 有抗侵蚀、耐高温要求的工程	1. 早期强度要求高的工程 2. 严寒地区在水位升降范围内的工程
火山灰水泥	1. 抗侵蚀能力强 2. 抗渗性好 3. 水化热低 4. 后期强度较大	1. 耐热性较差 2. 抗冻性差 3. 吸水性强 4. 干缩性较大	1. 地上、地下及水中的大体积混凝土工程 2. 蒸汽养护的混凝土构件 3. 有抗侵蚀要求的一般工程	1. 早期强度要求高的工程 2. 受冻工程 3. 处于干燥环境的工程 4. 有耐磨性要求的工程
粉煤灰水泥	1. 抗渗性较好 2. 干缩性小 3. 水化热低 4. 抗侵蚀能力较好	抗碳化能力差	1. 地上、地下及水中的大体积混凝土工程 2. 蒸汽养护的混凝土构件 3. 有抗侵蚀要求的一般工程	有碳化工程要求的工程

（1）水泥的技术参数

1）水泥的凝结和硬化。水泥加水拌和后，成为可塑的水泥浆。在水泥颗粒表面即发生化学反应，生产的胶体水化产物聚集在颗粒表面，使化学反应减慢，并使水泥浆体具有可塑性。由于生产的胶体状水化产物不断增多并在某些点接触，构成疏松的网状结构，水泥浆逐渐变稠失去塑性（流动性），但尚未产生显著强度的过程，称为水泥的凝结；随后由于生成的水化硅酸钙、氢氧化钙、水化铝酸钙和水化硫铝酸钙晶体等水化产物不断增多，它们相互接触连生到一定程度，建立起较为紧密的网状结晶结构，并在网状结构内部不断充实水化产物，使水泥具有初步的强度，此后水化产物不断增加，强度不断提高，产生明显的强度并逐渐发展而成为坚硬的人造石—水泥石，这一过程称为水泥的"硬化"。凝结和硬化是人为划分的，它实际上是一个连续的复杂的物理化学变化过程。由于水泥硬化过程中有余热（水化热）散出，在放热时，会使混凝土破坏。

水泥的凝结时间可分为初凝和终凝；初凝为水泥加水拌到水泥浆开始失去塑性的时间，初凝时水泥还不具有强度；终凝是指水泥加水并和到水泥完全失去可塑性的时间，终凝时水泥已经具有初步强度。我国规定普通硅酸盐水泥初凝时间不得早于45min，终凝时间不得迟于10h；工程上普通硅酸盐水泥初凝时间为1～2h，终凝时间为3～6h。

2）体积安定性。水泥体积安定性是指水泥在凝结硬化过程中体积变化的均匀程度。体积变化均匀的称体积安定性合格，否则为安定性不良。水泥体积安定性好坏直接影响水泥构件的质量。体积变化不均匀会使水泥石产生裂缝，从而降低建筑物的质量。

水泥硬化出现体积不安定的原因是水泥含游离的氧化钙、氧化镁、二氧化硫，它们的含量过多时，就会造成硬结时体积变化不均匀，使水泥石出现崩溃、龟裂、松脆等不安定现象。

3）水泥强度与标号。水泥标号是表示水泥强度的重要指标。按国家标准规定，它是以标准水泥砂浆试块（按规定方法制成的 40mm × 40mm × 160mm 的试块）在标准温度 20℃ ±2℃ 的水中养护，测得 3d、7d、28d 抗压和抗折强度，并以 28d 时的抗压强度值来确定水泥标号。

硅酸盐水泥有：42.5R、52.5、52.5R、62.5、62.5R、72.5R 六个标号。

普通硅酸盐水泥有：32.5、42.5、42.5R、52.5、52.5R、62.5、62.5R 七个标号。

矿渣水泥、火山灰水泥、粉煤灰水泥有：27.5、32.5、42.5、42.5R、52.5、52.5R、62.5R 七个标号。

以上标号中，带"R"的为早强型，不带"R"的为普通型。

（2）水泥运输及保管

水泥最容易受潮，如受到雨淋、水浸等会立即凝固，失去效能。储存过久的水泥，吸收空气中的水分，也会结块硬化，使强度降低，甚至不能使用。所以水泥在储运过程中，要特别注意防潮防水，而且不宜储存过久；一般在良好的条件下，存放期限为 3 个月。如存放超过 6 个月，则应重新检验、确定标号，否则不得在主要工程上使用。

3.2.2.2　石灰

石灰（lime）是在建筑上使用较早的矿物胶凝材料之一，石灰的原料石灰石分布很广，生产工艺简单，成本低廉，所以在建筑上一直应用很广。石灰石的主要成分是碳酸钙，将石灰石燃烧，碳酸钙将分解成为生石灰。生石灰呈白色或灰色块状，其主要成分为氧化钙，烧透的生石灰表观密度为 $800～1000kg/m^3$。

（1）生石灰的熟化。工地上使用石灰时，通常将生石灰加水，使之消解为消石灰（氢氧化钙），这个过程称为石灰的"消化"，又称"熟化"；石灰的熟化为放热反应，熟化时体积增大 1～3.5 倍。煅烧良好、氧化钙含量高的石灰熟比较快，故热量和体积增大也较多。

（2）石灰的硬化。石灰浆体在空气中逐渐硬化，是由结晶作用和碳化作用两个同时进行的过程来完成的。结晶作用，即游离水分蒸发，氢氧化钙逐渐从饱和溶液中结晶。碳化作用，即氢氧化钙与空气中的二氧化碳化合生成碳酸钙结晶，释出水分并被蒸发。碳化作用实际是二氧化碳与水形成碳酸，然后与氢氧化钙反应生成碳酸钙。碳化作用在长时间内只限于表层，氢氧化钙的结晶作用则主要在内部发生，所以，石灰浆体硬化后，是由表里两种不同的晶体组成的。

（3）石膏。石膏胶凝材料是一种以硫酸钙为主要成分的气硬性胶凝材料。由于石膏胶凝材料及其制品具有许多优良的性质，原料来源丰富，生产能耗较低，因而在建筑工程中得到广泛应用；目前常用的石膏胶凝材料有建筑石膏、高强石膏、无水石膏水泥、高温燃烧石膏等。

由于石膏制品的孔隙率大，因而导热系数小，吸声性强，吸湿性大，可调节室内的温度和湿度。同时石膏制品质地洁白细腻，凝固时不像石灰和水泥那样出现体积收缩，反而略有膨胀（膨胀量约1%）。可浇筑出纹理细致的浮雕花饰，所以是一种较好的室内饰面材料。但石膏制品的耐水性和抗冻性较差，不宜用于潮湿部位。为提高其耐水性，可加入适量的水泥、矿渣等水硬性材料。另外，建筑石膏制品在遇火灾时，可在表面形成蒸汽幕和脱水物隔热层，并且无有害气体产生，所以具有较好的抗火性能。但不宜长期用于靠近65℃以上高温的部位。以免二水石膏在此温度作用下脱水分解而失去强度。建筑石膏在运输及贮存时应注定防潮，一般贮存3个月后，强度将降低30%左右。所以贮存期超过3个月应重新进行质量检验，以确定其等级。

3.2.2.3 砂浆

砂浆（mortar）在建筑工程中是常用的建筑材料，它用途广泛、用量较大。建筑砂浆一般可分为砌筑砂浆和抹面砂浆两类，其他如装饰砂浆、防水砂浆、隔热砂浆、吸声砂浆、耐酸砂浆以及膨胀砂浆等。在砖石结构中，砌筑砂浆可将单块的黏土砖、石材或砌块胶结起来，构成砌体。砂浆还用于砖墙勾缝和填充大型墙板的接缝；墙面、地面及梁柱的表面都需用砂浆抹面，起到保护结构以及装饰作用；镶贴大理石、水磨石、贴面砖、瓷砖、马赛克等都需用砂浆。此外，还有隔热、吸声、防水、防腐等特殊用途的砂浆，以及专门用于装饰的砂浆。配制砂浆常用的胶凝材料有水泥、石灰及黏土等，分别可配制成水泥砂浆、石灰砂浆和混合砂浆。

砂浆是由细骨料和胶凝材料加水拌合制成的。以纯水泥为胶凝材料的砂浆，称为水泥砂浆；以纯石灰为胶凝材料的砂浆，称为石灰砂浆；以水泥和石灰为胶凝材料的砂浆，称为混合砂浆或水泥石灰砂浆。

新拌的砂浆主要要求具有良好的和易性。和易性良好的砂浆容易铺抹成均匀的薄层，且能与砖石底面紧密粘接，这样既便于施工操作，又能保证工程质量。砂浆和易性包括流动性和保水性两方面性能。

（1）流动性。砂浆的流动性也称稠度，是指在自重或外力作用下流动的性能。施工时，砂浆要能很好地铺成均匀薄层。砂浆的流动性用沉入度表示，稠度仪的标准圆锥体在砂浆中沉入的厘米数即为沉入度。砂浆流动性越大，其沉入度也越大。对砖砌体用砂浆，其沉入度以8~10cm为宜；对石砌体用砂浆，其沉入度以3~5cm为宜。

（2）保水性。砂浆能够保持水分的能力称为保水性，即新拌砂浆在运输、停放、使用过程中，水分不致分离的性质。保水性差的砂浆容易产生分层、泌水或使流动性降低。砂浆失水后，会影响水泥正常硬化，从而降低砌体的质量。影响砂浆保水性的因素与材料组成有关。

砂浆硬化后应具有足够的强度，根据边长为 7.07cm 的立方体试块，按标准条件养护 28d 的抗压强度值确定其强度等级。砂浆强度等级可分为 M15、M10、M7.5、M5、M3.5、M1.0 和 M0.4 七种。特别重要的砌体要采用不低于 M10 的砂浆。

3.2.2.4　混凝土

混凝土（简称"砼"，concrete）是由水泥、石子和砂等粗细骨料与水按一定比例，经过搅拌、捣实、养护、硬化而成的一种人造石材。现代的混凝土还掺入化学外加剂，以改善混凝土的性能。建筑工程中使用最广泛的是用水泥做胶凝材料的混凝土。由普通水泥和砂、石配制而成的混凝土称为普通混凝土。

混凝土材料具有原料广泛、制作简单、造型方便、性能良好、耐久性强、造价低等优点，因此应用非常广泛。但这种材料也存在抗拉强度低、重量大等缺点，而钢筋混凝土和预应力钢筋混凝土较好地弥补抗拉强度低的问题。

在混凝土中，砂、石起骨架作用，称为骨料。粒径在 0.16~5mm 之间的骨料为细骨料，一般采用天然砂；粒径大于 5mm 的骨料称为粗骨料，通常为石子。石子又有碎石和卵石。天然岩石经人工破碎筛分而成的称为碎石，经河水冲刷而成的为卵石。碎石的特征是多棱角，表面粗糙，与水泥胶结较好；而卵石则表面圆滑，无棱角，与水泥粘结不太好。在水泥和水用量相同的情况下，用碎石拌制的混凝土强度较高，但流动性差，而卵石拌制的混凝土流动性好，但强度较低。水泥与水形成水泥浆，包裹在骨料表面并填充其空隙。在硬化前，水泥浆起润滑作用，赋予拌合物一定和易性，方便于施工。水泥浆硬化后，则将骨料胶结成一个坚实的整体。混凝土的结构如图 3.9 所示。

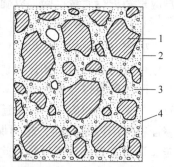

混凝土的性质一般分为新拌混凝土（又称混凝土拌合物）的性质、硬化混凝土（一般指 28d）的性质和混凝土的长期性质（属于耐久性）。设计和配制混凝土，必须按照工程的要求，满足工程所需的性质。

图 3.9　混凝土的结构图
1—石子；2—砂；
3—水泥浆；4—气孔

（1）和易性。和易性是指混凝土拌合物易于施工操作（拌合、运输、浇注、捣实），并能获得质量均匀、成型密实的性能。和易性包括有流动性、粘聚性和保水性，其中流动性为主要方面。

影响混凝土和易性的主要因素有水泥浆的比率、水灰比、砂率、水泥的品种、骨料的性质、外加剂、温度和时间等。为了改善和易性，可采取降低砂率、改善骨料级配、尽量采用较粗的砂石、适当增加水泥用量、使用外加剂等措施。

（2）混凝土抗压强度。混凝土的抗压强度是制作边长为 150mm 的立方体试件，在标准条件（温度 20℃±3℃，相对湿度 90% 以上）下，养护到 28d 龄期，测得的抗压强度值为混凝土立方体试件抗压强度（简称立方抗压强度），以 f_{cu} 表示。若选用边长为 100mm 的立方体试件，需要乘以换算系数 0.95；选用边长为 200mm 的立方体试件，换算系数为 1.05。

混凝土的抗压强度是重要的特征值。研究表明，混凝土抗压强度与其他强度之间有较好的相关性，因而，可以由混凝土抗压强度的大小估计其他强度，并用作混凝土结构设计的基本数据。根据混凝土立方体抗压强度确定的混凝土强度等级或标号，以 MPa 计分为若干等级，称为强度等级，如 C7.5、C10、C15、C20、C25、C30、C40、C45、C50 等。

（3）混凝土耐久性。混凝土在长期使用中，经久耐用的性能称为耐久性。混凝土在自然环境中，要经常受到各种物理的、化学的作用。在长时间作用下，混凝土的各项性能将有所降低，因而要求混凝土具有抵抗各种不利因素影响的能力。例如：承受压力水作用的混凝土，需要具有一定的抗渗性能；遭受反复冻融作用的混凝土，需要有一定的抗冻性能；处于高温环境中的混凝土，则要求具有耐热性等等。

（4）混凝土配合比。混凝土配合比是指混凝土中各组成材料之间数量上的比例关系。常用的表示方法有两种：一种是用每 $1m^3$ 混凝土中各种材料的质量表示，如水泥 300kg、水 180kg、砂 720kg、碎石 1200kg，其每立方米混凝土总质量为 2400kg；另一种表示方法是以各种材料相互间的质量比来表示（一般以水泥质量为1），如水泥:砂:石 = 1:3.4:4，水灰比 =0.60。

3.2.3 木材

木材广泛应用于各类工程建筑，因取得和加工容易，自古以来就是一种主要的建筑材料。建筑用木材，通常以原木、板材、枋材三种型材供应。原木系指去枝、去皮后按规格加工成一定长度的木料；板材是指宽度为厚度的三倍或三倍以上的型材；而枋材则为宽度不足三倍厚度的型材。由于木材存在木节、斜纹理等天然缺陷，变色、虫蛀等生物为害的缺陷，干燥及机械加工引起的缺陷，使得木材使用受限，为了合理使用木材，通常按不同用途的要求，限制木材允许缺陷的种类、大小和数量，将木材划分等级使用。

（1）木材的强度。由于木材构造的非均质性，使木材的力学性质也具有明显的方向性。建筑工程中的木材所受荷载种类主要有压、拉、弯、剪切等。

1）抗压强度。木材的顺纹抗压强度较高，工程中常见的柱、桩、斜撑及框架等承重构件均是顺纹受压。木材横纹抗压强度比顺纹抗压强度低得多。通常只有其顺纹抗压强度的 10%~20%。

2）抗拉强度。木材的顺纹抗拉强度是木材各种力学强度中最高的。顺纹受拉破坏时往往不是纤维被拉断而是纤维间被撕裂。顺纹抗拉强度为顺纹抗压强度的 2~3 倍，但强度值波动范围大。木材的疵病如木节、斜纹、裂缝等都会使抗拉强度显著降低。木材纤维之间横向连接薄弱，故而木材的横纹抗拉强度很小。

3）抗弯强度。木材受弯曲时内部应力十分复杂，上部是顺纹受压，下部为顺纹受拉，而在水平面中则有剪切力。木材受弯破坏时，通常在受压区首先达到强度极限，开始形成微小的不明显的皱纹，但并不立即破坏。随着外力增大，皱纹慢慢地在受压区扩展，产生大量塑性变形。此后当受拉区域内许多纤维达到强度极限时，则因纤维本身及纤维间连接的断裂而最后破坏。

木材的抗弯强度很高，为顺纹抗压强度的 1.5~2 倍。因此，在土建工程中应用很广，如用于桁架、梁、桥梁、地板等。但木节、斜纹等对木材的抗弯强度影响很大，特别是当它们分布在受拉区时。另外，裂纹不能承受受弯曲构件中的顺纹剪切。

4）剪切强度。木材的剪切有顺纹剪切、横纹剪切和横纹切断三种。

（2）木材的韧性。木材的韧性较好，因而木结构具有良好的抗震性。木材的韧性受很多因素影响，如木材的密度越大，冲击韧性越好；高温会使木材变脆，韧性降低。而负温则会使湿木材变脆而韧性、强度降低；任何缺陷的存在都会严重降低木材的冲击韧性。

（3）木材的硬度和耐磨性。木材的硬度和耐磨性主要取决于细胞组织的紧密度，各个截面上相差显著。木材横切面的硬度和耐磨性都较径切面和弦切面为高。木髓线发达的木材其弦切面的硬度和耐磨性均比径切面高。常用木材的物理力学性能如表3.10所示。

表3.10　常见树种的木材主要物理力学性能

树种名称	产地	气干表观密度/g·cm⁻³	干缩系数		顺纹抗压强度/MPa	顺纹抗拉强度/MPa	抗弯强度/MPa	顺纹抗剪强度/MPa	
			径向	弦向				径向	弦向
杉木	湖南	0.371	0.123	0.277	38.8	77.2	63.8	4.2	4.9
	四川	0.416	0.136	0.286	39.1	93.5	68.4	6.0	5.0
红松	东北	0.440	0.122	0.321	33.8	98.1	65.3	6.3	6.9
马尾松	安徽	0.533	0.140	0.270	41.9	99.0	80.7	7.3	7.1
落叶松	东北	0.641	0.168	0.398	55.7	129.9	109.4	8.5	6.8
云杉	东北	0.451	0.171	0.349	43.4	100.9	75.1	6.2	6.5
冷杉	四川	0.433	0.174	0.341	38.8	97.3	70.0	5.0	5.5
柞栎	东北	0.766	0.199	0.316	55.6	155.4	124.0	11.8	13.9
麻栎	安徽	0.930	0.219	0.389	53.6	155.4	128.6	15.9	18.0
水曲柳	东北	0.686	0.197	0.353	53.5	138.1	118.6	11.3	10.5

注：表内数据摘自《中国主要树种的木材物理力学性质和用途》，中国林业科学研究院编，1977年。

3.2.4　钢材

建筑钢材是指用于钢结构的各种型材（如圆钢、角钢、工字钢等）、钢板和用于钢筋混凝土中的各种钢筋、钢丝等。钢材是在严格的技术控制下生产的材料。它的品质均匀、强度高，有一定的塑性和韧性，具有承受冲击和振动荷载的能力。钢材的机械性能主要有抗拉、冷弯、冲击韧性和耐疲劳件等。

（1）钢筋。1996年以来，我国钢产量一直居世界第一位。钢筋主要是由棒材轧机生产，工程建筑中常用碳素结构钢钢筋和普通低合金结构钢钢筋；主要工艺技术由热轧工艺、余热处理发展为细晶粒钢筋。钢筋按生产工艺可分为：热轧钢筋、冷拉钢筋、冷拔钢筋、冷拔钢丝、热处理钢筋以及碳素钢丝、刻痕钢丝和钢绞线等。

《钢筋混凝土用钢：热轧光圆钢筋》、《钢筋混凝土用钢：热轧带肋钢筋》、《钢筋混凝土用钢：钢筋焊接网》分别规定了三类钢筋的标准。此前，国内工程中普遍使用的主力受力钢筋是HRB335，辅助钢筋大多为HRB235；与发达国家相比，我国建筑行业所用钢筋普遍低1～2个等级。近年来，我国修订了新标准大力推广400MPa及以上钢筋，淘汰了HRB235和HRB335钢筋，实现了钢筋的产业与产品结构调整与升级换代，进一步提高建筑物的安全度，保证抗震的要求。

　　光圆钢筋均为光面圆形截面，常用的直径为 6mm、8mm、10mm、12mm、14mm、16mm、18mm、20mm、22mm、24mm、28mm、32mm、36mm、40mm 等。直径在 6 ~ 12mm 的钢筋卷成圆盘状供应，故又称盘条或线材。

　　带肋钢筋，是横截面通常为圆形且表面带肋（纵肋、横肋、月牙肋）的混凝土结构用钢材，以阿拉伯数字或阿拉伯数字加英文字母表示，HRB400、HRB500、HRB600 分别以 4、5、6 表示；细晶粒钢筋 HRBF400、HRBF500 分别以 C4、C5 表示。钢筋直径为 6mm、8mm、10mm、12mm、16mm、20mm、25mm、32mm、40mm、50mm。

　　（2）型钢。型钢是指具有一定断面形式和外形尺寸的钢材，有角钢、工字钢、丁字钢、槽钢等。

　　1）角钢：分为等肢角钢和不等肢角钢。等肢角钢的型号以肢宽（cm）表示，"L"为角钢代表符号，其尺寸是以肢宽×厚度（mm）表示，如 L40×4。不等肢角钢的型号为分数，分子为长肢宽的厘米数，分母为短肢宽的厘米数，规格 3.5/1.6 ~ 20/13.5，各型号有若干种厚度；其尺寸是以长肢宽×短肢宽×厚度（mm）表示，如 L40×25×4。

　　2）工字钢：热轧工字钢有普通工字钢和轻型工字钢两种。工字钢的长度为 5 ~ 19m。普通工字钢的型号是以截面高度（cm）表示，规格为 I10 ~ I70 号，同一型号的工字钢，翼缘宽度及腹板厚度不相同时，则在型号后面添加字母"a""b""c"，例如，I32a、I32b 等。轻型工字钢的厚度较薄，其型号以高度（cm）来表示；同一型号的工字钢翼线宽度及腹板厚度不相同时，则在型号后面积加字母"a""b"。

　　3）槽钢：规格为 5 ~ 40 号，其型号均以截面高度（cm）表示，同一型号的槽钢，宽度不同时，分别在型号后加字母"a""b""c"。

　　4）钢轨：包括轻轨、重轨和起重机钢轨三种，长度为 13.5m 和 25m 两种。轻轨每米重量小于或等于 24kg，用于工业结构和矿山运输。重轨每米重量大于 24kg，用于铁路和吊车梁上的轨道。起重机钢轨专用于吊车梁上的轨道。

　　5）钢板：分为薄钢板（厚度小于 4mm）、厚钢板（厚度大于 4mm）和特厚钢板（厚度大于 6mm）三种。薄钢板多用于屋面或墙壁用的瓦垄铁，厚钢板多用于结构构件，花纹钢板主要用于平台面板和楼梯踏步板等。

　　6）钢管：包括焊接钢管和无缝钢管，可用于钢结构的构件和煤气管道，室内外给排水或暖气管道等。

3.2.5 钢筋混凝土

3.2.5.1 普通钢筋混凝土

　　钢筋混凝土是在同一构件中，把钢筋和混凝土分别放在受拉和受压的位置，形成一个共同发挥作用的整体，由钢筋和混凝土结合成一个整体共同受力的合体材料。钢筋混凝土是由钢筋和混凝土两种物理、力学性能完全不同的材料所组成。混凝土的抗压能力较强而抗拉能力却相对很弱，其抗拉强度仅为抗压强度的 1/17 ~ 1/8。钢材的抗拉和抗压能力都很强。为了充分利用材料的性能把混凝土和钢筋这两种材料结合在一起共同工作，使混凝土主要承受压力，钢筋主要承受拉力以满足工程结构的使用要求。

　　钢筋混凝土的可能性主要是由于水泥的粘结力，水泥浆结硬时钢筋表面紧密地胶着咬合在一起。同时水泥硬化时的收缩作用，能对钢筋产生强大的握裹力，混凝土硬化后钢筋与混凝土之间产生了良好的粘结力，使两者可靠地结合在一起，从而保证在外荷载的作用下，钢筋与相邻混凝土能够共同变形，这是形成整体的基本前提。又由于钢筋的线膨胀系数为 1.2×10^{-5}，混凝土的线膨胀系数为 $(1.0 \sim 1.5) \times 10^{-5}$，二者热胀冷缩变形基本能同步进行，避免了因温度变化热膨冷缩不同造成的相对滑动使连结力破坏。作为一种综合性材料不仅保持了钢筋和混凝土的优点，同时使两者的缺点得到了改善，因此，对两者都是有利的。钢筋由于有混凝土的保护比裸露在大气中不易锈蚀；在火灾情况下，钢筋不致因高温而很快达到软化程度，提高了钢筋的耐久性和耐火程度；混凝土由于内部钢筋的拉结作用，提高了整体性和抗震能力。

图 3.10 中绘有两根截面尺寸、跨度、混凝土强度完全相同的简支梁，其中一根为素混凝土；另一根则在梁的受拉区配有适量钢筋。由试验可知，素混凝土梁由于混凝土的抗拉能力很小，在荷载作用下，受拉区边缘混凝土一旦开裂，梁瞬即脆断而破坏（见图 3.10a），所以梁的承载能力很低。对于在受拉区配置适量钢筋的梁，当受拉区混凝土开裂后，梁中和轴以下受拉区的拉力主要由钢筋来承受，中和轴以上受压区的压应力仍由混凝土承受。与素混凝土梁不同，此时荷载仍可以继续增加，直到受拉钢筋应力达到屈服强度。随后荷载仍可略有增加致使受压区混凝土被压碎，梁始告破坏（见图 3.10b）。试验说明，配置在受拉区的钢筋明显地加强了受拉区的抗拉能力，从而使钢筋混凝土梁的承载能力比素混凝土梁的承载能力要提高很多。这样，钢筋与混凝土两种材料的强度均得到了较充分的利用。又如图 3.11 所示，在受压的混凝土构件中配置了抗压强度较高的钢筋，以协助混凝土承受压力，从而可以缩小柱截面尺寸，或在同样截面尺寸情况下提高柱的承载力。

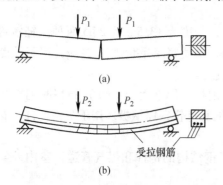

图 3.10　素混凝土与钢筋混凝土简支架
（a）素混凝土简支架；（b）钢筋混凝土简支架

图 3.11　配置钢筋的
承压混凝土柱

钢筋混凝土除了能合理利用钢筋和混凝土两种材料的性能外，尚有下列优点：

（1）耐久性好。在钢筋混凝土结构中，混凝土的强度随时间的增加而增长，且钢筋受混凝土的保护而不易锈蚀，所以钢筋混凝土的耐久性是很好的，不像钢结构那样需要经常的保养和维修。处于侵蚀性气体或受海水浸泡的钢筋混凝土结构，经过合理的设计及采取特殊的措施，一般也可满足工程需要。

（2）耐火性好。混凝土包裹在钢筋之外，起着保护作用。有了足够的保护层，就不致因火灾使钢材很快达到软化的危险温度而造成结构整体破坏。与钢木结构相比，钢筋混凝土结构的耐火性很好。

（3）整体性好。钢筋混凝土结构特别是现浇的钢筋混凝土结构，由于整体性好，对于抵抗地震作用（或强烈爆炸时冲击波的作用）具有较好的性能。

（4）具可模性。钢筋混凝土可以根据需要浇制成各种形状和尺寸的结构。

（5）就地取材。钢筋混凝土所用的砂、碎石，一般均较易于就地取材。在工业废料（例如矿渣、粉煤灰等）比较多的地方，还可将工业废料制成人造骨料用于钢筋混凝土结构中。

（6）节约钢材。钢筋混凝土结构合理地发挥了材料的性能，在某些情况下可以代替钢结构，从而节约钢材并降低造价。

由于钢筋混凝土具有上述一系列优点，在国内外的工程建设中均得到广泛的应用。

但是，钢筋混凝土结构也存在一些缺点：普通钢筋混凝土结构本身自重比钢结构要大，自重过大对于大跨度结构、高层建筑以及结构的抗震都是不利的；另外钢筋混凝土结构的抗裂性较差，在正常使用时往往带裂缝工作；建造较费工，施工受到气候条件的限制，补强修复较困难；隔热、隔声性能较差等等。这些缺点在一定条件下限制了钢筋混凝土结构的应用范围。目前国内外均在大力研究轻质、高强混凝土以减轻混凝土的自重；采用预应力混凝土以减轻结构自重和提高构件的抗裂性；采用预制装配构件以加快施工速度；采用工业化的现浇施工方法以简化施工等等。

3.2.5.2 预应力钢筋混凝土

（1）预应力。构件在受到某种应力之前，采取工程措施对构件施加相反性质的力，使得构件在受到该应力时首先抵消施加在构件上的相反性质的力，这种相反性质的力就叫做预应力。

普通钢筋混凝土结构抗拉能力很弱，在荷载不大时，即出现裂缝（见图3.12a）。随着荷载加大，裂缝不断加大，梁的挠度亦不断增加。为了控制裂缝和挠度，往往要加大截

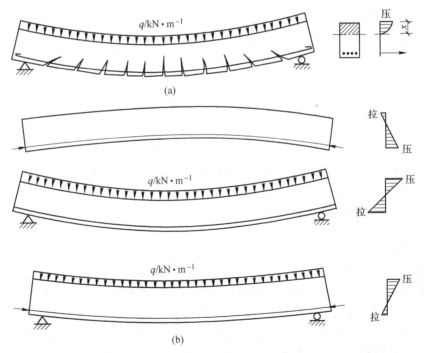

图 3.12　普通钢筋混凝土梁与预应力混凝土梁受力性能对比
（a）普通钢筋混凝土梁；（b）预应力混凝土梁

面尺寸或增加钢筋用量。更主要的是，为了控制裂缝宽度，必须限制钢筋拉应力。例如，当裂缝宽度限制在0.2~0.3mm时，钢筋的应力只能到150~250MPa。因此只能应用强度较低的钢筋，不宜使用高强度钢筋。这样，大跨度结构以及有抗渗要求的特殊结构，就不宜采用钢筋混凝土修建。要克服上述钢筋混凝土结构的缺点，简单有效的方法是对受拉区混凝土施加预（压）应力。

（2）预应力钢筋混凝土。预应力钢筋混凝土是在混凝土构件的受拉区采用某种方法（先张法、后张法、电热法等）预先施加一定的压应力时期产生压缩变形，当构件受荷载作用时受拉区必先抵消预压应力，从而提高混凝土本身的抗裂性和刚度。

在制作钢筋混凝土梁时，采用某种方法使配置在梁下部的钢筋领先受拉，并使钢筋的这个预拉力又同时反作用在混凝土截面上，则梁下部混凝土便产生了预压应力。显然，钢筋的预拉应力越大，混凝土受到的预压应力亦越大。预应力的大小可以根据需要通过计算确定。这种梁便是预应力混凝土梁，如图3.12b所示。从混凝土应力图可知，在同样外荷载 q 作用下，梁下缘所产生的拉应力，对预应力梁起到使梁下缘的预压应力减小作用，只有在抵消了梁下缘的预压应力后，才开始使梁下缘受拉。这就大大提高了受拉区混凝土抵抗拉力的能力。预加应力的方法通常有先张法、后张法和电热法等方法。

预应力混凝土结构的优点在于：抗裂度高，耐久性好；由于预应力使构件"起拱"，故挠度减小；在预应力混凝土梁中，由于边缘区钢筋已经预先受到很大的拉应力，它可以而且必须采用高强度钢筋，从而相应减少钢筋截面面积，节约大量钢材。钢筋的强度越高，其经济效果越好。

3.3 其他工程材料

3.3.1 装饰装修材料

装修各类土木建筑物以提高其使用功能和美观，保护主体结构在各种环境因素下的稳定性和耐久性的建筑材料及其制品，又称装修材料、饰面材料。装饰装修能使建筑物美观、适用，改善和美化生活环境，保护建筑物免受侵害和污损，保证其正常使用功能，改善建筑物的隔音、隔热、保温、防潮和清洁卫生条件，提高其耐久性。

装饰装修材料分为两大部分：一部分为室外装饰装修材料，另一部分为室内装饰装修材料。室内材料再分为实材、板材、片材、型材、线材五个类型。

装饰装修材料还可分为：（1）无机装修材料（彩色水泥、饰面玻璃、天然石材等）；（2）有机装修材料（高分子涂料、建筑塑料、复合地板等），一般为合成材料；（3）有机与无机复合型装修材料（铝塑装饰板、人造大理石、玻璃钢材料等），运用无机材料采用合成工艺的。

根据使用的位置不同，装修材料有主材、辅材之分。主材，通常是指那些装修中被大面积使用的材料，如木地板、墙地砖、石材、墙纸和整体橱柜、洁具卫浴设备等。辅材，可以理解为除了主材外的所有材料，辅材范围很广，包括水泥、沙子、板材等大宗材料，也包括如腻子粉、白水泥、粘胶剂、石膏粉、铁钉螺丝、气针等小件材料，甚至是水路改造工程中使用的水管及各类管件，配电工程使用的电线、线管、暗盒等也可视为辅料。

一般的建筑材料均可用作装修材料，主要有草、木、石、砂、砖、瓦、水泥、石膏、石棉、石灰、玻璃、马赛克、软瓷、陶瓷、油漆涂料、纸、生态木、金属、塑料、织物等，以及各种复合制品。

3.3.2　防水、保温材料

3.3.2.1　防水材料

建筑物常常因为雨水或地下水的侵入而影响正常使用。因此，防水、防潮的工程对保证建筑物安全使用及延长其寿命有着重要意义。防水材料的质量又是保证防水工程是否有效的关键。

防水材料的种类可分为沥青类、塑料类、橡胶类、金属，以及砂浆、混凝土和有机复合材料等。目前最常用的是沥青类防水材料。

（1）沥青。沥青是黑色或黑褐色的有机胶结材料。在常温下呈固体、半固体或液体状态。它能溶于汽油、苯、二硫化碳、四氯化碳等有机溶剂中。沥青具有良好的不透水性和防腐蚀作用，又能与其他材料粘结牢固，因此广泛应用于建筑、水利、道路、桥梁等工程。沥青分为地沥青（包括天然沥青和石油沥青）、煤焦沥青（包括煤沥青和煤焦油）和页岩沥青。

（2）沥青胶及冷底子油：

1）沥青胶：沥青胶又称沥青玛蹄脂，是由沥青掺入适量的滑石粉、石棉粉或白云石粉等矿物填充料拌制而成的液态混合物。沥青胶具有良好的耐热性、粘结性、柔韧性和大气稳定性。沥青胶中掺入填充料不仅可以提高技术性质，还可节省沥青用量，但掺量不能过多，否则将会影响其流动性及柔韧性。一般掺入量以沥青质量的 5%～15% 为宜。沥青胶主要应用于粘贴沥青类防水卷材、嵌缝补漏及作防水或防腐蚀涂层。

2）冷底子油：冷底子油是用沥青与汽油、煤油、柴油等有机溶剂制成的较稀的沥青涂料。冷底子油自身的渗透性较强，涂刷在砂浆或混凝土等基面上，可以增强基层与沥青类防水材料的粘结力，从而延长防水工程的使用寿命，普遍应用与基础工程中。

（3）防水卷材。最常用的防水卷材品种有沥青油毡和油纸。此外，还有沥青玻璃布油毡、再生胶沥青油毡、沥青石棉纸油毡等卷材以及用石棉纸、石棉布、麻布为胎基制成的油毡。

（4）防水涂料。在屋面上采用涂刷防水涂料作防水层，可以达到防止渗漏的效果。由于涂刷防水涂料施工简便，尤其在不便铺设卷材的屋面更有优越性。例如，再生橡胶沥青涂料，以石油沥青和再生橡胶为主要原料，以汽油和煤油为混合溶剂，加入适量填料配制而成；具有良好的防水性、抗裂性、抗老化性。此外还有乳化沥青、氯丁橡胶沥青等防水涂料。

（5）防水嵌缝材料。为了防止屋面和墙板等构件接缝处渗水漏水，需要采用防水嵌缝油膏进行处理。

嵌缝油膏是一种冷用或热灌的嵌缝防水材料。嵌缝油膏的品种很多，如上海嵌缝油膏、马牌油膏、沥青防水油膏、聚氯乙烯胶泥等。对嵌缝油膏的要求是具有良好的防水性能、柔韧性能、抗老化性能等，并要求与各种建筑材料有良好的粘结力。

（6）防水堵漏材料。能起速凝作用，使漏水孔洞或缝隙及时堵塞的材料称为防水堵漏材料。以水玻璃（硅酸钠）为主要原料的防水剂掺入水泥中，可使水泥浆迅速凝结，这是一种常用的防水堵漏材料。此外，氰凝也是一种化学灌浆堵漏材料，还可用于建筑构件的补强加固。

3.3.2.2 保温材料

建筑物的室内外存在温差时，会通过墙体、门窗、屋顶等外围结构产生传热。在热工设备周围也有散热现象，造成热耗。为了防止房屋、热工设备和管道的热量损失，必须选用保温性能好的围护材料。通常把导热系数低于 0.29W/(m·K) 和表观密度小于 1000kg/m³ 的建筑材料称为保温材料或隔热材料。除了用于墙体、屋顶、热工设备及热力管道的保温之外，也可用于冬季施工的保温，以及冷藏室和冷藏设备防止热量的传入。

合理选用保温材料，对减薄围护结构的厚度、减轻建筑物重量和节省燃料消耗都有很大经济意义。由于保温材料为多孔结构，具有轻质、吸音等性能，故也可用作吸音材料。

（1）无机保温材料。无机保温材料的原料来源广泛、生产方便、价格便宜，因此采用较多。按其构造不同可有纤维材料、粒状材料和多孔材料之分。

纤维保温材料分为天然纤维材料（石棉）和人造纤维材料（矿渣棉、岩石棉和玻璃棉）。

粒状材料包括膨胀珍珠岩、膨胀蛭石等。

多孔材料内部具有大量微孔，有良好的保温性能。常用的多孔保温材料有加气混凝土、泡沫混凝土、微孔硅酸钙、泡沫玻璃等。

（2）有机保温材料。常见的有机保温材料有软木及软木板、水泥木丝板及水泥刨花板、泡沫塑料、轻质钙塑板以及软质纤维板。除此之外，工程上还用到塑料、塑钢等材料。

然而，用聚苯板、挤塑聚苯板、聚氨酯等有机保温材料，在燃烧中会产生大量剧毒气体，人只要吸入便可致命；这类材料使用寿命一般为 5~20 年，而建筑设计寿命为 50~70 年，这意味着同一建筑在其寿命期间得做几次保温，而每翻新一次所花费用是新建时的 3~4 倍。

因此，有必要限制聚苯板、挤塑聚苯板、聚氨酯等有机类保温材料的使用范围，并严格管理。推广硫铝酸盐多孔保温板、泡沫水泥板无机保温材料，鼓励研发适合我国国情的保温材料。

3.4 特种材料

随着社会生产力和科学技术水平的提高，各种新型建筑材料不断被研制出来，进而推动了建筑结构设计方法和施工工艺的变化，而新的建筑结构设计方法和施工工艺对建筑材料品种和质量提出更高的要求。随着人类的进步和社会的发展，更有效地利用地球有限的资源，全面改善及迅速扩大人类工作与生存空间，发展环保型建筑材料已势在必行。

3.4.1 特种水泥

（1）快硬硅酸盐水泥。凡以硅酸盐水泥熟料和适量的石膏磨细而成的，以 3d 抗压强度表示标号的水硬性胶凝材料称为快硬硅酸盐水泥。这种水泥凝结硬化快，并以 3d 抗压强度表示标号，分为 32.5、37.5、42.5 三个标号。这种水泥可用来配制早强、高标号混凝土，适用于紧急抢修工程，低温施工工程和高标号混凝土预制件等，在存储和运输中要特别注意防潮。

（2）高铝水泥。《铝酸盐水泥》（GB 201—2000）中规定，凡以铝酸钙为主的铝酸盐水泥熟料，磨细制成的水硬性胶凝材料，称为铝酸盐水泥（又称高铝水泥、矾土水泥），代号 CA。根据需要也可以在磨制 Al_2O_3 含量大于 68% 水泥时掺加适量的 $\alpha\text{-}Al_2O_3$ 粉。铝酸盐水泥的原料为铝矾土（铝土矿，提供氧化铝）和石灰石（提供氧化钙）。铝酸盐水泥系列产品通称第二系列水泥。

高铝水泥早期强度增长快，水化热大而且强度高，并以 3d 抗压强度表示标号，分为 42.5、52.5、62.5、72.5 四个标号。高铝水泥不仅强度高，而且耐硫酸盐腐蚀和高温，在运输和储存过程中要注意高铝水泥防潮，否则吸湿后强度下降快，在施工中不得与硅酸盐水泥、石灰等混用，否则使水泥迅速凝结，强度降低。

铝酸盐水泥的主要用途为配制不定形耐火材料；与石膏混合，配制膨胀水泥和自应力水泥、化学建材的添加剂等；抢建、抢修抗硫酸盐侵蚀和冬季施工等特殊需要的工程。

（3）硫铝酸盐水泥。硫铝酸盐水泥是以适当成分的生料，经煅烧所得以无水硫铝酸钙和硅酸二钙为主要矿物成分的熟料掺加不同量的石灰石、适量石膏共同磨细制成。硫铝酸盐水泥。具有高强、早强、高抗冻性、高抗渗性、高抗裂性、高抗腐蚀性、低碱性等性能特点，其长期强度的稳定性好，市场前景广阔。但是存在凝结时间短，给施工带来困难；水化热集中，对大体积混凝土不利；早期强度高，后期强度增进率低；原材料来源受地域限制等缺点。

快硬硫铝酸盐水泥常用于紧急抢修交通及地下工程、桥梁涵洞、国防工程、冬季施工工程、抗震要求较高工程。

（4）膨胀型硅酸盐水泥。通用硅酸盐水泥在空气中硬化，一般表现为体积收缩，使水泥石内部产生微裂缝，用于装配式构件接头、建筑连接部位和堵漏补缝时，水泥收缩结合不牢。硬化时具有一定体积膨胀的水泥品种（膨胀水泥和自应力水泥）可以克服上述不足。膨胀水泥膨胀值较小，一般用于补偿收缩、增加密实度；自应力水泥膨胀值较大，用于生产预应力混凝土。

（5）白色硅酸盐水泥。根据《白色硅酸盐水泥》（GB/T 2015—2005）规定，由氧化铁含量少的白色硅酸盐水泥熟料、适量石膏及标准规定的混合材料，磨细制成的水硬性胶凝材料，称为白色硅酸盐水泥（简称白色水泥）。

白水泥的基本性质与普通水泥相同，根据标准划分为 32.5、42.5、52.5、62.5 四个标号，主要用于建筑物的装饰，如地面、楼梯、台阶、外墙饰面，彩色水刷石和水磨石制造、斩假石、水泥拉毛工艺，大理石及瓷砖镶贴，混凝土雕塑工艺制品等，还用于制造彩色水泥。

（6）彩色硅酸盐水泥。根据《彩色硅酸盐水泥》（JC/T 870—2000）规定，凡由硅酸盐水泥熟料及适量石膏（或白色硅酸盐水泥）、混合材料及着色剂磨细或混合制成的带有色彩的水硬性胶凝材料称为彩色硅酸盐水泥，简称彩色水泥。彩色水泥主要配制彩色砂浆或混凝土，用于制造人工石材和装饰工程。生产方法有染色法、烧成法等；基本色有红色、黄色、蓝色、绿色、棕色和黑色。强度分为 27.5、32.5、42.5 三个等级。

（7）道路硅酸盐水泥。根据《道路硅酸盐水泥》（GB 13693—2005）定义，由道路硅酸盐水泥熟料、适量石膏，可加入本标准规定的混合材料，磨细制成的水硬性胶凝材料，称为道路硅酸盐水泥（简称道路水泥）。

对道路水泥的性能要求是耐磨性好、收缩小、抗冻性好、抗冲击性好，有高的抗折强度和良好的耐久性。

3.4.2 特种建筑钢材

特种钢材有别于传统钢材，它主要由合金形式构成，普遍具有很好的抗氧化、耐腐蚀、耐高温等特性，可在极为苛刻的环境下使用。

（1）钼钢。254SMO，是一种奥氏体不锈钢。由于它的高含钼量，故具有极高的耐点腐蚀和耐缝隙腐蚀性能。这种牌号的不锈钢用于诸如海水等，含有卤化物的环境中而研制和开发的。254SMO 也具有良好的抗均匀腐蚀性。特别是在含卤化物的酸中，该钢要优于普通不锈钢。这类钢具有非常好的耐局部腐蚀性能，在海水、充气、存在缝隙、低速冲刷条件下，有良好的抗点蚀性能（PI≥40）和较好的抗应力腐蚀性能，是 Ni 基合金和钛合金的代用材料。其次在耐高温或者耐腐蚀的性能上，具有更加优秀的耐高温或者耐腐蚀性能，是 304 不锈钢不可取代的。另外，从不锈钢的分类上，特殊不锈钢的金相组织是一种稳定的奥氏体金相组织。

主要用途有：1）海洋：海域环境的海洋构造物、海水淡化、海水养殖、海水热交换等。2）环保领域：火力发电的烟气脱硫装置、废水处理等。3）能源领域：原子能发电、煤炭的综合利用、海潮发电等。4）石油化工领域：炼油、化学化工设备等。5）食品领域：制盐、酱油酿造等。6）高浓度氯离子环境：造纸工业，各种漂白装置。

（2）镍基合金系列。825N08825 镍合金钢，奥氏体镍-铁-铬-钼-铜合金。含有高含量的镍、铬、钼和铜元素，使合金在中度氧化性和中度还原性环境中有较好的抗腐蚀能力。合金具有好的抗氧化物应力腐蚀和一定水平的抗氯离子点蚀的能力。该合金为 Mo、Cu 复合，因此具有优良的耐硫酸腐蚀的能力；同时由于添加了一定量的钛元素，增加了合金的稳定性，焊接接头具有较好的抗晶间腐蚀能力。主要用途：由于该合金具有广泛的耐腐蚀性，在化学工业、造纸工业、湿法磷酸生产中得到大量应用，主要用于处理热硫酸、含氯化物的酸性溶液和亚硫酸等环境的容器、热交换器、管道、阀门和泵等。

C276N10276 镍合金钢，属镍-钼-铬-铁-钨系镍基合金。主要耐湿氯、各种氯、各种氧化性氯化物、氯化盐溶液、硫酸与氧化性盐。在低温与中温盐酸中均有很好的耐蚀性能。由于该合金从中度氧化到强还原环境中均有很好的抗腐蚀能力，因此，在近 30 年中，在苛刻的腐蚀环境中有相当广泛的应用。主要用途：化工、石油、烟道气体除硫、纸浆和造纸等特殊领域中最苛刻的腐蚀环境。

3.4.3 新型建筑材料

（1）建筑塑料。塑料是人造或天然的高分子化合物，这种材料在一定的高温和高压下具有流动性，可塑成各式制品，且在常温、常压下，制品能保持其形状不变。塑料不仅在人们的日常生活中起到重要的作用，而且随着石油工业的发展，塑料性能的优越及成本的降低，使得它在建筑工程中的应用愈来愈广泛。

改性塑料，是指在通用塑料和工程塑料的基础上，经过填充、共混、增强等方法加工，提高了阻燃性、强度、抗冲击性、韧性等方面的性能的塑料制品。通过改性的塑料部件不仅能够达到一些钢材的强度性能，还具有质轻、色彩丰富、易成型等一系列优点，因此目前"以塑代钢"的趋势在很多行业都显现出来。

（2）铝合金型材和制品。目前，世界各地工业发达国家在建筑装饰工程中，大量采用了铝合金门窗、铝合金柜台、货架，铝合金装饰板，铝合金吊顶等。现在，我国除门窗大量采用铝合金外，在建筑外墙贴面、外墙装饰、城市大型隔音壁、桥梁和街道广场的花圃栅栏、建筑回廊、轻便小型固定式移动式房屋、亭阁、特殊铝合金结构物、室内家具设备及各种内部装饰和配件等也都大量应用铝合金型材及其制品。

铝合金型材具有良好的耐蚀性能，在工业气愤和海洋性气氛下，未经表面处理的铝合金的耐腐蚀能力优于其他合金材料，经涂漆和氧化着色后，铝合金的耐蚀性更高。

铝合金型材可进行热处理（一般为淬火和人工时效）强化。铝合金具有良好的机械加工性能，可用氩弧焊进行焊接，合金制品经阳极氧化着色处理后，可制成各种装饰颜色。

（3）建筑玻璃。玻璃是构成现代建筑的主要材料之一，它是以石英砂、纯碱、石灰石等主要原料，与其他辅助性材料按比例配合，经高温融熔、成型并冷却后切割而成的。玻璃是典型的脆性材料，在冲荷载的作用下极易破裂，热稳定性差，遇沸水易破裂。但玻璃有较好的化学稳定性及耐酸性。

玻璃除透光、透视、隔声、隔热外，还具有一定的艺术装饰作用，各种特种玻璃并兼有吸热、保温、防辐射、防爆等特殊功能。根据性能和用途的不同，建筑玻璃分为平板玻璃及玻璃制品：平板玻璃包括普通平板玻璃、安全玻璃及特种玻璃；玻璃制品常有玻璃砖及玻璃马赛克等。

（4）建筑人造板。由纤维状增强材料（或填料）与有机或无机粘结剂相结合所制成的板材，如纤维板、刨花板、石棉水机板、TK板、稻草板等，这一类建筑用板材称为建筑人造板材。这些产品原料来源广泛，生产成本低，在数量上和性能上弥补了天然板材的不足，它在建筑板材中占有很重要的地位。

为了适应建筑工业的自动化和进一步提高土木工程质量的要求，工程材料今后的发展将有以下几个趋势：1）尽可能地提高材料的强度，降低材料的自重；2）研究并生产多功能、高效能的材料；3）由单一材料向复合材料及其制品发展；4）对材料的耐久性将引起更大的重视；5）建筑制品的生产，向预制化、单元化发展，构件尺寸日益增大；6）大量利用工农业废料、废渣，生产廉价的、高性能的材料及制品；7）利用现代科学技术及手段，在深入认识材料的内在结构对性能影响的基础上，按指定的要求，设计与制造更新品种的土木工程材料。

思 考 题

3-1 什么是建筑材料，建筑材料具有哪些特点？

3-2 什么是材料的强度，通常有哪几种强度，为什么说强度是材料最重要的力学性质？

3-3 什么是水泥的凝结，初凝和终凝时间是如何规定的？

3-4 钢筋混凝土除了能合理利用钢筋和混凝土两种材料的性能外，还有哪些优点？

3-5 防水材料的基本要求是什么，沥青具有哪些特点？

4 基础工程

古人云："九层高台，起于垒土。"早在原始社会，人们就懂得夯实土层可以增加土的承载力，能够提高建筑物的稳定性。远古先民在史前建筑活动中，就已创造了自己的地基基础工艺。如图4.1所示，早在7000多年前，河姆渡的原始居民就已用木桩插于土中支撑干栏式建筑；著名的隋朝工匠李春设计建造的位于河北省赵县的赵州桥将桥台基础置于密实砂土层上，1300年来据考证沉降仅几厘米（见图4.2）。而土木工程技术发展至今，一幢幢摩天大楼拔地而起，为此提供科技支撑的不仅仅是结构设计能力的巨大进步，也依赖于基础工程设计施工技术的飞跃发展。

图4.1 河姆渡遗址中的木桩基础

图4.2 赵州桥基础稳定性

任何建筑物都建造在一定的地层上，建筑物的全部荷载都由它下面的地层来承担，如图4.3所示。受建筑物影响的那一部分地层称为地基，建筑物与地基接触的部分称为基础。

基础工程包括建筑物的地基与基础的设计与施工。基础是建筑物的根基，属于地下隐蔽工程。其施工质量的好坏，直接影响到建筑物的安危，建筑物的质量事故很多都与地基基础有关，而且一旦发生事故后果都很严重且难以补救。

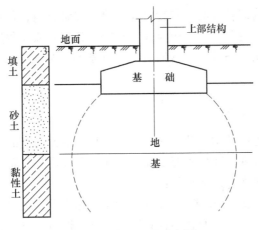

图 4.3　地基基础示意图

4.1　岩土工程勘察

4.1.1　岩土工程勘察概述

　　岩土工程勘察是根据建设工程的要求，查明、分析、评价建设场地的地质、环境特征和岩土工程条件，编制勘察文件的活动。

　　岩土工程勘察工作关乎工程的成败，不容忽视！不同类型、不同规模的工程活动都会给地质环境带来不同程度的影响；反之不同的地质条件又会给工程建设带来不同的效应。岩土工程勘察的目的主要是查明建筑物场地及其附近的工程地质和水文地质条件，分析其存在的地质问题，为建筑物的场地选择、建筑平面布置、地基与基础的设计和施工提供必要的资料。

　　岩土工程勘察的内容、方法及工程量的确定取决于：（1）工程的技术要求和规模；（2）建筑场地地质条件的复杂程度；（3）岩土性质的优劣。通常勘察工作都是由浅入深，由表及里，随着工程的不同阶段逐步深化。岩土工程勘察工作可分为可行性研究勘察（或称选择场地勘察）、初步勘察和详细勘察三个阶段，以满足相应的工程建设阶段对地质资料的要求。对于地质条件复杂、有特殊要求的重大建筑物地基，尚应进行施工勘察。反之，对地质条件简单，面积不大的场地，其勘察阶段可以适当简化。

　　按照不同勘察阶段的要求，正确反映场地的工程地质条件及岩土体性态的影响，并结合工程设计、施工条件以及地基处理等工程的具体要求，进行技术论证和评价，提交岩土工程问题及解决问题的决策性具体建议，并提出相应的工程设计准则和岩土工程施工的指导性意见，为设计、施工提供依据，服务于工程建设的全过程。

4.1.2　工程地质测绘

　　工程地质测绘即通过对地质现象的详细观察和描述，并将其反映到一定比例尺的地形图上。

　　据测绘成果可以分析各种地质现象的成因、分布、发展变化规律以及对工程建筑的影响，还可为勘探、试验等其他工作的布置奠定基础。

工程地质测绘可分为综合性测绘和专门性测绘。其研究内容包括工程地质条件的全部要素：地形地貌，划分地貌单元；岩土年代、成因、分布和风化程度；地质构造与岩土结构；地下水条件；气象水文条件；不良地质现象（崩滑、岩溶、塌陷等）；建筑物的变形和工程经验等。

4.1.3　岩土工程勘察的方法

为了查明地基内岩土层的构成及其在竖直方向和水平方向上的变化，岩土的物理力学性质、地下水位的埋藏深度及变化幅度以及不良地质现象及其分布范围等，需要进行岩土工程勘探，其勘探方法通常有以下几种：

（1）地球物理勘探。地球物理勘探是用物理的方法勘测地层分布、地质构造和地下水埋藏深度等一种勘探方法。不同的岩层具有不同的物理性质，例如，导电性、密度、波速和放射性等。所以，可以用专门的仪器测量地基内不同部位物理性质的差别，从而判断、解释地下的地质情况，并测定某些参数。地球物理勘探是一种简便而迅速的间接勘探方法，如果运用得当，可以减少直接勘探（如钻探和坑槽探）的工作量，降低成本，加快勘探进度。

地球物理勘探的方法很多，如地震勘探（包括各类测定波速的方法）、电法勘探、磁法勘探、放射性勘探、声波勘探、雷达勘探、重力勘探等，其中最常用的是地震勘探。《建筑物抗震设计规范》（GB 50011—2010）中，要求按剪切波速的大小进行场地的岩土类型划分，这时就必须进行现场地震勘探以确定岩土剪切波速。有关这类方法的原理、设备和测试内容可参阅有关专门资料。

（2）坑槽探。坑槽探也称为掘探法，即在建筑场地开挖探坑或探槽直接观察地基土层情况，并从坑槽中取高质量原状土进行试验分析。这种方法用于要了解的土层埋藏不深，且地下水位较低的情况。

图4.4是坑探的示意图。探坑深度一般不超过 3~4m，但当地下水位较深，土质较好时，有时探坑也可挖 5~6m 以上。

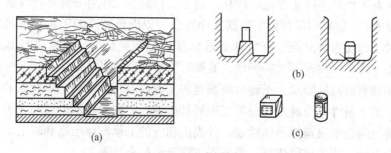

图4.4　坑探示意图
（a）探井；（b）在探井中取原状土样；（c）原状土样

（3）钻探。钻探就是用钻机向地下钻孔以进行地质勘探，是目前应用最广的勘探方法。通过钻探，可以确定土层的分界面高程，鉴别和描述土的表现特征；取原状土样或扰动土样供试验分析；确定地下水位埋深，了解地下水的类型；在钻孔内进行触探试验或其他原位试验。

4.1.4 原位测试

在岩土层原来所处的位置，基本保持的天然结构，天然含水量以及天然应力状态下，测定岩土的工程力学性质指标。

原位测试包括静力触探、动力触探、标准贯入试验、十字板剪切、旁压试验、静载试验、扁板侧胀试验、应力铲试验、现场直剪试验、岩体应力试验、岩土波速测试等。

本书对前几种常用的原位测试技术分别予以介绍。

（1）地基载荷试验。在现场的天然土层上，通过一定的荷载板向土层施加竖向静荷载，并测定压力 P 和沉降 S 的关系，如图 4.5 所示。图中 P_{cr} 为比例界限压力，P_u 为极限压力。根据 P-S 曲线，可以评定土的承载力。其优点是受力条件比较接近实际，简单易用，试验结果直观而易于为人们理解和接受；但是试验规模及费用相对较大。

（2）旁压试验。旁压试验是通过向旁压器注水，使旁压器弹性膜产生横向膨胀，对土体施加压力，并产生横向变形，从而测得压力与变形的关系曲线，由此求得土的变形模量和承载力，测试方法如图 4.6 所示。此方法的特点是横向加压，操作简易，测试快速。

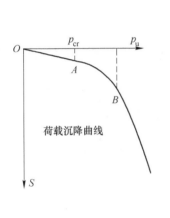

图 4.5 地基荷载沉降曲线

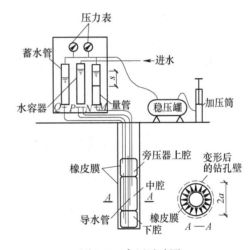

图 4.6 旁压试验图

（3）十字板剪切实验。十字剪切板试验是将十字形金属板插入钻孔的土层中，施以匀速的扭矩，直至土体破坏，从而求得土的不排水抗剪强度。

（4）触探。触探既是一种原位测试方法，同时也是一种勘探方法。但是测试结果所提供的指标并不是概念明确的物理量。通常需要将它与土的某种物理力学参数建立统计关系才能使用，而且这种统计关系因土而异，并有很强的地区性。因此本节中仍将其列入勘探方法中。

触探法具有很重要的优点，它不但能较准确地划分土层，且能在现场快速、经济、连续测定土的某种性质，以确定地基的承载力、桩的侧壁阻力和桩头阻力、地基土的抗液化能力等。因此，近数十年来，无论是在试验机具、传感技术、数据采集技术方面，还是在数据处理、机理分析与应用理论的探讨方面，都取得了较大进展；与此同时，试验的标准化程度也在不断提高，成为地基勘探的一种重要手段。

4.1.5　岩土工程勘察报告

在工程地质测绘、现场调查、勘探和室内外试验等基础上，经过对资料的综合分析、统计计算和编绘图件，最终可提供基础的岩土工程勘探报告。

勘探报告的基本内容包括：任务要求；工程的结构特点；勘探方法和工作量；地形、地貌，地质构造，地基土层分布，各层土的特性，地下水，不良地质现象等的描述和评价；场地稳定性和建筑适宜性的评价；不良地质现象的整治措施；地基方案的论证和对设计、施工的建议。

报告应附有必要的图件，包括：勘探点平面布置图；钻孔（探坑和探井）柱状图；工程地质剖面图；原位测试成果图表；室内试验成果图表；其他必要的专门图件和计算分析图表。

4.2　浅基础

4.2.1　刚性基础

刚性基础又称无筋扩展基础，是由砖、毛石、混凝土或毛石混凝土、灰土、三合土等材料组成（见图4.7a、b、c、d），以及无需配筋的墙下条形基础和柱下条形基础（见图4.8）。其优点是稳定性好、施工简便、能承受较大的荷载。只要地基强度能满足要求，刚

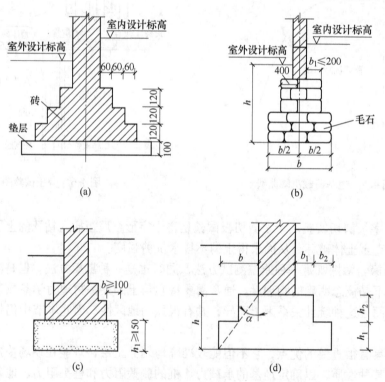

图 4.7　几种常见的刚性基础形式

（a）砖基础；（b）毛石基础；（c）灰土、三合土基础；（d）混凝土毛石基础
b，b_1，b_2—基础宽度方向尺寸；h，h_1，h_2—基础高度方向尺寸；α—刚性角

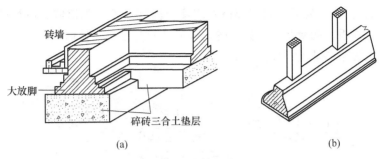

图 4.8 条形基础

（a）墙下条形基础；（b）柱下条形基础

性基础是桥梁和涵洞等结构物首先考虑的基础形式。但是刚性基础自重大，而且当持力层为软弱土时，扩大基础面积受到限制，需要对地基进行处理或加固后才能采用，否则会因所受的荷载压力超过地基强度而影响建筑物的正常使用。

刚性基础因材料特性不同而有不同的适用性。用砖、石及素混凝土砌筑的基础一般可用于六层及六层以下的民用建筑和砌体承重的厂房。在我国华北和西北环境比较干燥的地区，灰土基础广泛用于五层及五层以下的民用房屋，在南方常用的是三合土及四合土。石材及素混凝土是中小型桥梁和挡土墙的刚性扩展基础的常用材料。

4.2.2 扩展基础

用钢筋混凝土建造的基础，具有较强的抗弯、抗剪能力，不受材料的刚性角限制，不仅能承受压应力，还能承受较大的拉应力。基础可将上部结构传来的荷载，通过向侧边扩展成一定底面积，使作用在基底的压应力等于或小于地基土的允许承载力，而基础内部的应力应同时满足材料本身的强度要求。这种起到压力扩散作用的基础称为扩展基础，亦称柔性基础（延性基础），如图 4.9 所示。

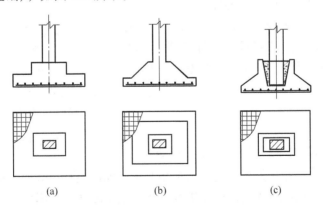

图 4.9 扩展基础

钢筋混凝土扩展基础一般指钢筋混凝土墙下条形基础和钢筋混凝土柱下独立基础。

扩展基础一般以钢筋混凝土为原材料，常做成条形基础、筏形基础、箱形基础等形式。条形基础与前节提到的刚性基础一样，在普通砌体结构中应用广泛。当柱子或墙体传来的荷载很大，地基土较软弱，用刚性基础无法满足地基承载力要求时，往往需要把整个房屋底面（或地下室部分）做成一片连续的钢筋混凝土板，作为房屋的基础，这就是筏形基础，如图 4.10 所示。为了增加基础板的刚度，以减小不均匀沉降，高层建筑中往往把地下室的底板、顶板、侧墙及一定数量的内隔墙一起构成一个整体刚度很强的钢筋混凝土箱形结构，称之为箱形基础，如图 4.11 所示。

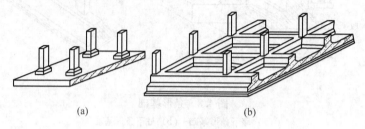

(a)　　　　　　　　　　　(b)

图 4.10　筏形基础

（a）平板式；（b）梁板式

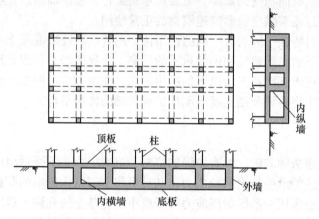

图 4.11　箱形基础

为了进一步改善基础的受力性能，基础的形式可以不做成台阶状，而做成各种形式的壳体，称之为壳体基础。这种基础形式对机械设备有良好的减震性能，因此在动力设备的基础中有着广泛的应用。如图 4.12 所示。

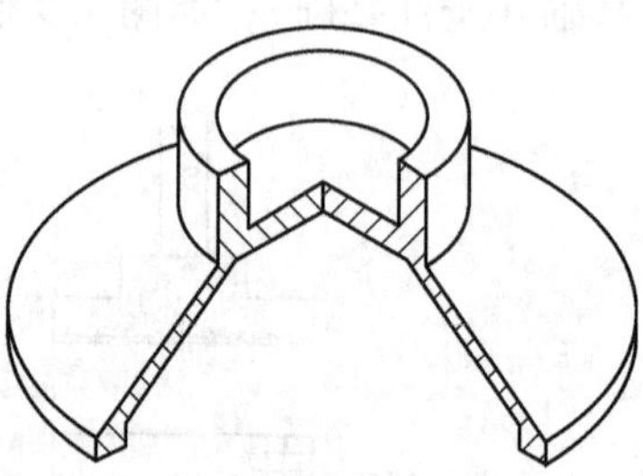

4.3　深基础

深基础是埋深较大，以下部坚实土层或岩层作

图 4.12　壳体基础

为持力层的基础，其作用是把所承受的荷载相对集中地传递到地基的深层，而不像浅基础那样，是通过基础底面把所承受的荷载扩散分布于地基的浅层。因此，当建筑场地的浅层土质不能满足建筑物对地基承载力和变形的要求，而又不适宜采用地基处理措施时，应考虑采用深基础。深基础有桩基础、墩基础、地下连续墙、沉井和沉箱等几种类型。

4.3.1　桩基础

早在 7000～8000 年前的新石器时代，人们为了防止猛兽侵犯，曾在湖泊和沼泽地里栽木桩筑平台来修建居住点。这种居住点称为湖上住所。在中国，最早的桩基是浙江省河姆渡的原始社会居住的遗址中发现的。到宋代，桩基技术已经比较成熟。在《营造法式》中载有临水筑基第一节。到了明、清两代，桩基技术更趋完善。如清代《工部工程做法》一书对桩基的选料、布置和施工方法等方面都有了规定。从北宋一直保存到现在的上海市龙华镇龙华塔（建于北宋太平兴国二年，977 年）和山西省太原市晋祠圣母殿（建于北宋天圣年间，1023～1031 年），都是中国现存的采用桩基的古建筑。

桩基是一种古老的基础形式。桩工技术经历了几千年的发展过程。无论是桩基材料和桩类型，或者是桩工机械和施工方法都有了巨大地发展，已经形成了现代化基础工程体系。在某些情况下，采用桩基可以大量减少施工现场工作量和材料的消耗。

（1）桩基及其作用。桩是深入土层的柱型构件，与连接桩顶的承台组成深基础。它的作用主要有以下几个方面：

1）将荷载传至硬土层，或分配到较大的深度范围，以提高承载力；

2）减小沉降，从而也减小沉降差；

3）抗拔，用于抗风、抗震、抗浮等；

4）有一定抗水平荷载能力，特别是斜桩；

5）抗液化。深层土不易液化，浅层土液化后，有桩支撑，有助于上部结构的稳定。

（2）桩基础的分类。按桩的承载性状，可分为摩擦型桩和端承型桩两大类。

1）摩擦型桩：

①摩擦桩：竖向极限荷载作用下，桩顶荷载绝大部分由桩侧阻力承担，桩端阻力可忽略（见图 4.13a）；

②端承摩擦桩：桩顶极限荷载由桩侧阻力和桩端阻力共同承担，大部分由桩侧阻力承担（见图 4.13b）。

2）端承型桩：

①端承桩：在极限承载力状态，桩顶荷载由桩端阻力承受，桩侧阻力可忽略（见图 4.13c）；

②摩擦端承桩：在极限承载力状态，桩顶荷载主要由桩端阻力承受，桩侧阻力属次要地位（见图 4.13d）。

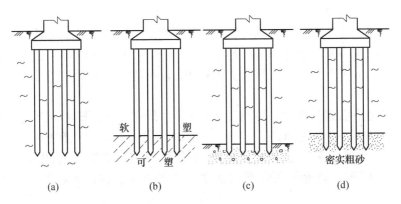

图 4.13　几种桩型示意图

（a）摩擦桩；（b）端承摩擦桩；（c）端承桩；（d）摩擦端承桩

除此之外，按桩身材料，还可分为混凝土桩、钢桩木桩；按成桩方法，可分为打入桩、灌注桩、静压桩；按桩径大小，可分为小直径桩（$d \leqslant 250mm$）、中等直径桩（$250mm < d < 800mm$）、大直径桩（$d \geqslant 800mm$）。

4.3.2　沉井基础

沉井是井筒状的结构物，它是以井内挖土依靠自身重量克服井壁摩擦阻力后，下沉至设计标高，然后通过混凝土封底而形成的地下深基础，如图 4.14 所示。

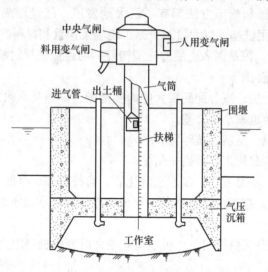

图 4.14　沉井基础示意图

常用的钢筋混凝土沉井主要由刃脚、井壁、内隔壁、凹槽、封底及盖板等构成。

沉井基础的优点主要表现在埋置深度可以很大、整体性强、稳定性好，能承受较大的垂直荷载和水平荷载；沉井既是基础，又是施工中挡土及挡水的围堰结构物，施工工艺也不复杂，且占地面积较小，与大开挖相比土方量较少，能节省投资。

然而，沉井基础的施工期较长；对细砂及粉砂类地层因井内抽水开挖，井内容易发生涌砂现象，并造成沉井倾斜；沉井下沉过程中遇到大孤石、树干或井底岩层倾角过大时，都会给施工带来一定困难。

由于沉井具有一系列优点，故其在国内外都得到了广泛的应用和发展。沉井可用于桥梁墩台基础、取水构筑物、污水泵站、地下工业厂房、大型设备基础、地下（油、气）仓库、人防掩蔽所、盾构拼装井、船坞、矿山竖井，以及地下车道及车站等大型深埋基础和地下构筑物的围壁。

为了降低井壁侧面摩擦阻力，各国都开展了不少研究工作：日本曾首先采用壁外喷射高压空气（即空气幕法）进行助沉。在 20 世纪 70 年代初，用空气幕法就使沉井下沉深度超过了 200m。但空气幕法工艺比较复杂，使其推广受到了限制。从 20 世纪 50 年代后，向井壁与土层之间压入触变泥浆降低侧面摩阻力的方法，在西方各国得到了较广泛地应用。

沉井的类型较多。按沉井横截面形状，可分为：

（1）单孔沉井。沉井只有一个井孔，其形状有圆形、正方形及矩形等。圆形沉井可承受较大的水平荷载，其井壁可做得稍薄些；而方形或矩形沉井在水平力作用下，其断面会产生较大的内力与变形，故其井壁较圆形沉井厚，制作时井壁的4个拐角可用圆弧过渡，以改善受力条件，如图4.15a、b、c所示。

（2）单排孔沉井。沉井有两个或两个以上的井孔，各井孔以内隔墙分开，且沿同一方向排列，如图4.15d、e所示。按使用要求，单排孔可做成矩形、长圆形及组合形等形状。

（3）多排孔沉井。在沉井内部设置数道纵横交叉的内隔墙，如图4.15f所示。这种沉井刚度大，且在施工中易于均匀下沉，如发生偏斜，可通过部分井孔内挖土纠偏；多排孔沉井因承载力高，适合于做大平面尺寸的重型建筑物基础。

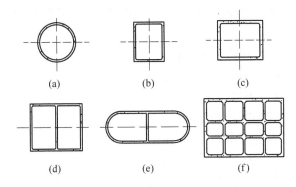

图4.15　沉井平面图

（a）圆形单孔沉井；（b）方形单孔沉井；（c）矩形单孔沉井；
（d）矩形双孔沉井；（e）椭圆形双孔沉井；（f）矩形多孔沉井

4.3.3　地下连续墙

地下连续墙是基础工程在地面上采用一种挖槽机械，沿着深开挖工程的周边轴线，在泥浆护壁条件下，开挖出一条狭长的深槽。清槽后，在槽内吊放钢筋笼，然后用导管法灌筑水下混凝土筑成一个单元槽段。如此逐段进行，在地下筑成一道连续的钢筋混凝土墙壁，作为截水、防渗、承重、挡水结构，如图4.16所示。

图4.16　地下连续墙施工

（1）地下连续墙基础的特点。地下连续墙的特点是：施工振动小，墙体刚度大，整体性好，施工速度快，可省土石方，可用于密集建筑群中建造深基坑支护及进行逆作法施工，可用于各种地质条件下，包括砂性土层、粒径 50mm 以下的砂砾层中施工等。适用于建造建筑物的地下室、地下商场、停车场、地下油库、挡土墙、高层建筑的深基础、逆作法施工围护结构，工业建筑的深池、坑；竖井等。

（2）地下连续墙的应用和种类。实施地下连续墙的初期阶段，基本上是用作防渗墙或临时挡土墙，但随着科学技术的发展和施工方法、机械的改进，现已能把地下连续墙用作结构物的一部分或用作主体结构。

地下连续墙之所以能够用于大规模地下结构工程，就是因为它在防止公害和保证施工安全方面优于其他方法。

地下连续墙的应用领域很广，主要有：

1）超高层或高层大厦的地下部分的外墙；

2）地下停车场、地下街道的外墙；

3）地下铁道、地下公路的侧墙；

4）盾构、地下管道等工程的工作竖井；

5）地下污水处理厂、净水池、泵房的外墙；

6）城市内通用管道（包括煤气管、供水管、下水管、通信电缆、电力电缆的分层使用）以及各种箱形渠；

7）水工用挡水墙、防渗墙及防护墙；

8）码头河港的驳岸、护岸；

9）干船坞的坞墙；

10）地下贮存罐及贮存槽；

11）各种基础的构造及墙或支承桩。

从上述各种用途来看，地下连续墙这一新的地下建筑技术有着广泛的发展前途。

4.4　地基处理

4.4.1　地基处理概述

当地基的承载力不足或压缩性过大，不能满足设计要求时，可以针对不同情况，对地基进行处理，以增加地基土的强度和稳定性，提高地基的承载能力，改善其变形性能和抗渗能力，经过处理后的地基称为人工地基。

地基处理的对象一般都是软弱土，它主要包括淤泥和淤泥质土、松砂、冲填土、杂填土、泥炭土和其他高压缩性土。由这几类软弱性土所构成或占主要组成的地基称为软弱地基。地基的软弱程度是否达到需要进行地基处理还与建筑物的重要性有关。一般而言，建筑物很重要，即便地基土的性质不很软弱也常常要求进行地基处理，以增加建筑物的耐久性。

地基处理的一般步骤如下：

（1）根据建筑物对地基的各种要求和勘察结果所提供的地质资料，初步确定需要进行处理的地层范围及地基处理的要求。

（2）根据天然地层条件和地基处理的范围和要求，分析各类地基处理方法的原理和适用性、参考过去的工程经验以及当地的技术供应条件（机械设备和材料），进行各种处理方案的可行性研究，在此基础上提出几种可能的地基处理方案。

（3）对提出的处理方案进行技术、经济、进度等方面的比较，在这一过程中还应考虑环保的要求。经过仔细论证后，提出一种或 2~3 种拟采用的方案。

（4）由于地基土，即便是组成和物理状态相同或相似，常具有自身的特殊性。所以，对于要进行大规模地基处理的工程，常需要在现场进行小型地基处理试验，进一步论证处理方法的实际效果，或者进行一些必要的补充调查，以完善处理方案和肯定选用方案的实际可靠性。

（5）进行地基处理施工设计。地基处理措施主要分为基础工程措施和岩土加固措施。有的工程，不改变地基的工程性质，而只采取基础工程措施；有的工程还同时对地基的土和岩石加固，以改善其工程性质。选定适当的基础形式，不需改变地基的工程性质就可满足要求的地基称为天然地基；反之，已进行加固后的地基称为人工地基。地基处理工程的设计和施工质量直接关系到建筑物的安全，如处理不当，往往发生工程质量事故，且事后补救大多比较困难。因此，对地基处理要求实行严格的质量控制和验收制度，以确保工程质量。

4.4.2 地基处理的常用方法

近二三十年来，国内外在地基处理方面发展十分迅速，老方法不断改进，新方法不断涌现。例如，日本从 1974 年至 1979 年短短 5 年间所开发的地基新方法就多达 75 种。目前国内外已有的方法多至百种以上。

就地基加固方法的性质而言，可以分为以下 4 大类：换填法；加密法；化学加固法；土工聚合物法。

其中，换填法、加密法、土工聚合物法属于物理加固法。以下就上述 4 大类中介绍几种最为常用的、比较典型的地基处理方法。

4.4.2.1 换填法

换填法就是把基础底面下某一范围内的软弱地基土挖除，然后回填以质量好的土，经压密后直接作为建筑物的持力层，或者与原来软弱的地基土组成复合地基以支承建筑物，按施工的方法不同，换填法可分为两大类。

（1）换土垫层法。换土垫层法就是将基础下面某一范围内的软弱地基土挖除，然后回填以质量好的土料，分层压密，作为建筑物的持力层。如图 4.17 所示。

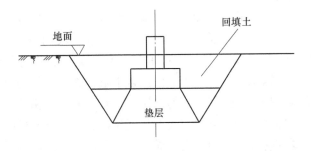

图 4.17　换土垫层法

　　垫层土料常用干净的中、粗砂，级配良好的砂石料，对这类粗粒土（无黏性土），要求质地坚硬，含泥量不超过3%。其他适合用作垫层的土料，还有三合土、灰土、素土等。黏粒含量大于60%的高塑性土、胀缩土和冻土，不宜作为垫层料。

　　垫层的厚度需根据垫层底部软弱土层的承载力来确定，其宽度由垫层侧面土的容许承载力来决定。具体分析计算方法此处不再赘述。

　　（2）砂石桩置换法。换土垫层的厚度和宽度具有一定的局限性，因此对于软弱土层较厚且基础宽度较大的情况，常常不宜采用。这时可以采用桩基的布置方式将软弱地基内的部分软土设法排除，置换以压密的砂石料以改善地基的性质，称为砂石桩置换法，如图4.18所示。

　　砂石桩置换法常用以处理软弱的黏性土、粉土、饱和黄土和人工填土等地基，桩距一般为1.5～2.5m。施工时在桩位处打入大口径的开口钢管（直径为300～800mm）至设计深度，然后用取土器取出管内软土，再以级配良好的砂石分层回填压密，乃形成碎石桩。桩顶一般铺设

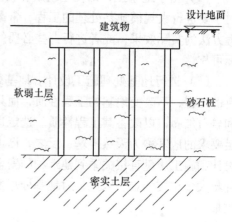

图4.18　砂石桩置换法

200～500mm厚的砂石垫层，如图4.18所示。其特点是成桩过程对桩周土基本不起挤密作用，仍然保留原来软土的工程特性。而置换部分的砂石，材料质地坚实，经过压密后，刚度较大，因此在基础下形成土质软硬相间的复合地基。

　　砂石桩不仅可以提高地基承载力，减小变形量，还可以在地基中形成十分通畅的排水通道，对加快地基的固结起重要作用。值得注意的是，由于桩体受力远比桩间土要大，桩体会发生侧面挤压变形，特别是桩头附近部位。如果桩周土的强度很低，容易产生过大的侧面位移而引起桩体过大竖向变形。因此，对于不排水强度小于20kPa的软土，没有有效措施时，一般不采用砂石桩置换法。

4.4.2.2　加密法

A　机械加密法

　　利用一定的机具在土体中产生瞬时重复荷载，以克服土颗粒间的阻力，使颗粒间相互移动，孔隙体积减小，密度增加，称之为机械加密法。这种方法常用于大面积填土的压实和杂填土、黄土等地基的处理中。

　　机械压密的效果取决于土的性质和机械的荷重参数。土是否容易压密与土的种类关系很大，对黏性土而言，重要影响因素是土的含水量。含水量较低的土，因为大量空气的存在，孔隙水都成毛细水，弯液面曲率大，毛细力也大。因而土粒间存在着可观的摩擦阻力，阻碍颗粒的移动，所以土不容易压密。而当含水量很大时，气体处于封闭状态，在短暂荷载作用下，水不容易排出，土就不容易被压密。对于砂土，由于很容易排水，所以水的存在可以减小粒间摩擦而不会影响颗粒间的相互挤密，所以压密砂时要充分洒水。

　　黏性土的压实，要求有较大的静压力，而对于无黏性土，振动荷载将会起更大的压密效果。应该指出，机械压密方法，除夯板外（也称重锤夯密）影响厚度都比较小，在地基

处理中一般只用以作为地基表层处理，对于提高地基的承载力作用不大。

B 深层挤密法

（1）砂桩、土桩和灰土桩。此类桩借助于振动器把套管沉入要加固的土层中直至设计的深度。套管的一端有可以自动打开的活瓣式管嘴。成孔后在管中灌入砂料，同时射水使砂尽可能饱和。当管子装满砂后，一边拔管，一边振动，这时管嘴的活瓣张开，砂灌入孔内。当套管完全拔出后，在土中就形成一根砂桩。有时还可以在已形成的砂桩中，再次打入套管，进行第二次作业，以扩大桩径。

用类似的方法成孔，若孔中填以素土，分层击实，则成土桩，填以灰土，则为灰土桩。

这类方法与上文提到的砂石桩置换法的主要区别在于打入的套管底面是封闭的，因此在沉管的过程中周围土受到强烈的挤压而变密，土性得到显著的改善。砂桩和土桩一般用于加固松散砂土、地下水位以上湿陷性黄土、素填土和杂填土地基。含水量较大，饱和度高于 0.65 的黏性土，不容易在沉管过程中完成固结压密，挤密的效果差，不宜采用土桩。

（2）振冲法。众所周知，在砂土中注水振动容易将砂土压密，利用这一原理发展起来的加固深层软弱土层的方法称为振动水冲法，简称振冲法。振动过程中，在振冲孔内回填砂石等材料所形成的圆柱体，称为振冲桩。振冲桩的作用因被加固土的性质而异，用于加固松散砂土时，其主要作用类似于砂桩，起挤密桩周土的作用；用于加固黏性土地基时，则主要是利用大直径桩体置换部分软弱地基土，并与周围土体共同组成复合地基。

振冲法加固砂基和砂坡的机理是不断射水和振动，使振冲器周围和下面的砂土饱水液化，丧失强度，便于下沉。下沉中悬浮的砂粒和填料被挤入孔壁，与此同时振动作用使加固范围内的砂土振密，并在饱和砂体内产生孔隙水压力，引起渗流固结，使土颗粒重新排列形成密实的结构。整个加固过程是加固挤密、振动液化和渗流固结 3 种作用的综合结果。用于黏性土的振动置换法中，振冲主要起成孔作用，对四周的黏性土没有明显的加固作用。一般而言，振冲挤密法的施工工艺如图 4.19 所示。

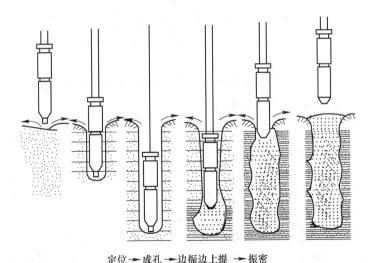

定位 → 成孔 → 边振边上提 → 振密

图 4.19 振冲挤密法施工工艺

　　C　强夯法

　　强夯法是将十几吨至上百吨的重锤，从几米至几十米的高度自由下落，利用落体的巨大能量对地基土冲击而起加固作用，被认为是比较有效的深层加固方法，如图4.20所示。

　　强夯法虽然是在过去重锤夯实的基础上发展起来的一种新技术，但其加固原理要比一般重锤夯实复杂。它利用重锤下落所产生的强大夯击能量，在土中形成冲击波和很大的应力，其结果除了使土粒挤密外，还在土体中产生较大的孔隙水压力，甚至可导致土体暂时液化。同时，巨大能量的冲击，使夯点周围产生裂缝，形成良好的排水通道，加快孔隙水压力消散。从而使土进一步加密。

　　强夯法适用于处理碎石土、砂土、低饱和度的粉土和黏性土、湿陷性黄土、素填土和杂填土等地基。对高饱和度的软黏土，加固的效

图4.20　强夯法施工示意图

果差，应慎重采用。近年来在高饱和度的粉土和黏性土中，采用在夯坑内回填块石、碎石或其他粗粒材料进行强夯置换的方法，取得明显效果，但也应通过现场试验以确定具体工程的适用性。

　　强夯法是一种施工速度快、效果好、价格较为低廉的软弱地基加固方法。但要注意由于每次夯击的能量很大，除发生噪声、污染环境外，振动对邻近建筑物可能产生有害的影响。现场观测表明，单击能量小于2000kN·m时，离夯击中心超过15m的建筑物，一般不会受到危害，对于距夯击中心小于15m的建筑物则应做具体分析。例如，对于振动敏感的建筑物应适当加大安全距离或采用隔振等工程措施。某工程在离建筑物7.5m处挖深1.5m、宽1.0m的隔振沟，测得沟内外的加速度由54mm/s^2减少到19.1mm/s^2，减振的效果甚为明显。

　　另外，在施工前要注意查明场地范围内的地下构筑物和地下管线的位置和标高等，并采取必要的措施，以免因强夯施工而造成损失。

　　D　预压加固法

　　预压加固法就是在拟造建筑物的地基上，预先施加荷载（一般为堆石、堆土等），使地基产生相应的压缩固结，然后将这些荷载卸除、再进行建筑物的施工。由于地基的沉降大部分在修筑建筑物前堆载预压的过程中就已完成，所以建筑物的实际沉降量大大减小。同时软弱土层已被压密，强度提高，因而增加了地基的承载能力。

　　我国劳动人民很早就采用将原有堤坝挖除，再在坝基上建造水闸，以防止建闸后地基产生过大的沉降，这实际上就是预压加固原理的运用。近年来，在软弱地基上建造大型的贮油罐时，常在油罐建好后，先按一定的速度充水预压，等沉降稳定后，再将油罐与四周管路连接，投入正常运用，这也是预压固结法的一种最为经济的加载方式。有时可以在要

进行预压加固的地基中打井点，进行抽水。使地下水位下降，用提高土层的自重应力的方法对地基土进行压密，称为降水预压法。可以在建筑物场地上铺设一层透水的砂或砾石，并在其上覆盖一层不透气的材料，如橡皮布、塑料布、黏土膏或沥青霄等。然后用真空泵抽气，使透水材料中保持较高的真空度，即利用大气对地基中软弱土层进行预压，称为真空预压法，见图 4.21。各类预压固结法都可用以大范围深层加固地基中的软弱土层。特别是用以加固饱和的软弱黏性土层。对于这类土层，用其他各种加固方法往往难以取得良好效果或者是很不经济。

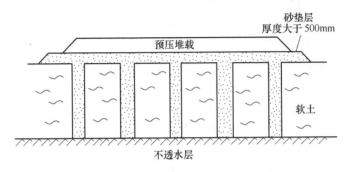

图 4.21 真空预压法示意图

4.4.2.3 化学加固法

化学加固法是采用某些固化材料，如水泥、石灰或其他化学材料．对基础下一定范围内的地基土进行加固处理的方法。可以采用将固化材料灌入被加固土的孔隙中或者是强行使固化材料与被加固土相掺和的施工手段。经过化学作用，固化材料与土粒粘结、硬化后，能有效地提高被加固土的强度，减小压缩性。化学加固法常用的有如下几类：

（1）灌浆法。灌浆法就是把水泥浆液、黏土水泥浆液或化学溶液灌入土的孔隙中，置换孔隙水。水泥浆液或化学溶液凝固后，把土颗粒粘结在一起，使松散的土变成坚硬的块体，基本消除了土的压缩性，并大大地提高土的强度。接灌浆材料分，常用的有下列几种方法：

1）水泥或黏土水泥灌浆。将水泥浆或黏土水泥浆灌入岩基以堵塞裂隙，或灌入砂砾石地基覆盖层，充填孔隙，是水工建筑物常用的地基处理方法，其作用是形成防渗帷幕，增加裂隙岩体的整体性。

但由于水泥颗粒和黏土颗粒都有一定的粗度，只能用于粗砂以上的地基进行防渗处理。对于这类地基，变形和强度一般问题较小。如前所述软弱土层通常都属于细粒土，不能用这种灌浆方法进行加固。

2）化学材料灌浆。好的灌浆材料应该有好的可灌性，可以控制浆液的凝固时间，凝固后强度高，不受水的侵蚀或溶解，耐久性好。近代化学工业的发展，已经研制出各种各样的性能良好的化学灌浆材料。大致可分成几大类，即：聚氨酯类、丙烯酰胺类、环氧树脂类、甲基烯酸酯类、木质素类和硅酸盐类等。各种灌浆材料都有其优点和一定的应用范围，此处不再详细说明。随着化学工业的发展，各种优质的灌浆材料在不断的研制和推广应用，为软土地基加固提供一种有效的方法，但是目前这种加固方法由于造价较贵，所以一般多用于地基局部加固。

（2）高压旋喷注浆法。旋喷法是一种高压注浆法，它是用相当高的压力，将气、水和水泥浆液，经沉入土层中的特制喷射管送到旋喷头，并从开口于旋喷头侧面的喷嘴以很高的速度喷射出来。喷出的浆液形成一股能量高度集中的液流，直接冲击破坏土体，使土颗粒在冲击力、离心力和重力的共同作用下与浆液搅拌混合，经过一定时间，便凝固成强度甚高、渗透性较低的加固土体。加固土体的形状因射浆方式不同而异，可以是柱状的旋喷桩或块状和板状的旋喷墙。

（3）深层搅拌法。深层搅拌法是将深层搅拌机安放在设计的孔位上，先对地基土一边切碎搅拌，一边下沉，达到要求的深度。然后在提升搅拌机时，边搅拌、边喷射水泥浆，直至将搅拌机提升到地面。再次让搅拌机搅拌下沉，又再次搅拌提升。在重复搅拌升降中使浆液与四周土均匀掺和，形成水泥土。水泥土较之原位软弱土体的力学特性有显著的改善，强度有大幅度的提高。

也可以用类似的机具将石灰粉末与地基土进行搅拌形成石灰土桩，石灰与土进行离子交换和凝硬作用而使加固土硬化。初步研究表明当一般石灰用量（按重量计）为 10%～12% 以内时，石灰土强度随石灰含量的增加而提高，对不排水抗剪强度为 $10～15$ kPa 的软黏土，石灰与土搅拌后的强度通常可达原土强度的 $10～15$ 倍，石灰含量超过 12% 后拔剪强度不再增大。

深层搅拌法用于处理比较软弱的地基，适用的土类为淤泥、淤泥质土、粉土和含水量较高且地基承载力标准值不大于 120kPa 的软黏土。

4.4.2.4 土工聚合物法

土工聚合物指用于地基、土体或其他岩土工程内的一种合成材料，成为建筑物或工程体系整体中的一部分，有时也称为土工织物。土工聚合物的出现和应用是近 30 年来岩土工程实践中最主要的发展之一。

土工聚合物在工程上的应用，主要有以下几个方面：

（1）排水作用：土工织物本身形成排水通道，把土中水分汇集在织物之内，再沿着织物缓慢排出土体；

（2）滤层作用：用土工织物代替砂石等粒状滤层。土中的水流，可以穿过土工织物排出，同时土工织物可以阻止颗粒的过量流失，防止造成渗透破坏；

（3）隔离作用：把不同粒径的土料隔开，或把土料与石料，混凝土块或混凝土面板等隔离开。以免混杂或发生土粒流失；

（4）加筋作用：土工聚合物埋在土中，可以充当抗拉元件，以分担土体所承受的应力，增加地基的承载能力；

（5）护坡和防渗作用。

在上述的几种功能中最重要的是排水反滤和加筋作用。

思 考 题

4-1 岩土工程勘察方法主要有哪些？

4-2 原位测试方法主要有哪些?

4-3 土木工程有哪些常见的基础形式?

4-4 摩擦型桩与端承型桩的区别主要是什么?

4-5 地基破坏形式主要有哪几种?

4-6 地基不均匀沉降的控制方法主要有哪些?

4-7 地基处理的常用方法有哪些?

5 房屋建筑工程

房屋建筑工程就是指以房屋为修建对象的生产活动和工程技术，使用各种建筑材料和设备建造各种建筑物和构筑物，目的是为人类提供生产与生活的场所。建筑是建筑物与构筑物的统称，是科学技术与艺术的统一。我国现存大量优秀的古代建筑，例如，长城、都江堰水利工程、大运河、故宫等。这些建筑规模宏大、工艺精湛，至今仍发挥着良好的经济和社会效益。随着现代建设规模的不断扩大，建设技术日趋复杂，工程各部分之间紧密联系、相互协同、相互制约、高度综合的工程管理系统已经形成。

5.1 建筑主体构件

5.1.1 梁

梁是工程结构中的受弯构件，通常水平放置，但有时也斜向放置，如楼梯梁。

梁依据截面形式，可分为：矩形截面梁、T形截面梁、十字形截面梁、工字形截面梁、L形截面梁、口形截面梁、不规则截面梁等（见图5.1）。

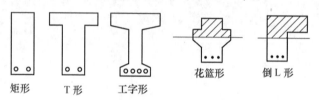

矩形　　　T形　　　工字形　　　花篮形　　　倒L形

图5.1　常见梁截面形式

从材料上分，工程中常用的有型钢梁、钢筋混凝土梁、木梁、钢包混凝土梁等。

按照结构工程属性可分为：框架梁、剪力墙支承的框架梁、内框架梁、砌体墙梁、砌体过梁、剪力墙连梁、剪力墙暗梁、剪力墙边框梁等。

从施工工艺分，有现浇梁、预制梁等。

从受力状态分，可分为静定梁和超静定梁。静定梁是指几何不变，且无多余约束的梁。常见的静定梁有简支梁、悬臂梁和伸臂梁。简支梁就是两端支座仅提供竖向约束，而不提供转角约束的支撑结构。简支梁仅在两端受铰支座约束，主要承受正弯矩。体系温变、混凝土收缩徐变、张拉预应力、支座移动等都不会在梁中产生附加内力，受力简单，如图5.2所示，即为简支梁桥。其受力特点为上部受压，下部受拉。根据其受力特点，一般在构件的受拉侧配置受力钢筋，称为受力筋，根据构件的制作需要，在其他部位配置数量不等的构造钢筋，如架立钢筋、箍筋等，如图5.3所示。悬臂梁的一端为不产生轴向、垂直位移和转动的固定支座，另一端为无约束的自由端。常见的外挑阳台的梁是悬臂梁。其受力特点与静定梁正好相反，为上部受拉，下部受压，如图5.4a所示。简支梁梁体加长并越过支点就成为外伸梁，如图5.4b所示。在建筑、桥梁、航空以及管道线路等工程中，常遇到一种梁具有 3 个或更多个支承，可简化为如图 5.4c 所示的超静定结构，称为连续梁。连续梁有中间支座，所以它的变形和内力通常比单跨梁要小，因而在工程结构中应用很广。

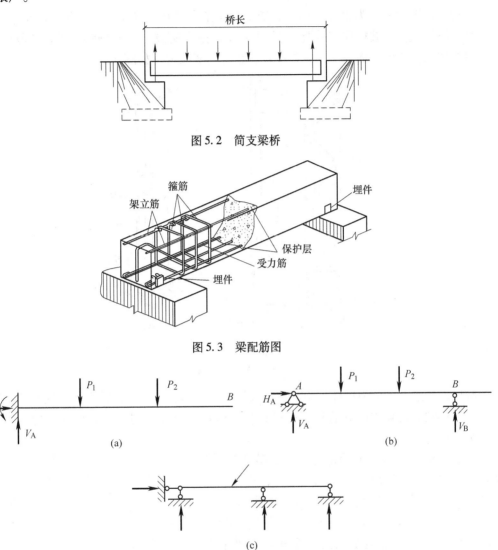

图 5.2 简支梁桥

图 5.3 梁配筋图

图 5.4 常见梁计算简图
（a）悬臂梁；（b）外伸梁；（c）超静定梁

5.1.2 柱

柱是工程结构中垂直的主要构件，承托在它上方物件的重量。

按柱的材料可分为石柱、砖柱、砌块柱、木柱、钢柱、钢筋混凝土柱、劲性钢筋混凝土柱、钢管混凝土柱和各种组合柱。中国古代的柱子多数为木造，属于大木作范围，间有石柱。为防水、防潮，木柱下垫以石质柱础。钢柱常用于大中型厂房、大跨度公共建筑、高层建筑、轻型活动房屋、工作平台、栈桥和支架等。钢筋混凝土柱广泛应用于各类结构。劲性钢筋混凝土柱的内部配置型钢，与钢筋混凝土协同受力，可减小柱的截面，提高柱的刚度。钢管混凝土柱使用钢管作为外壳，内浇混凝土，属于劲性钢筋混凝土柱的一种。

柱按截面形式可分为方柱、圆柱、矩形柱、工字形柱、H 形柱、L 形柱、十字形柱、双肢柱、格构柱。双肢柱和格构柱（见图 5.5a）是由两肢或多肢型钢组成，各肢间用缀条或缀板连接。其他截面为一个整体的柱，也称为实腹柱，如图 5.5b 所示。

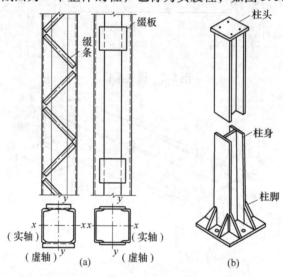

图 5.5 钢柱
（a）格构柱；（b）实腹柱

按柱的长细比可分为短柱、中长柱和长柱。按柱的受力可分为轴心受压柱和偏心受压柱。短柱在轴心荷载作用下的破坏是材料强度破坏，长柱在同样荷载作用下的破坏是屈曲，丧失稳定。

柱是结构中极为重要的部分，柱的破坏将导致整个结构的损坏与倒坍。在中国建筑中，横梁直柱，柱阵列负责承托梁架结构及其他部分的重量，如屋檐，在主柱与地基间，常建有柱础。另外，亦有其他较小的柱，不置于地基之上，而是置于梁架上，以承托上方物件的重量，再透过梁架结构，把重量传至主柱之上。例如，抬梁式木结构中的脊瓜柱或蜀柱，如图 5.6 所示，就是在梁架之上承托部分屋檐的重量。

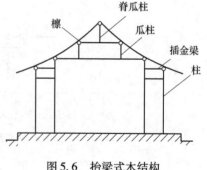

图 5.6 抬梁式木结构

5.1.3 板

平面尺寸远远大于厚度的构件称之为板。板是受弯构件，通常水平放置；也有倾斜放置的，如楼梯板；以及竖向放置的，如墙板。

板的受力形式可以分为单向板和双向板（见图 5.7）。单向板是指板上的荷载沿一个方向传递到支承构件上的板，如仅有两边支承时的矩形板；双向板是指板上的荷载沿两个方向传递到支承构件上的板，如有四边支承时的矩形板。

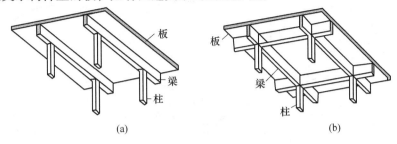

图 5.7　板的类型
（a）单向板；（b）双向板

5.1.4　墙

墙是用砖石等材料砌成，用以承架房顶或隔开内外的建筑物，如图 5.8 所示。根据其受力情况，可将其分为承重墙和非承重墙。承重墙指支撑着上部楼层重量的墙体，在工程图上为黑色墙体，打掉会破坏整个建筑结构；非承重墙是指不支撑着上部楼层重量的墙体，只起到把一个房间和另一个房间隔开的作用，在工程图上为中空墙体，有没有这堵墙对建筑结构没什么大的影响。

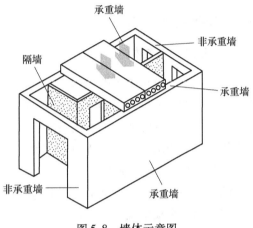

图 5.8　墙体示意图

隔墙是分隔建筑物内部空间的墙。由于隔墙不承重，因此要求隔墙自身质量小，以便减少对地板和楼板层的荷载；厚度薄，以增加建筑的使用面积；并根据具体环境要求隔声、耐水、耐火等，如厨房的隔墙应具有耐火性能，盥洗室的隔墙应具有防潮能力。考虑到房间的分隔随着使用要求的变化而变更，因此隔墙应尽量便于拆装。

5.1.5　拱

拱为曲线结构，其主要特点是在荷载作用下主要承受轴向压力，有时也承受弯矩的有支座推力的曲线或折线的杆件结构。按照其约束类型，可分为三铰拱、两铰拱、无铰拱、带拉杆的三铰拱和带吊杆的三铰拱，如图 5.9 所示。在一定荷载作用下，如果拱的轴线符合合理拱轴线时，构件内部将只有轴向压力，而没有弯矩和剪力。拱结构由拱圈及其支座组成。支座可做成能承受垂直力、水平推力以及弯矩的支墩；也可用墙、柱或基础承受垂直力而用拉杆承受水平推力。拱圈主要承受轴向压力，较同跨度梁的弯矩和剪力小，从而能节省材料、提高刚度、跨越较大空间，可作为礼堂、展览馆、体育馆、火车站、飞机库等的大跨屋盖承重结构；过梁、挡土墙、散装材料库等承重结构以及地下建筑、桥梁、水坝、码头等的承重结构也常采用拱结构，多使用砖、石、混凝土等抗压强度高、抗拉强度低的廉价建筑材料。

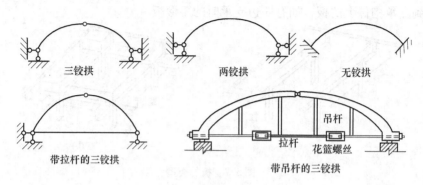

图 5.9 拱的类型

5.2 建筑结构形式

5.2.1 多层混合结构

多层民用建筑多采用混合结构,混合结构是指用不同材料建造的房屋,墙体通常采用砖砌体,屋面和楼板采用钢筋混凝土结构,也称之为砌体结构或砖混结构。目前我国主要应用于单层和多层结构,如居民住宅、商场、办公楼、旅馆等建筑。我国规定,低于 24m 的建筑为多层建筑。随着砌体质量和设计水平的不断提高,有些建筑已高达 12 层。

5.2.1.1 结构布置形式

混合结构的墙体既是承重结构又是围护结构。常见的承重体系有横墙承重体系、纵墙承重体系以及纵横承重体系等。

图 5.10 横墙承重体系

横墙承重体系中,横墙是承重墙,纵墙只起到围护、隔断和拉结的作用,如图 5.10 所示。横墙承重体系的横墙间距较小,建筑横向刚度大,整体性好。此时,纵墙对门窗洞的设置限制少,容易得到较好的采光条件,立面处理灵活。但由于横墙间距受梁板跨度限制,房间的开间不大,适用于房间面积较小的宿舍、住宅、旅馆等居住建筑和由小房间构成的办公楼。

当房间的进深基本相同,进深的尺寸符合钢筋混凝土板的经济跨度时,常采用纵向承重的结构布置,如图 5.11 所示。纵墙承重的主要特点是房间大小布置比较灵活,在使用过程中,可以根据需要改变横向隔断的位置,以调整使用房间面积的大小;但建筑整体刚度和抗震性能差,立面开窗受限制。纵向承重结构体系适用于一些开间尺寸比较多样的办公楼,以及房间布置比较灵活的住宅建筑。

根据房屋的开间和进深的要求,以及结构布置的合理性,有时需要采用纵横墙混合承重体系,如图 5.12 所示。纵横墙承重体系的房间及楼盖的平面布置比较灵活,房间可以有较大的空间,且房屋的空间刚度也较好,经常用于教学楼、办公楼及医院等建筑中。

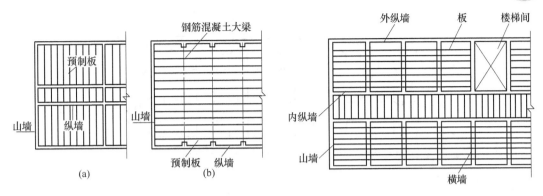

图 5.11 纵墙承重体系　　　　图 5.12 纵横墙承重体系

混合结构房屋的墙体布置，除应合理选择墙承重体系外，还宜遵循以下原则：

（1）在满足使用要求的条件下，尽可能采用横墙承重体系；或尽量减小横墙的间距，以增加房屋的整体刚度。

（2）承重墙布置力求简单、规则，纵墙宜拉通，避免断开或转折，每隔一定距离设置一道横墙，将内外墙拉结起来，形成空间受力体系，增加房屋的空间刚度和抵抗不均匀沉降的能力。

5.2.1.2 结构构造措施

A 变形缝

混合结构房屋中，由于结构布置或构造处理不当，往往产生墙体裂缝，使房屋的整体性、耐久性以及使用性能受到极大影响，严重时会危及结构的安全。

产生墙体裂缝的主要原因有两个：一是由于温度和收缩变形引起；二是由地基不均匀沉降导致。

由于钢筋混凝土和砌体材料的线膨胀系数不同，钢筋混凝土为 $(10 \sim 14) \times 10^{-6}$，砖石砌体为 $(5 \sim 8) \times 10^{-6}$，因而当温度变化时，混合房屋中钢筋混凝土楼盖与砖墙之间由于温度变形的相互制约而产生较大的温度应力，导致墙体开裂。气温高于施工期间气温时，现浇屋盖受热而伸长，其变形受墙体约束，墙体引起拉应力和切应力。当主拉应力或切应力大于砌体的极限强度时，墙体就会出现斜裂缝和水平裂缝。图 5.13a、b 所示，为内外纵墙和横墙上的八字形裂缝；图 5.13c 所示为外纵墙屋盖下的水平裂缝和包角裂缝。

当混合结构房屋过长时，由于温度和墙体的收缩，在墙体中还会产生过大的温度应力和收缩应力，使墙体中部或某些薄弱部位产生裂缝。钢筋混凝土屋盖如果产生较大温度变形，也会使墙体受拉开裂。

为了防止因温度和收缩变形引起的墙体裂缝，在结构布置时应合理设置伸缩缝。伸缩缝应设置在可能引起应力集中或砌体最有可能出现裂缝的部位，如平面转折和体型变化处，房屋的中间部位（见图 5.14a）以及房屋的错层处（见图 5.14b）。此外，在采用整体式或装配式钢筋混凝土屋盖时，在屋盖上设置保温层或隔热层，以减小屋盖的温度变形。为加强顶层墙体的抗拉强度，在房屋顶层设置钢筋混凝土圈梁，或者在墙顶四角配置适量的转角水平拉筋。

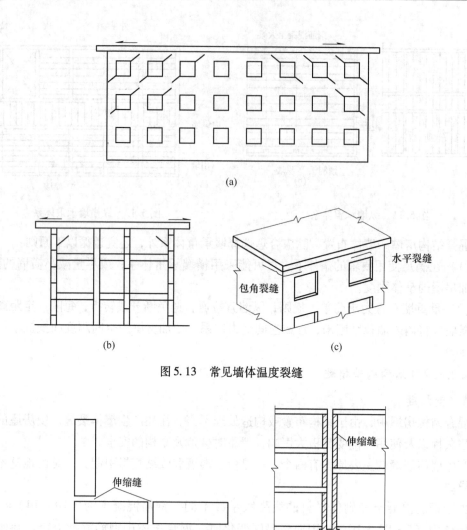

图 5.13　常见墙体温度裂缝

图 5.14　伸缩缝的设置

　　导致地基出现不均匀沉降的原因很多,例如,当房屋的长高比较大、地基土较软弱,或地基土层分布不均匀、土质差别较大,或者高差较大、荷载分布不均匀等。不均匀沉降可能使墙体产生主拉应力,形成斜向的阶梯形裂缝。当房屋中部产生较大沉降时,会在房屋的下部形成八字形分布的裂缝,如图 5.15a 所示。当房屋一端产生较大沉降时,斜裂缝主要集中在沉降曲率较大的部位,如图 5.15b 所示。

　　为减小不均匀沉降带来的危害,可以设置沉降缝将建筑物从屋盖到基础全部断开,形成若干独立单元,使各单元独立沉降而不致相互影响而产生裂缝。通常沉降缝设置在地基土压缩性有明显差异处,房屋高度或荷载差异较大处以及分期建设的房屋交界处。除此之外,在进行结构设计时,也应该采用合理的建筑体型,避免立面高低变化过大,合理安排承重墙,并可以考虑在基础顶面设置一道圈梁。

B 圈梁

圈梁是指沿着房屋外墙和部分或全部的内墙设置的连续封闭的钢筋混凝土或钢筋砖梁箍，如图5.16所示。圈梁对增强房屋整体刚度，防止由于地基不均匀沉降或较大振动荷载对房屋引起的不利影响有着重要作用。圈梁可以增强纵墙的联系，提高墙、柱稳定性，调整房屋的不均匀沉降，提高房屋的整体性。

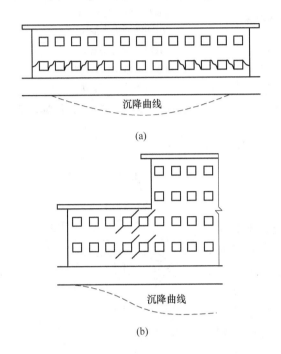

(a)

(b)

图5.15 地基不均匀沉降引起的墙体裂缝   图5.16 圈梁、构造柱示意图

厂房、仓库、食堂等空旷单层房屋应按下列规定设置圈梁：（1）砖砌体结构房屋，檐口标高为5～8m时，应在檐口标高处设置圈梁一道；当檐口标高大于8m时，应增加设置数量；（2）砌块及料石砌体房屋，檐口标高为4～5m时，应设置圈梁一道，当檐口标高大于5m时，应增加设置数量；（3）对有吊车或较大振动设备的单层工业房屋，除在檐口或窗顶标高处设置现浇钢筋混凝土圈梁外，尚应增加设置数量。

住宅、办公楼等多层砌体结构民用房屋，且层数为3～4层时，应在檐口标高处设置圈梁一道；当层数超过4层时，除应在底层和檐口标高处各设置一道圈梁外，至少应在所有纵、横墙上隔层设置。多层砌体工业房屋，应每层设置现浇混凝土圈梁。设置墙梁的多层砌体结构房屋，应在托梁、墙梁顶面和檐口标高处设置现浇钢筋混凝土圈梁。

C 构造柱

唐山大地震及大量试验研究表明，设置钢筋混凝土构造柱能对墙体起约束作用，提高其变形能力和抗剪能力。对多层砖房，应按照如表5.1所示的要求设置钢筋混凝土构造柱。

为保证混凝土构造柱与砖墙墙体间的连接，其连接处应砌成马牙槎，并沿墙体每隔500mm设置2根直径6mm的水平拉结钢筋，伸入墙体内不少于1m，如图5.17所示。

表 5.1　多层砖砌体房屋构造柱设置要求

房屋层数				设置部位	
6 度	7 度	8 度	9 度		
四、五	三、四	二、三	一	楼、电梯间四角、楼梯斜梯段上下段对应的墙体处；外墙四角和对应转角；错层部位横墙与外纵墙交接处；较大洞口两侧	隔 12m 或单元横墙与外纵墙交接处；楼梯间对应的另一侧内墙与外纵墙交接处
六	五	四	二		隔墙与外纵墙交接处；山墙与外纵墙交接处
七	≥六	≥五	≥三		内墙与外墙交接处；内横墙的局部较小墙垛处；内纵墙与横墙交接处

注：较大洞口、内墙指不小于 2.1m 的洞口；外墙在内外墙交接处已设置构造柱时应允许适当放宽，但洞侧墙体应加强。

　　单层及多层结构也有采用钢筋混凝土框架结构或钢结构，其结构特点详见下节介绍。

5.2.2　高层及超高层结构

　　高层结构建筑在国外已有 110 多年的历史，随着钢材的大量应用，1883 年第一幢钢结构高层建筑在美国芝加哥拔地而起。第二次世界大战后，由于地价的上涨和人口的迅速增长，以及对高层及超高层建筑的结构体系的研究日趋完善、计算技术的发展和施工技术水平的不断提高，使高层和超高层建筑迅猛发展。钢筋混凝土结构在超高层建筑中由于自重大，柱子所占的建筑面积比率越来越大，在超高层建筑中采用钢筋混凝土结构受到质疑；同时高强度钢材应运而生，在超高层建筑中采用部分钢结构或全钢结构的理论研究与设计建造同步前进。

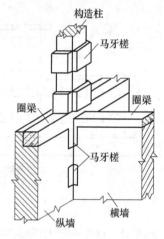

图 5.17　构造柱与墙体的连接

　　对于高层及超高层建筑的划分，建筑设计规范、建筑抗震设计规范、建筑防火设计规范没有一个统一规定，一般认为建筑总高度超过 24m 为高层建筑，建筑总高度超过 100m 为超高层建筑。

　　高层建筑能够节约城市土地，缩短公共设施和市政管网的开发周期，加快城市建设，高层建筑的开发在许多国家方兴未艾。高层建筑具有以下特点：

　　（1）占地面积小，可获得的建筑面积多，从而提供更多空闲场地用做绿化；

　　（2）结构设计中水平荷载起控制作用（风荷载和地震作用），如果其侧向位移过大，将导致承重构件或非承重构件损坏；

　　（3）对城市造成热岛效应或影响周边采光，玻璃幕墙可能造成光污染现象；

　　（4）竖向交通和防火要求导致工程造价较高。

　　按照建筑使用功能的要求、建筑高度的不同以及拟建场地的抗震设防烈度以经济、合理、安全、可靠的设计原则，高层建筑的结构体系一般分为六大类：框架结构体系、剪力墙结构体系、框架—剪力墙结构体系、框支剪力墙结构体系、筒体结构体系、巨型框架结构体系。

5.2.2.1 框架结构

框架结构是指由横梁和柱子以刚接或者铰接相连接而成的结构，即由梁和柱组成框架，共同抵抗使用过程中出现的水平荷载和竖向荷载。此时，结构的房屋墙体不承受荷载，仅起到围护和分隔作用，一般用预制的加气混凝土、膨胀珍珠岩、空心砖或多孔砖、浮石、蛭石、陶粒等轻质板材等材料砌筑或装配而成。

框架建筑可提供灵活的空间分隔，自重轻，节省材料；而且框架结构的梁、柱构件易于标准化、定型化，便于采用装配整体式结构，可有效缩短施工工期；尤其采用现浇混凝土框架时，结构的整体性、刚度较好，设计处理好也能达到较好的抗震效果，而且可以把梁或柱浇注成各种需要的截面形状，如图 5.18 所示。

图 5.18　框架结构

但是，框架结构体系属柔性结构框架，在强烈地震作用下，结构可产生较大水平位移，易造成严重的非结构性破坏；而且框架是由梁柱构成的杆系结构，其承载力和水平刚度都较低，其受力特点类似于竖向悬臂梁，其总体水平位移上大下小，发生的变形基本为剪切型变形。由于框架结构的侧向刚度小，当高度大、层数相当多时，结构底部各层不但柱的轴力很大，而且梁和柱由水平荷载所产生的弯矩和整体的侧移亦显著增加，从而导致截面尺寸和配筋增大，对建筑平面布置和空间处理，就可能带来困难，影响建筑空间的合理使用，在材料消耗和造价方面，也趋于不合理，故一般适用于建造不超过 15 层的房屋。

在抗震设计时，除了保证框架结构各梁、柱截面的延性外，还必须遵守"强柱弱梁、强剪弱弯、强节点弱构件"的设计原则。

（1）强柱弱梁。"强柱弱梁"型框架结构，梁与柱的交界处的梁端最容易出现破坏，形成塑性铰，如图 5.19a 所示。当部分甚至全部梁端均出现塑性铰时，框架结构仍能继续承受荷载，而不会发生倒塌。而对于"强梁弱柱"型的框架结构，破坏首先出现在柱端，当某层柱的上、下端均出现塑性铰时，该层即成为几何可变体系，进而引起上部结构的倒塌，如图 5.19b 所示。

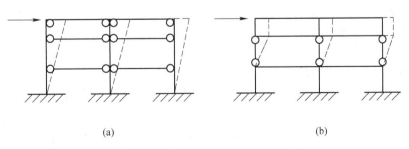

(a) (b)

图 5.19　框架结构的破坏类型

（a）强柱弱梁；（b）强梁弱柱

（2）强剪弱弯。当钢筋混凝土梁或偏心受压柱发生剪切破坏时，其破坏是突然的脆性破坏。而当钢筋混凝土梁或偏心受压柱发生弯曲破坏时，其破坏为延性破坏，可以吸收较多的地震能量。因此，将框架结构设计为"强剪弱弯"型，可以控制构件发生弯曲破坏，而不发生剪切破坏。

（3）强节点弱构件。在框架结构中，梁、柱的节点是保证梁、柱共同工作的关键。因而，只有保证节点的承载力，才能使各梁、柱的承载力得到充分的发挥。因此，在设计中应保证节点不会先于梁、柱发生破坏。

5.2.2.2 剪力墙结构

剪力墙结构是用钢筋混凝土墙板来代替框架结构中的梁柱，能承担各类荷载引起的内力，并能有效控制结构的水平力。钢筋混凝土墙板能承受竖向和水平力，它的刚度很大，空间整体性好，房间内不外露梁、柱棱角，便于室内布置，方便使用。剪力墙结构形式是高层住宅采用最为广泛的一种结构形式。

剪力墙结构的承重结构全部为纵横向的结构墙，其受力状态如图 5.20 所示。当墙体处于建筑物中合适的位置时，它们能形成一种有效抵抗水平作用的结构体系。结构墙的高度一般与整个房屋的高度相等，自基础直至屋顶，高达几十米或 100 多米；其宽度则视建筑平面的布置而定。相对而言，剪力墙的厚度很薄，一般仅为 200 ~ 300mm，最小可达 160mm。因此，结构墙在其墙身平面内的抗侧移刚度很大，而其墙身平面外刚度却很小，一般可以忽略不计。所以，建筑物上大部分的水平作用或水平剪力通常被分配到结构墙上，这也是剪力墙名称的由来。

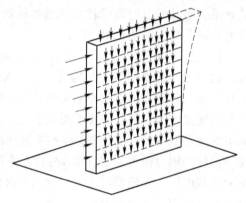

图 5.20 剪力墙受力状态

事实上，剪力墙这个叫法是不太合适的。剪力墙结构抗侧刚度较大，发生的变形基本为弯曲型变形。此种变形由正应力引起，变形时一侧受拉一侧受压。因此在一些高层设计的相关书籍中，更愿意称其为结构墙。

剪力墙因此也具有其显著特点：

（1）剪力墙是建筑物的分隔墙和围护墙，因此墙体的布置必须同时满足建筑平面布置和结构布置的要求。

（2）剪力墙结构体系，有很好的承载能力，而且有很好的整体性和空间作用，与框架结构相比有更好的抗侧力能力。

（3）剪力墙的间距有一定限制，故不可能开间太大，灵活性差，无法满足对大空间的需要。一般适用住宅、公寓和旅馆。

（4）剪力墙结构的楼盖结构一般采用平板，可以不设梁，所以空间利用比较好，可节约层高。

针对剪力墙结构的受力特点，在进行剪力墙的布置时应尽量做到结构受力合理，传力途径简洁明了，减少或避免应力集中。

剪力墙应沿结构的主要轴线布置，如图 5.21 所示。当结构为矩形和 T 形时，剪力墙沿纵横向布置；当结构平面为三角形、Y 形时，剪力墙应按相应的三个方向布置；当结构平面为多边形、圆形和弧形时，剪力墙沿环向和径向布置。

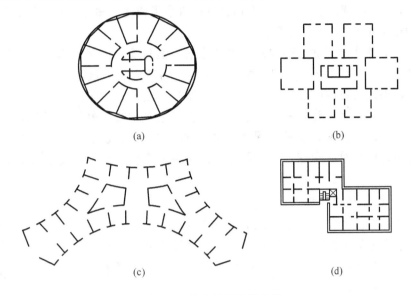

(a)

(b)

(c)

(d)

图 5.21　剪力墙结构的布置

此外，还要求剪力墙应尽量分布均匀、规则，对直；竖向贯通建筑物的全高，不宜突然取消或中断；当顶层取消部分剪力墙以形成较大空间时，应将延伸到顶的剪力墙予以加强。剪力墙上开设较大洞口时，洞口位置应上下对齐，成列布置，避免错动设置，防止出现应力集中，引起墙体剪切破坏。

5.2.2.3　框架-剪力墙结构

框架-剪力墙结构也称框剪结构，是由框架和剪力墙共同作为承重结构的受力体系，如图 5.22 所示。这种结构是在框架结构中布置一定数量的剪力墙，构成灵活自由的使用空间，满足不同建筑功能的要求，同时又有足够的剪力墙，有相当大的侧向刚度。框剪结构中的剪力墙可以单独设置，也可以利用电梯井、楼梯间、管道井等墙体。因此，这种结构已被广泛地应用于各类房屋建筑。

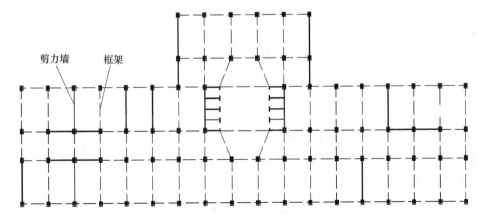

剪力墙　框架

图 5.22　框架-剪力墙结构

框架结构的变形是剪切型，上部层间相对变形小，下部层间相对变形大。剪力墙结构的变形为弯曲型，上部层间相对变形大，下部层间相对变形小。对于框剪结构，由于两种结构协同工作变形协调，形成了弯剪变形，从而减小了结构层间的相对位移比和顶点位移比，使结构的侧向刚度得到了提高。

在结构抗震设计中，框剪结构的剪力墙是第一道防线，框架为第二道防线。历次震害调查表明，对于钢筋混凝土框架-剪力墙结构，当剪力墙数量增多时，建筑物的震害将减轻。但如果建筑物的刚度太大，自振周期很短，地震作用将加大，不仅使上部结构的尺寸增大，耗费更多的建筑材料，还给基础设计带来困难。另外，当剪力墙的数量达到一定数量之后，即使剪力墙的数量再继续增加，框架所耗费的材料也不会减少。因此，剪力墙的合理数量，应综合框架刚度、建筑物的高度、地震烈度以及场地类别等因素优化考虑。

5.2.2.4　框支剪力墙结构

框支剪力墙指的是结构中的局部或部分剪力墙因建筑要求不能落地，直接落在下层框架梁上，再由框架梁将荷载传至框架柱上，这样的梁就叫框支梁，柱就叫框支柱，上面的墙就叫框支剪力墙，如图 5.23 所示。

框支剪力墙中框架结构和剪力墙的受力比较复杂，两种结构体系在水平荷载下的变形规律完全不同。框架的侧移曲线是剪切型，而剪力墙的侧移曲线是弯曲型，使得框支剪力墙结构的侧移曲线既不是剪切型，也不是弯曲型，而是一种弯、剪混合型，简称弯剪型。

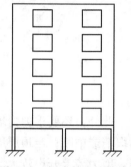

图 5.23　框支剪力墙结构

框支剪力墙常常用于需要底层或底部几层提供大空间的沿街商住两用住宅。

5.2.2.5　筒体结构

筒体结构是由框架-剪力墙结构与全剪力墙结构综合演变而发展起来的。筒体结构是将核心筒或框筒集中到房屋的内部和外围而形成的空间封闭式的筒体。核心筒一般由电梯间、楼梯间和设备管道周围的钢筋混凝土墙组成。框筒是由布置在建筑物四周的密集的立柱组成。

筒体结构如同一个固定于基础顶面的筒形悬臂梁。它不仅可以抵抗弯矩或剪力，而且可以抵抗扭矩，是一种整体刚度很大的空间结构体系。其特点是剪力墙集中而获得较大的自由分割空间，适用于平面或竖向布置繁杂、水平荷载大的多功能、多用途的超高层建筑中。

按照筒体结构的平面布置和抗侧力结构的布置，筒体结构可分为筒体-框架、框筒、筒中筒、束筒四种结构。

（1）筒体-框架结构。其结构体系的中心为由电梯井、楼梯间和管道井等构成的抗剪薄壁筒，外围为普通框架，如图 5.24 所示。此时内筒作为主要的抗侧力结构，而将框架仅作为承受竖向荷载的结构。

（2）框筒结构。由结构外围的密柱框筒和内部的普通框架柱组成的结构，称之为框筒结构，如图 5.25 所示。此时，水平荷载由框筒结构承担，房屋中间的柱子仅承受竖向荷载。

（3）筒中筒结构。中央为薄壁筒，外围为框筒组成的结构，称为筒中筒结构，如图 5.26 所示。这种结构的内筒和外筒的刚度都很大，并通过各层楼盖把内筒、外筒联结成整体，共同承担水平力。

（4）束筒结构。由若干个筒体并列连接为整体的结构（见图 5.27）。

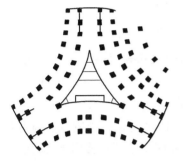 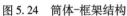 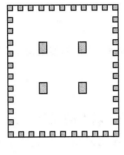 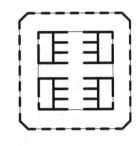

图 5.24　筒体-框架结构　　　　图 5.25　框筒结构　　　　图 5.26　筒中筒结构图

5.2.2.6　巨型框架结构体系

巨型框架结构体系是由巨型框架和次级框架（楼层框架）组成，如图 5.28 所示。巨型框架是以电梯间、楼梯间和设备管线井道等形成的井筒作为巨型框架柱，以每隔 6~10 层设置的大截面梁作为巨型框架梁而形成的具有强大侧移刚度和承载力的结构。次级框架是支承于巨型框架上的多层框架结构，位于各大梁之间的各个次级框架是相互独立的，因而柱网的形式和尺寸均可互不相同，甚至可以全部在其顶层楼盖处终止，从而形成一个扩大到整个楼面的无柱大空间，用作大会议室或展览厅。

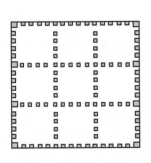 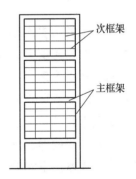

图 5.27　束筒结构　　　　图 5.28　巨型框架结构体系

巨型框架结构体系具有宽阔的使用空间，建筑布置灵活，能够满足建筑多功能的要求，适用于高层住宅、旅馆以及高层和超高层办公楼，有着广阔的应用前景。

除上述结构体系以外，还有其他多种结构体系，如悬挂式结构体系、竖向桁架结构体系和伸臂承托式结构体系，如图 5.29（a）、（b）、（c）所示。

高层和超高层建筑在结构设计中除采用钢筋混凝土结构外，还采用型钢混凝土结构，钢管混凝土结构和全钢结构。钢结构有很多优点，但其缺点是导热系数大，耐火性差。随着冶金技术的提高，耐火钢的研究成功并投入生产，为钢结构的进一步发展创造了条件。

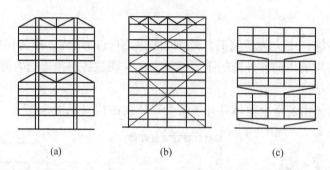

(a)   (b)   (c)

图 5.29 　悬挂式结构体系、竖向桁架结构体系和伸臂承托式结构体系

5.2.3 　大跨度结构

大跨度建筑通常是指跨度在 60m 以上的建筑，主要用于民用建筑的影剧院、体育场馆、展览馆、大会堂、航空港以及其他大型公共建筑。在工业建筑中则主要用于飞机装配车间、飞机库和其他大跨度厂房。大跨度建筑结构包括网架结构、网壳结构、悬索结构、膜结构、薄壳结构等基本空间结构及各类组合空间结构。

大跨度建筑在古代罗马已经出现，如公元 120～124 年建成的罗马万神庙，呈圆形平面，穹顶直径达 43.3m，用天然混凝土浇筑而成，是罗马穹顶技术的光辉典范。在万神庙之前，罗马最大的穹顶是公元 1 世纪阿维奴斯地方的一所浴场的穹顶，直径大约 38m。然而大跨度建筑真正得到迅速发展还是在 19 世纪后半叶以后，特别是第二次世界大战后的几十年中。例如，1889 年为巴黎世界博览会建造的机械馆，跨度达到 115m，采用三铰拱钢结构；1912～1913 年，波兰布雷斯劳建成的百年大厅直径为 65m，采用钢筋混凝土肋穹顶结构。

大跨度建筑发展的历史比起传统建筑毕竟是短暂的，它们大多为公共建筑，人流集中，占地面积大，结构跨度大，从总体规划、个体设计到构造技术都提出了许多新的研究课题，需要建筑工作者去探究。

5.2.3.1 　拱券及穹隆结构

古代建筑室内空间的扩大是和拱结构的演变发展紧密联系着的，从建筑历史发展的观点来看，包括各种形式的券、筒形拱、交叉拱、穹隆在内的所有拱结构的变化和发展，都是人类为了谋求更大室内空间的产物。券拱技术是罗马建筑最大的特色及成就，它对欧洲建筑做出了巨大的贡献。罗马建筑典型的布局方法、空间组合、艺术形式和风格以及某些建筑的功能和规模等都与拱券结构有密切联系。

拱形结构在承受荷重后除产生重力外还要产生横向的推力，为保持稳定，这种结构必须要有坚实、宽厚的支座。例如，以筒形拱来形成空间，反映在平面上必须有两条互相平行的厚实的侧墙，拱的跨度越大，支承它的墙则越厚。为了克服这种局限，在长期的实践中人们又在单向筒形拱的基础上，创造出一种双向交叉的筒形拱。而之后为了建筑的发展又创造出了穹隆结构。穹隆结构也是一种古老的大跨度结构形式，早在公元前 14 世纪建造的阿托雷斯宝库所运用的就是一个直径为 14.5m 的叠涩穹隆。到了罗马时代，半球形的穹隆结构已被广泛地运用于各种类型的建筑，其中最著名的是潘泰翁神庙。神殿的直径为

43.3m，其上部覆盖的是一个由混凝土做成的穹隆结构，见图5.30。

图5.30　潘泰翁神庙

5.2.3.2　桁架与网架结构

桁架也是一种大跨度结构。在古代，就有用木材做成的各种形式的构架作为屋顶结构的，但是符合力学原理的新型桁架的出现却是现代的事。桁架结构虽然可以跨越较大的空间，但是由于它自身具有一定的高度，而且上弦一般又呈两坡或曲线的形式，所以只适合作屋顶结构，如图5.31所示。

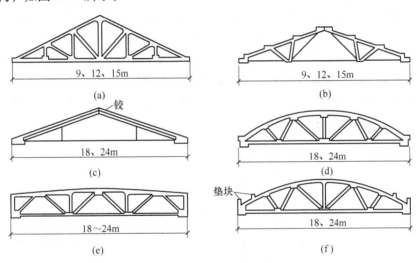

图5.31　常见屋架桁架结构形式

网架结构也是一种新型大跨度空间结构，如图5.32所示。它具有刚度大、变形小、应力分布均匀、能大幅度地减轻结构自重和节省材料等优点。网架结构可以用木材、钢筋混凝土或钢材来做，并且具有多种多样的形式，使用灵活方便，可适应于多种形式的建筑平面的要求。国内外许多大跨度公共建筑或工业建筑均普遍地采用这种新型的大跨度空间结构来覆盖巨大的空间。

网架结构像框架结构一样，承重系统与非承重系统有明确的分工，即支承建筑空间的骨架是承重系统，而分割室内外空间的围护结构和轻质隔断，是不承受荷载的。在网架结构体系下，室内空间常依照功能要求进行分隔，可以是封闭的，也可以是半封闭或开

图 5.32　网架结构

敞的。

当今，空间平板网架结构在我国已有较大发展，而由于网架结构多采用金属管材制造，能承受较大的纵向弯曲力，与一般钢结构相比，可节约大量钢材和降低施工费用。因此，空间网架的结构形式，用于大跨度建筑具有很大的经济意义。另外，由于空间平板网架具有很大的刚度，所以结构高度不大，这对于大跨度空间造型的创作，具有无比的优越性。

5.2.3.3　壳体结构

壳体结构按其受力情况不同可以分为折板、单曲面壳和双曲面壳等多种类型。在实际应用中，壳体结构的形式更是丰富多彩的。例如，悉尼歌剧院（见图 5.33），其外观为三组巨大的壳片，耸立在一南北长 186m、东西最宽处为 97m 的现浇钢筋混凝土结构的基座上。而壳体结构既可以单独使用又可以组合起来使用；既可以用来覆盖大面积空间，又可以用来覆盖中等面积的空间；既适合方形、矩形平面要求，又可以适应圆形平面、三角形平面，乃至其他特殊形状平面的要求。

图 5.33　悉尼歌剧院

因为壳体结构属于高效能空间薄壁结构范畴，可以适应于力学要求的各种曲线形状，所以其承受弯曲及扭转的能力远比平面结构系统大。另外，因结构受力均匀，因而可充分发挥材料的材耗，所以壳体结构体系非常适用于大跨度的各类建筑。

5.2.3.4　悬索结构

由于钢的强度很高，很小的截面就能够承受很大的拉力，因而在 20 世纪初就开始用钢索来悬吊屋顶结构。悬索在均匀荷载作用下必然下垂而呈悬链曲线的形式，索的两端不仅会产生垂直向下的压力，而且还会产生向内的水平拉力。单向悬索的稳定性很差，特别是在风力的作用下，容易产生振动和失稳。为了提高结构的稳定性和抗风能力，可以采用双层悬索或双向悬索。双层悬索结构索分上下两层，下层索承受屋顶全部荷载，为承重索；上层索起稳定作用，为稳定索，如图 5.34 所示。这种形式的悬索结构承重索与稳定索具有相反的弯曲方向，两种索交织成索网，经过预张拉后形成整体，具有良好的稳定性和抗风能力。

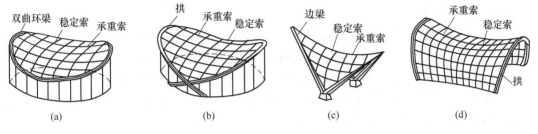

图 5.34　双向悬索体系

　　悬索结构具有跨度大、自重轻、用料省的特点，而且其平面形式多样，可覆盖矩形平面、圆形、椭圆、正方形、菱形乃至其他不规则平面的空间，使用的灵活性大、范围广。而且由多变的曲面所形成的内部空间既宽大宏伟又富有运动感，可以为建筑形体和立面处理提供新的可能性。

　　在大跨度结构建筑选型时，悬索结构由于没有繁琐支撑体系的屋盖结构选型，所以该种结构是较为理想的形式。在荷载作用下，悬索结构体系能承受巨大的拉力，因此要求设置能承受较大压力的构件与之相平衡。

5.2.3.5　膜结构

　　膜结构建筑是 21 世纪最具代表性与充满前途的建筑形式。打破了纯直线建筑风格的模式，以其独有的优美曲面造型，简洁、明快、刚与柔、力与美的完美组合，呈现给人以耳目一新的感觉，同时给建筑设计师提供了更大的想象和创造空间。

　　膜结构是空间结构中最新发展起来的一种类型，它采用性能优良的织物为材料，或是向膜内充气，由空气压力支撑膜面，或是利用柔性钢索或刚性骨架将膜面绷紧，从而形成具有一定刚度并能覆盖大跨度结构体系。膜结构既能承重又能起围护作用，与传统结构相比，其重量却大大减轻，仅为一般屋盖重量的 1/10 ~ 1/30。

5.2.4　特种结构

5.2.4.1　烟囱

　　烟囱是最古老、最重要的防污染装置之一。当把"火"带进室内做饭和取暖时，烟也随之而入。为解决这一问题，人们设法在屋顶和墙壁上开些通气孔，以此来驱除屋内的烟雾，由此而形成早期的烟囱。现代烟囱按建筑材料类型可分为砖烟囱、钢筋混凝土烟囱和钢烟囱三类。

　　砖烟囱的高度一般不超过 50m，多数为圆截面，用普通黏土砖和水泥石灰砂浆砌筑。

　　钢筋混凝土烟囱多用于高度超过 50m 的烟囱，一般采用滑模施工。钢筋混凝土烟囱按内衬布置方式的不同，可分为单筒式、双筒式和多筒式。优点是自重小、造型美观，整体性好、抗风、抗震性好，施工简便，维修量小。

　　钢烟囱自重小，有韧性，抗震性能好，适用于地基差的场地，但耐腐蚀性差，需经常维护。钢烟囱按其结构可分为拉线式、自立式和塔架式。

目前，中国最高的单筒式钢筋混凝土烟囱为210m。最高的多筒式钢筋混凝土烟囱是秦岭电厂212m高的四筒式烟囱。现在世界上已建成的高度超过300m的烟囱达数十座，例如，米切尔电站的单筒式钢筋混凝土烟囱高达368m。

5.2.4.2 水塔

水塔，是用于储水和配水的高耸结构，用来保持和调节给水管网中的水量和水压。主要由水柜、基础和连接两者的支筒或支架组成。在工业与民用建筑中，水塔是一种比较常见而又特殊的建筑物。它的施工需要特别精心和讲究技艺，如果施工质量不好，轻则造成永久性渗漏水，重则报废不能使用。水塔按建筑材料分为钢筋混凝土水塔、钢水塔、砖石塔身与钢筋混凝土水箱组合的水塔。

水柜可用钢丝网水泥、玻璃钢和木材建造。按水柜形式分为圆柱壳式和倒锥壳式。在我国这两种形式应用最多，此外还有球形、箱形、碗形和水珠形等多种。支筒一般用钢筋混凝土或砖石做成圆筒形。支架多数用钢筋混凝土刚架或钢构架。水塔基础有钢筋混凝土圆板基础、环板基础、单个锥壳与组合锥壳基础和桩基础。当水塔容量较小、高度不大时，也可用砖石材料砌筑的刚性基础。

过去欧洲曾建造过一些具有城堡式外形的水塔。法国有一座多功能的水塔，在最高处设置水柜，中部为办公用房，底层是商场。我国也有烟囱和水塔合建在一起的双功能构筑物，是对排出的油烟进行降温，达到油水大量凝结，尽量少排放到大气中，是环保部门要求的一项措施。

5.2.4.3 筒仓

根据所用的材料，筒仓可做成钢筋混凝土筒仓、钢筒仓和砖砌筒仓。钢筋混凝土筒仓又可分为整体式浇筑和预制装配、预应力和非预应力的筒仓。我国目前应用最广泛的是整体浇筑的普通钢筋混凝土筒仓。

贮存散装物料的仓库，分农业筒仓和工业筒仓两大类。农业筒仓用来贮存粮食、饲料等粒状和粉状物料；工业筒仓用以贮存焦炭、水泥、食盐、食糖等散装物料。机械化筒仓的造价一般比机械化房式仓的造价高1/3左右，但能缩短物料的装卸流程，降低运行和维修费用，消除繁重的袋装作业，有利于机械化、自动化作业，因此已成为最主要的粮仓形式之一。

筒仓宜建在交通方便、处于居住建筑和公共建筑下风向的干燥地段，具备与供水、排水、供热、供电等线路相连的可能性；为防止钢板锈蚀，不宜临海设置。筒仓的设计与施工除保证仓壁强度符合所需要求外，还应使筒仓内壁平整光滑，便于物料装卸；布局应合理，以节省占地面积。

5.2.4.4 电视塔

电视塔是由塔基础、塔体、塔楼、桅杆组成，用于广播电视发射传播的建筑。为了使播送的范围大，电视塔愈建愈高，经常成为城市中最高的建筑。由于它的外形千姿百态，也常常成为城市中的一个标志性建筑。现在的电视塔已经不单是播放电视，还能上去游览，有些电视塔上面设有旋转餐厅，已和旅游事业结合在一起，成为一种多用途的塔。

电视塔的构造除了满足广播电视天线对结构的工艺要求以外，还需造型美观，与周围环境相协调。电视发射塔的截面形状有三角形、四边形、六边形、八边形等不同形状。根据实际需要，结合建筑艺术及环境要求，合理选择设计建设发射塔。

5.3 建筑防火

5.3.1 建筑防火构造

按我国现行《建筑设计防火规范》的要求，按建筑常用结构类型的耐火能力划分为四个耐火等级（高层建筑必须为一或二级）。建筑的耐火能力取决于构件的耐火极限和燃烧性能，在不同耐火等级中对二者分别作了规定。构件的耐火极限主要是指构件从受火的作用起，到被破坏（如失去支承能力等）为止的这段时间（按小时计）。构件的材料依燃烧性能的不同有燃烧体（如木材等）、难燃烧体（如沥青混凝土、刨花板）和非燃烧体（如砖、石、金属等）之分。

建筑物应根据其耐火等级来选定构件材料和构造方式。如一级耐火等级的承重墙、柱须为耐火极限 3 小时的非燃烧体（如用砖或混凝土作成 180mm 厚的墙或 300×300mm 的柱），梁须为耐火极限 2 小时的非燃烧体，其钢筋保护层须厚 30mm 以上。设计时须保证主体结构的耐火稳定性，以赢得足够的疏散时间，并使建筑物在火灾过后易于修复。隔墙和吊顶等应具有必要的耐火性能，内部装修和家具陈设应力求使用不燃或难燃材料，如采用经过防火处理的吊顶材料和地毯、窗帘等，以减少火灾发生和控制火势蔓延。

（1）防火间距和防火分区。

1）防火间距：为防止火势通过热辐射等方式蔓延，建筑物之间应保持一定间距。建筑耐火等级越低越易遭受火灾的蔓延，其防火间距应加大；

2）防火分区：建筑中为阻止烟火蔓延必须进行防火分区，即采用防火墙，防火门窗，防火卷帘等把建筑划为若干区域。

（2）安全疏散和通风排烟。

1）安全疏散：限制使用严重影响疏散的建筑材料，保证安全的避难场所，保证安全的疏散通道，布置合理的安全疏散路线；

2）通风排烟：应按情况安排自然排烟或机械排烟设施。利用自然作用力的排烟称为自然排烟；利用机械（风机）作用力的排烟称机械排烟。

（3）报警系统和灭火装置。一般建筑起火后约 10~15min 开始蔓延，可通过电话等人工报警和使用消火栓灭火。在大型公共建筑、高层建筑、地下建筑以及起火危险性大的厂房、库房内，应设置自动报警装置和自动灭火装置。前者的探测器有感温、感烟和感光等多种类型；后者主要为自动喷水设备，不宜用水灭火的部位可采用二氧化碳、干粉或卤代烷等自动灭火设备。设有自动报警装置和自动灭火装置的建筑应设消防控制中心，对报警、疏散、灭火、排烟及防火门窗、消防电梯、紧急照明等进行控制和指挥。

（4）防火墙与防火门。

1）防火墙：能在火灾初期和扑救火灾过程中，将火灾有效地限制在一定空间内，阻断在防火墙一侧而不蔓延到另一侧。

2）防火门：一般为疏散门或安全出口。防火门既是保持建筑防火分隔完整的主要物体之一，又常是人员疏散经过疏散出口或安全出口时需要开启的门。因此，防火门的开启方式、方向等均应满足紧急情况下人员迅速开启、快捷疏散的需要。

5.3.2　建筑消防

为防火势扩大，建筑物内部还得用主动灭火方式控制火灾，需按规定配备足够的灭火设备。灭火系统和设备的适用范围依据灭火剂的不同而不同。凡是能够有效破坏燃烧条件，使燃烧终止的物质，统称为灭火剂。灭火剂按灭火原理可分为物理灭火剂（如水、泡沫、二氧化碳等）、化学灭火剂（如干粉、卤代烷等）；按物质形态可分为气体灭火剂（如二氧化碳、卤代烷等）、固体灭火剂（如干粉等）和液体灭火剂（水、泡沫等）。根据灭火剂和灭火原理的不同，建筑消防灭火系统可分为：室内（外）消火栓给水系统、自动喷水灭火系统、气体灭火系统、泡沫灭火系统等。

建筑消防的系统主要由以下几个部分构成：火灾自动探测报警系统；建筑灭火系统（消火栓灭火系统，水喷淋灭火系统，细水雾灭火系统，化学剂灭火系统）；防排烟系统。

5.4　建筑施工

建筑施工是指工程建设实施阶段的生产活动，是各类建筑物的建造过程，也可以说是把设计图纸上的各种线条，在指定的地点变成实物的过程。建筑工程施工是将设计者的思想、意图及构思转化为现实的过程。从古代穴居巢处到今天的摩天大楼；从农村的乡间小道到都市的高架道路；从穿越地下的隧道到飞架江海大桥，凡要将人们的设想（设计）变为现实，都需要通过"施工"的手段来实现。结构工程施工主要包括砌体工程、钢筋混凝土工程、结构安装工程。

5.4.1　砌筑工程

砌筑基本质量要求是：横平竖直、砂浆饱满、灰缝均匀、上下错缝、内外搭砌、接槎牢固。要达到砌筑的基本质量要求，就必须按照规范的施工工艺来进行，普通墙体砌筑工序包括：抄平→放线→摆砖样→立皮数杆→立头角、挂线→铺灰、砌砖、勾缝等工序。

（1）抄平。砌砖墙前，先在基础面或楼面上按标准的水准点定出各层标高，并用水泥砂浆或 C10 细石混凝土找平。

（2）放线。底层墙身按龙门板上轴线定位钉为准，拉线、吊线锤，将墙身中心轴线投放至基础顶面，并据此弹出墙身边线及门窗洞口位置。楼层墙身的放线，应利用预先引测在外墙面上的墙身中心轴线，用经纬仪或线锤向上引测。

（3）摆砖样。按选定的组砌方法，在墙基顶面放线位置试摆砖样（生摆，即不铺灰），尽量使门窗垛符合砖的模数，偏差小时可通过竖缝调整，以减小斩砖数量，并保证砖及砖缝排列整齐、均匀，以提高砌砖效率。

（4）立皮数杆。立皮数杆可控制每皮砖砌筑的竖向尺寸，并使铺灰、砌砖的厚度均匀，保证砖皮水平（见图 5.35）。皮数杆标有砖的皮数、灰缝厚度及门窗洞、过梁、楼板的标高。它立于墙的转角处，其基准标高用水准仪校正。如墙很长，可每隔 10～20m 再立一根。

（5）立头角、挂线。砌砖通常先在墙角以皮数杆进行盘角，然后将准线挂在墙侧，作为墙身砌筑的依据，每砌一皮或两皮，准线向上移动一次。

（6）铺灰、砌砖。铺灰砌砖的操作方法很多，与各地区的操作习惯、使用工具有关。常用的砌砖工程施工方法有：挤浆法、刮浆法和满口灰法。操作工具北方多用大铲，南方多用泥（瓦）刀。为提高砌体的整体性、稳定性和承载力，砖块排列应遵循上下错缝的原则，避免垂直通缝出现，错缝或搭砌长度一般不小于60mm。实心墙体的组砌方法有"一顺一丁"、"三顺一丁"、"梅花丁"等方法（见图5.36）。

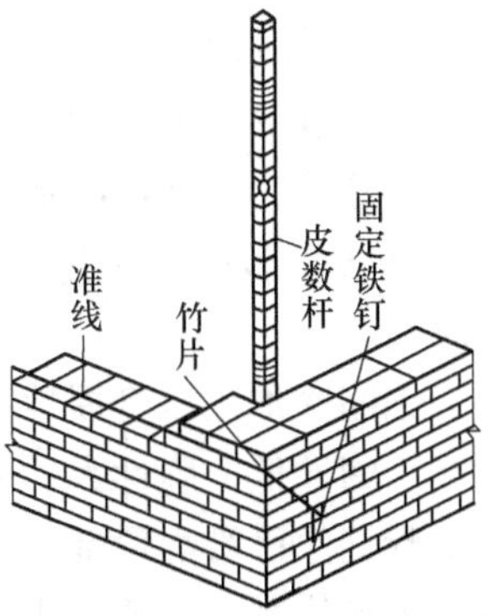

图 5.35 皮数杆示意图

5.4.2 钢筋混凝土工程

钢筋混凝土是建筑工程中被广泛采用并占主导地位的一种复合材料，它以性能优异、材料易得、施工方便、经久耐用而显示其巨大生命力。钢筋混凝土工程包括现浇混凝土结构施工与装配式预制混凝土构件施工两个方面。钢筋混凝土工程是由钢筋、模板、混凝土等多个工种组成的（见图5.37），由于施工过程多，因而要加强施工管理，统筹安排，合理组织，以达到保证质量、加速施工和降低造价的目的。

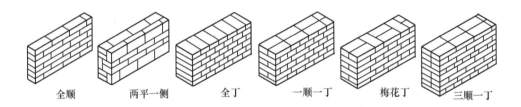

图 5.36 组砌形式

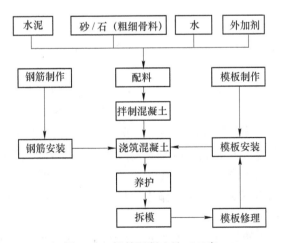

图 5.37 钢筋混凝土施工工序

5.4.2.1 钢筋工程

混凝土构件中布置钢筋可以加强构件强度，防止构件裂缝展开。由于混凝土浇筑后，钢筋质量难于检查，因此钢筋工程属隐蔽工程，需要在施工过程中对每道工序进行严格质量控制。工地上的钢筋工程主要包括：加工和连接两个方面。

A   钢筋加工

为了提高钢筋的强度，节约钢材，满足预应力钢筋的需要，工地上常采用冷加工方法以获得冷拉钢筋和冷拔钢丝。冷加工以超过原来钢筋屈服点强度的应力进行拉拔，使钢筋内部晶格变形而产生塑性变形，以达到提高钢筋屈服点强度和节约钢材为目的（见图 5.38）。

钢筋冷加工以延展性降低及残余应力增加来得到强度的提高，冷加工后的钢筋抗拉强度高、塑性低、脆性大，所以在实际应用中，需严格参照相应的行业标准。冷拉钢筋和冷拔低碳钢丝已被建设部列为限制使用技术而淘汰。冷拔低碳钢丝从 2005 年 1 月 1 日起不得作为结构受力钢筋使用。现在工地上钢筋冷加工主要以冷拔为主（见图 5.39）。

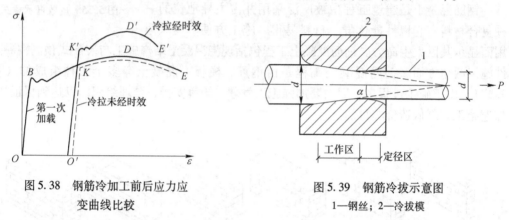

图 5.38   钢筋冷加工前后应力应
变曲线比较   图 5.39   钢筋冷拔示意图
                                                1—钢丝；2—冷拔模

B   钢筋连接

钢筋接头有三种常用连接方法：绑扎连接、焊接连接、机械连接（挤压连接和螺纹连接）。

（1）焊接连接。焊接连接可节约钢材、改善结构受力性能、提高工效、降低成本。常用的焊接方法可分为压焊（闪光对焊、电阻点焊、气压焊）和熔焊（电弧焊、电渣压力焊）。

闪光对焊是利用对焊机使两段钢筋接触，通过低电压的强电流，待钢筋被加热到一定温度变软后，进行轴向加压顶锻，形成对接焊头。闪光对焊具有成本低、质量好、工效高的优点，对焊工艺又分为连续闪光焊、预热闪光焊、闪光-预热-闪光焊三种。

电渣压力焊（简称竖焊）是利用电流通过渣池产生的电阻热将钢筋端部熔化，再施加压力使钢筋焊合。该工艺操作简单、工效高、成本低、比电弧焊接头节电80%以上，比绑扎连接和帮条焊节约钢筋30%。多用于施工现场直径 $\phi14 \sim 40mm$ 的竖向或斜向（倾斜度 4:1）钢筋的焊接接长。

电弧焊是利用弧焊机使焊条与焊件之间产生高温，电弧使焊条和电弧燃烧范围内的焊件熔化，待其凝固便形成焊缝或接头。

（2）机械连接。钢筋机械连接又称为"冷连接"，是继绑扎、焊接之后的第三代钢筋接头技术。具有接头强度高于钢筋母材、速度比电焊快5倍、无污染、节省钢材20%等优点。机械连接包括挤压连接和螺纹套管连接两种。

挤压连接是将两根待连接钢筋插入一个特制钢套管内，采用挤压机和压模在常温下对套管加压，使两根钢筋紧固成一体（见图5.40）。该工艺操作简单、连接速度快、安全可靠、无明火作业、不污染环境，钢筋连接质量优于钢筋母材的力学性能。螺纹套管连接是将两根待接钢筋的端部和套管预先加工成螺纹，然后用手和力矩扳手将两根钢筋端部旋入套筒形成机械式钢筋接头（见图5.41）。

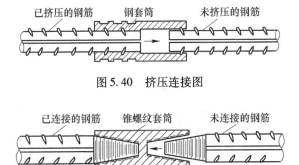

图5.40　挤压连接图

图5.41　螺纹套管连接

（3）绑扎连接。钢筋绑扎连接目前仍为钢筋连接的主要手段之一。钢筋绑扎是指两根钢筋相互有一定的重叠长度，用扎丝绑扎的连接方法，适用于较小直径的钢筋连接。一般用于混凝土内的加强筋网，经纬均匀排列，不用焊接，只需铁丝固定。

5.4.2.2　模板工程

模板是使混凝土构件按几何尺寸成型的模型板，施工中要求能保证结构和构件的形状、位置、尺寸的准确；具有足够的强度、刚度和稳定性；装拆方便能多次周转使用；接缝严密不漏浆。在混凝土结构施工中选用合理的模板形式、模板结构及施工方法，对加速混凝土工程施工和降低造价有显著效果。

模板系统的组成包括模板板块和支架两大部分。模板板块是由面板、次肋、主肋等组成。支架则有支撑、桁架、系杆及对拉螺栓等不同的形式。

模板按材料分，有木模板、竹模板、钢木模板、钢模板、塑料模板、铸铝合金模板、玻璃钢模板等。按工艺分，有组合模板、大模板、滑升模板、爬升模板、永久性模板以及飞模、模壳、隧道模等。

（1）组合模板。组合模板是一种工具式的定型模板，由具有一定模数的若干类型的板块、角模、支撑和连接件组成，拼装灵活，可拼出多种尺寸和几何形状，通用性强，适应各类建筑物的梁、柱、板、墙、基础等构件的施工需要，也可拼成大模板、隧道模和台模等。常用的组合钢模板包括平面模板、阴角模板、阳角模板和连接角模（见图5.42）。

（2）大模板。大模板是一种大尺寸的工具式模板，常用于剪力墙、筒体、桥墩的施工。由于一面墙用一块大模板，装拆均由起重机械吊装，故机械化程度高、减少用工量和缩短工期。大模板由面板、次肋、主肋、支撑桁架及稳定装置组成（见图5.43）。面板要求平整、刚度好；板面须喷涂脱模剂以利脱模。两块相对的大模板通过对销螺栓和顶部卡具固定；大模板存放时应打开支撑架，将板面后倾一定角度，防止倾倒伤人。

（3）滑升模板。滑升模板是一种工业化模板，用于现场浇筑高耸构筑物和建筑物等的

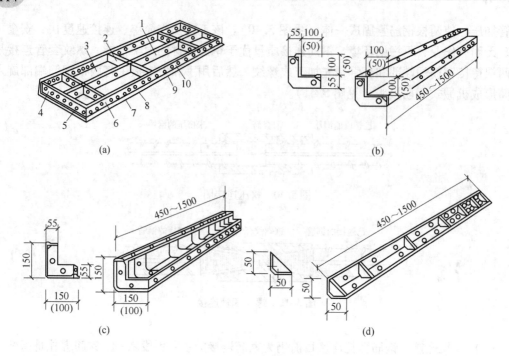

图 5.42　钢模板类型

（a）平面模板；（b）阳角模板；（c）阴角模板；（d）连接角模

1—中纵肋；2—中横肋；3—面板；4—横肋；5—插销孔；6—纵肋；7—凸棱；8—凸鼓；

9—U 形卡孔；10—钉子孔

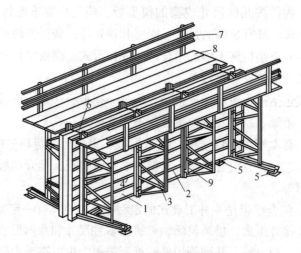

图 5.43　大模板构造

1—面板；2—次肋；3—支撑桁架；4—主肋；5—调整螺旋；6—卡具；

7—栏杆；8—脚手板；9—对拉螺栓

竖向结构，如烟囱、筒仓、高桥墩、电视塔、竖井、沉井、双曲线冷却塔和高层建筑等。滑升模板的施工特点：在构（建）筑物底部，沿其构件的周边组装滑升模板，随后向模板内地分层浇筑混凝土，同时用液压提升设备使模板不断沿支承杆向上滑升，直到需要浇筑的高度为止。滑升模板（见图 5.44）由模板系统、操作平台系统和液压系统三部分组成。

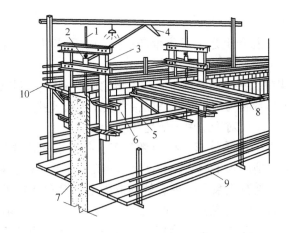

图 5.44　滑升模板构造

1—支承杆；2—液压千斤顶；3—油管；4—提升架；5—围圈；6—模板；
7—混凝土墙体；8—操作平台桁架；9—内吊脚手架；10—外脚手架

滑升模板的工作原理是将滑动模板（高 1.5～1.8m）通过围圈与提升架相连，固定在提升架上的千斤顶（35～120kN）通过支承杆（ϕ25 钢筋～ϕ48 钢管）承受全部荷载并提供滑升动力。滑升施工时，依次在模板内分层（30～45cm）绑扎钢筋、浇筑混凝土，并滑升模板。滑升模板时，整个滑模装置沿不断接长的支承杆向上滑升，直至设计标高；滑出模板的混凝土出模强度已能承受自重和上部新浇筑混凝土重量，保证出模混凝土不致塌落变形。

（4）爬升模板。爬升模板简称爬模，是施工剪力墙和筒体结构的混凝土结构高层建筑和桥墩、桥塔等的一种有效的模板体系，我国已推广应用。爬模有爬架爬模和无爬架爬模两类（见图 5.45）。

爬模的工作原理是以建筑物的钢筋混凝土墙体为支承主体，通过附着于已浇筑完成的钢筋混凝土墙体上的爬升支架或大模板，利用连接爬升支架与模板的爬升设备，使一方固定，另一方相对运动，交替向上爬升，以完成模板的爬升、下降、就位和校正等工作。

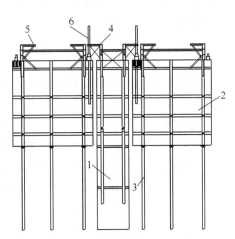

图 5.45　无爬架爬模的构造

1—甲型模板；2—乙型模板；3—背楞；
4—液压千斤顶；5—三角爬架；6—爬杆

5.4.2.3　混凝土工程

混凝土工程包括混凝土制备、运输、浇筑捣实和养护等施工过程，各个施工过程相互联系和影响，任一施工过程处理不当都会影响混凝土工程的最终质量，因此，在工程施工中应注意控制施工质量。

（1）制备。混凝土的制备主要包括混凝土的配料和搅拌。混凝土的配料是指将砂、水泥、石子、水按一定比例配置，以满足设计的混凝土强度要求。混凝土的搅拌按规定的搅拌制度在搅拌机中实现。

目前推广使用的商品混凝土是工厂化生产的混凝土制备模式。在商品混凝土制备工厂，大型搅拌站已实现了计算机控制自动化。

（2）运输。对于集中搅拌或商品混凝土，由于输送距离较长且输送量较大，为了保证被输送的混凝土不产生初凝和离析等降质情况，常应用混凝土搅拌输送车、混凝土泵或混凝土泵车等专用输送机械。而对于采用分散搅拌或自设混凝土搅拌点的工地，由于输送距离短且需用量少，一般可采用手推车、机动翻斗车、井架运输机或提升机等通用输送机械。混凝土运输方式分为地面水平运输、垂直运输和高空水平运输三种情况。

在众多运输方式中，混凝土泵是一种有效的混凝土运输和浇筑工具，它以泵为动力，沿管道输送混凝土，可以一次完成水平及垂直运输，将混凝土直接输送到浇筑地点，是一种高效的混凝土运输方法。输送泵可分为拖式泵（固定式泵）和车载泵（移动式泵）两大类。

（3）浇筑。混凝土浇筑过程包括浇灌与捣实，是混凝土工程施工的关键工序，直接影响混凝土的质量和整体性。混凝土浇筑应分层进行以使混凝土能够振捣密实。在下层混凝土凝结前，上层混凝土应浇筑振捣完毕。

（4）养护。混凝土浇筑成型后，应及时进行养护。养护的目的是为混凝土硬化创造必要的湿度、温度条件，防止水分过早蒸发或冻结，防止混凝土强度降低和出现收缩裂缝、剥皮起砂等现象，确保混凝土质量。混凝土养护包括人工养护和自然养护，现场施工多采用自然养护。

5.4.3　脚手架工程

砌筑用脚手架是砌体工程施工必须使用的重要设施，是为保证高处作业安全、顺利进行施工而搭设的工作平台或作业通道。施工中，都需要按照操作要求搭设脚手架。按其所用材料分为木脚手架、竹脚手架和金属脚手架；按其搭设位置分为外脚手架和里脚手架两大类。按搭设方法又可分为落地式脚手架、悬挑式脚手架、吊式脚手架和升降式脚手架等。目前脚手架的发展趋势是采用金属制作的、具有多种功能的组合式脚手架，可以适用不同情况作业的需要，所以在众多类型的脚手架中，扣件式脚手架、碗扣式脚手架和门式脚手架成为应用最广泛的三大类。

5.4.3.1　扣件式脚手架

扣件式脚手架是目前广泛应用的一种多立杆式脚手架，其不仅可用作外脚手架，还可用作里脚手架、满堂脚手架和支模架等。扣件式钢管脚手架由钢管、扣件和底座组成。扣件式钢管脚手架的基本构架形式如图5.46所示。

脚手架钢管为外径48mm、壁厚3.5mm的焊接钢管。扣件为可锻铸铁或玛钢扣件，其基本形式有三种（见图5.47）：用于垂直交叉杆件间连接的直角扣件，用于平行或斜交杆件间连接的旋转扣件以及用于杆件对接连接的对接扣件。

底座一般采用厚8mm、边长150～200mm的钢板作底板，上焊150mm高的钢管。底座有内插式和外套式（见图5.48）。

5.4.3.2　碗扣式脚手架

碗扣式脚手架是一种多功能的工具式脚手架。由主部件、辅助构件、专用构件三大类

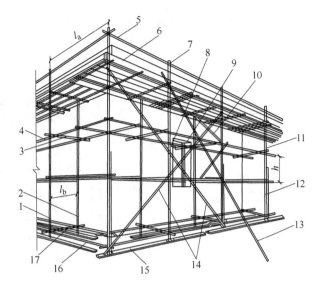

图 5.46 扣件式钢管脚手架组成

1—外立杆；2—内立杆；3—横向水平杆；4—纵向水平杆；5—栏杆；6—挡脚板；7—直角扣件；
8—旋转扣件；9—连墙件；10—横向斜撑；11—主立杆；12—副立杆；13—抛撑；14—剪刀撑；
15—垫板；16—纵向扫地杆；17—横向扫地杆

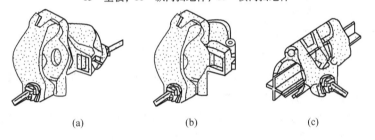

图 5.47 扣件形式

（a）旋转扣件；（b）直角扣件；（c）对接扣件

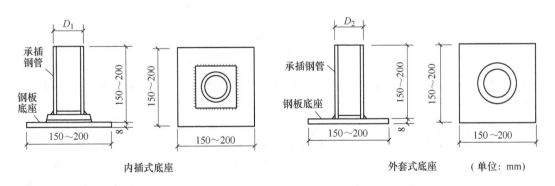

图 5.48 底座

组成，除能作为一般单双排脚手架、支撑架外，还可用作支撑柱、物料提升架、悬挑脚手架、爬升脚手架等。扣件式钢管脚手架的基本构架形式如图 5.49 所示。

5.4.3.3 门式脚手架

门式脚手架由于主架呈"门"字形，所以称为门式或门型脚手架，也称鹰架或龙门架。这种脚手架主要由主框、横框、交叉斜撑、脚手板、可调底座等组成。门式脚手架的基本构架形式如图 5.50 所示。

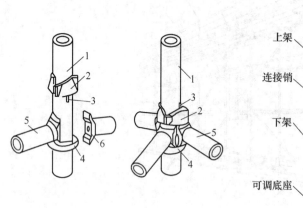

图 5.49   碗扣式脚手架组成
1—立杆；2—上碗扣；3—限位销；4—下碗扣；
5—横杆；6—横杆接头

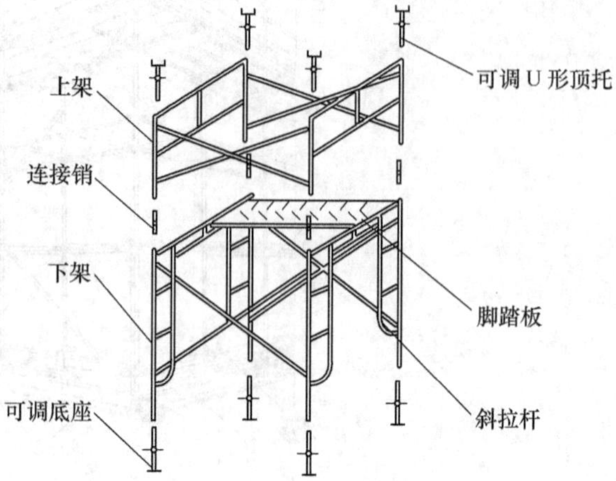

图 5.50   门式脚手架组成

5.4.3.4 升降式脚手架

落地式脚手架是沿结构外表面满搭的脚手架，在结构和装修工程施工中应用较为方便，但费料耗工，一次性投资大，工期亦长。因此，近年来在高层建筑及筒仓、竖井、桥墩等施工中发展了多种形式的外挂脚手架，其中应用较为广泛的是升降式脚手架，包括自升降式、互升降式、整体升降式三种类型。

升降式脚手架主要特点是：（1）脚手架不需满搭，只搭设满足施工操作及安全各项要求的高度；（2）地面不需做支承脚手架的坚实地基，也不占施工场地；（3）脚手架及其上承担的荷载传给与之相连的结构，对这部分结构的强度有一定要求；（4）随施工进程，脚手架可随之沿外墙升降，结构施工时由下往上逐层提升，装修施工时由上往下逐层下降。

（1）自升降式脚手架。自升降脚手架的升降运动是通过手动或电动倒链交替，对活动架和固定架进行升降来实现的。从升降架的构造来看，活动架和固定架之间能够进行上下相对运动。当脚手架工作时，活动架和固定架均用附墙螺栓与墙体锚固，两架之间无相对运动；当脚手架需要升降时，活动架与固定架中的一个架子仍然锚固在墙体上，使用倒链对另一个架子进行升降，两架之间便产生相对运动。通过活动架和固定架交替附墙，互相升降，脚手架即可沿着墙体上的预留孔逐层升降（见图 5.51）。

（2）互升降式脚手架。互升降式脚手架将脚手架分为甲、乙两种单元，通过倒链交替对甲、乙两单元进行升降。当脚手架需要工作时，甲单元与乙单元均用附墙螺栓与墙体锚固，两架之间无相对运动；当脚手架需要升降时，一个单元仍然锚固在墙体上，使用倒链对相邻一个架子进行升降，两架之间便产生相对运动（见图 5.52）。通过甲、乙两单元交替附墙，相互升降，脚手架即可沿着墙体上的预留孔逐层升降。互升降式脚手架的性能特点是：1）结构简单，易于操作控制；2）架子搭设高度低，用料省；3）操作人员不在被升降的架体上，增加了操作人员的安全性；4）脚手架结构刚度较大，附墙的跨度大。它

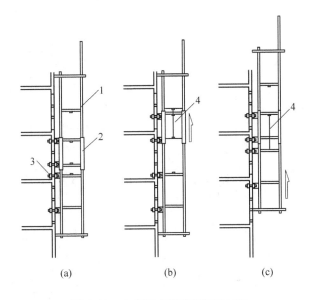

图 5.51　自升降式脚手架爬升过程

（a）爬升前的位置；（b）活动架爬升（半个层高）；（c）固定架爬升（半个层高）

1—活动架；2—固定架；3—附墙螺栓；4—倒链

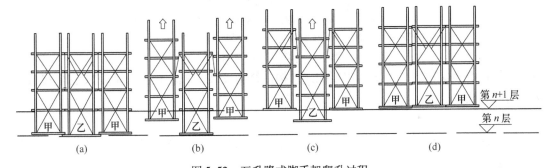

图 5.52　互升降式脚手架爬升过程

（a）第 n 层作业；（b）提升甲单元；（c）提升乙单元；（d）第 n + 1 层作业

适用于框架剪力墙结构的高层建筑、水坝、筒体等施工。

（3）整体升降式脚手架。在超高层建筑的主体施工中，整体升降式脚手架有明显的优越性，它结构整体好、升降快捷方便、机械化程度高、经济效益显著，是一种很有推广使用价值的超高建（构）筑外脚手架，被建设部列入重点推广的 10 项新技术之一。

整体升降式外脚手架以电动倒链为提升机，使整个外脚手架沿建筑物外墙或柱整体向上爬升（见图 5.53）。搭设高度依建筑物施工层的层高而定，一般取建筑物标准层 4 个层高加 1 步安全栏的高度为架体的总高度。脚手架为双排，宽以 0.8 ~ 1m 为宜，里排杆离建筑物净距 0.4 ~ 0.6m。脚手架的横杆和立杆间距都不宜超过 1.8m，可将 1 个标准层高分为 2 步架，以此步距为基数确定架体横、立杆的间距。

5.4.4　结构安装工程

在现场或工厂预制的结构构件或构件组合，用起重机械在施工现场把它们吊起并安装

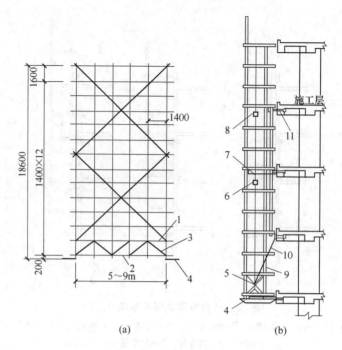

图 5.53　整体升降式脚手架

（a）立面图；（b）侧面图

1—上弦杆；2—下弦杆；3—承力桁架；4—承力架；5—斜撑；6—电动倒链；
7—挑梁；8—倒链；9—花篮螺栓；10—拉杆；11—螺栓

在设计位置上，这样形成的结构叫装配式结构。结构安装工程就是有效地完成装配式结构构件的吊装任务。

5.4.4.1　起重机械

为了将预制构件安装到设计位置上，就需要用起重设备。起重设备可分为起重机械和索具设备两类。

结构安装工程中常用的起重机械有：桅杆起重机（见图 5.54）、自行式起重机（履带式、汽车式和轮胎式）（见图 5.55）和塔式起重机（见图 5.56）等。索具设备有：钢丝绳、吊具（卡环、横吊梁）、滑轮组、卷扬机及锚碇等。在特殊安装工程中，各种千斤顶、提升机等也是常用的起重设备。

5.4.4.2　结构安装

结构安装工程是用起重设备将预制构件安装到设计位置的整个施工过程，是装配式结构施工的主导过程。本节以单层工业厂房结构安装施工为例介绍结构安装工程的全过程。

（1）准备工作。主要有场地清理与起重机械道路铺设、构件的检查与清理、构件运输、弹线编号、基础准备、构件的现场布置，以及机械、机（锁）具的准备工作等。

（2）方案制定。在拟定单层工业厂房结构安装方案时，应着重解决起重机的选择、结构安装方法、起重机的开行路线和构件的平面布置等。

（3）安装方法。单层工业厂房的结构安装方法有分件安装法和综合安装法两种。安装方法的确定需要在方案制定阶段完成。

1）分件安装法。起重机在车间内每开行一次仅吊装一种或两种（几种）构件。

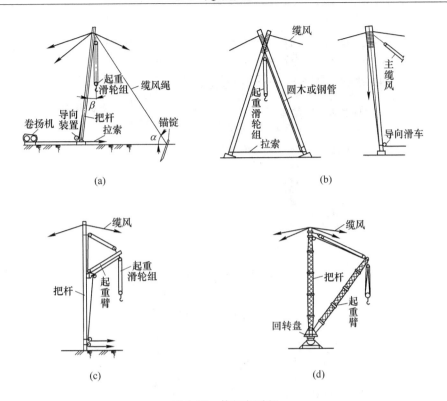

图 5.54 桅杆起重机

（a）独角把杆；（b）人字把杆；（c）悬臂把杆；（d）牵缆式桅杆起重机把杆

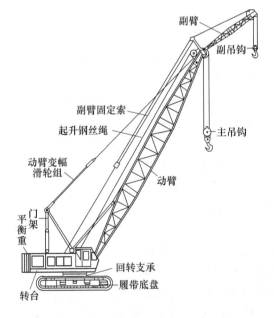

图 5.55 履带起重机

通常分三次开行安装完所有构件。如图 5.57 所示，一般顺序为：①第一次开行，吊装全部柱子，校正，最后固定；②第二次开行，吊装全部吊车梁、连系梁及柱间支撑；③第三次开行，依次按节间吊装屋架、天窗架、屋面板及屋面支撑等。

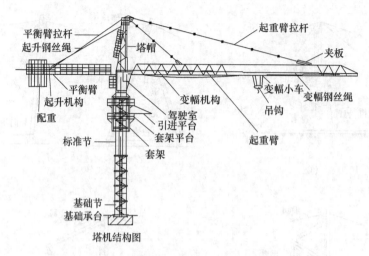

塔机结构图

图 5.56　塔式起重机

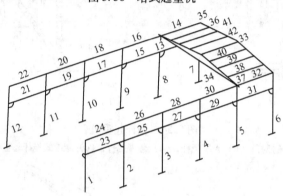

图 5.57　分件安装时的构件吊装顺序

1～12—柱；13～32—单数为吊车梁，双数为连系梁；33～34—屋架；35～42—屋面板

2）综合安装法。起重机在车间内每每移动一次起重机就安装完一个节间内的全部构件。如图5.58 所示，一般顺序为：先安装一个节间的柱，柱校正固定后，立即安装这个节间的吊车梁、屋架和屋面构件，待安完这一节间所有构件后，起重机移至下一节间进行安装，如此进行直至安完所有构件。

（4）安装工艺。装配式单层工业厂房的结构安装构件有柱子、吊车梁、基础梁、连系梁、屋架、天窗架、屋面板及支撑等。构件的吊装工艺包括绑扎、起吊、就位、临时固定、校正、最后固定等工序。

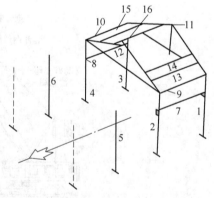

图 5.58　综合安装时的构件吊装顺序

1～6—柱；7，8—吊车梁；9，10—连系梁；
11，12—屋架；13～16—屋面板

1）柱的安装。预制构件的绑扎和起吊对于不同构件各有特点和要求，现就单层工业厂房预制柱、梁、屋架进行介绍，其他构件的施工方法与此类似。

①绑扎。柱的绑扎方法、绑扎位置和绑扎点数，应根据柱的形状、长度、截面、配筋、起吊方法和起重机性能等确定。常用的绑扎方法见图5.59。

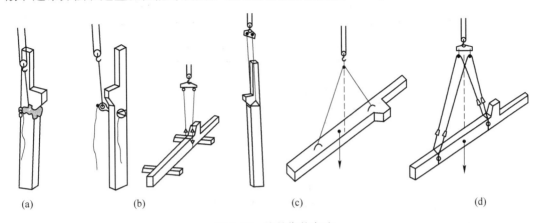

图 5.59　柱的绑扎方法

（a）一点绑扎斜吊法；（b）一点绑扎直吊法；（c）两点绑扎斜吊法；（d）两点绑扎直吊法

②起吊。柱的起吊有旋转法和滑行法两种。采用旋转法吊装柱子时，柱的平面布置宜使柱脚靠近基础，柱的绑扎点、柱脚中心与基础中心三点宜位于起重机的同一起重半径的圆弧上，如图5.60所示。采用滑行法吊装柱子时，起重机只升钩，起重臂不转动，使柱顶随起重钩的上升而上升，柱脚随柱顶的上升而滑行，直至柱子直立后，吊离地面，并旋转至基础杯口上方，插入杯口，如图5.61所示。

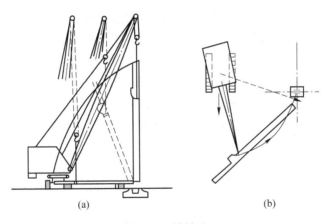

图 5.60　旋转法

（a）旋转过程；（b）平面布置

③对位。柱子对位是将柱子插入杯口并对准安装准线的一道工序。临时固定是用楔子等将已对位的柱子做临时性固定的一道工序。

④校正。柱子校正是对已临时固定的柱子进行全面检查（平面位置、标高、垂直度等）及校正的一道工序。柱子校正包括平面位置、标高和垂直度的校正。

⑤固定。其方法是在柱脚与杯口之间浇筑细石混凝土，其强度等级应比原构件的混凝土强度等级提高一级。细石混凝土浇筑分两次进行。

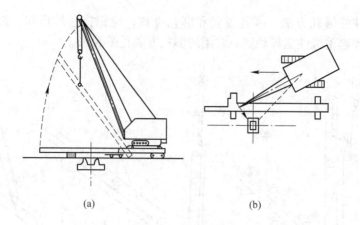

图 5.61　滑行法

（a）旋转过程；（b）平面布置

2）吊车梁的吊装。吊车梁绑扎时，两根吊索要等长，绑扎点对称设置，吊钩对准梁的重心，以使吊车梁起吊后能基本保持水平，如图 5.62 所示。

吊车梁的校正主要包括标高校正、垂直度校正和平面位置校正等。吊车梁的标高主要取决于柱子牛腿的标高。平面位置的校正主要包括直线度和两吊车梁之间的跨距。吊车梁直线度的检查校正方法有通线法、平移轴线法、边吊边校法等。

吊车梁的最后固定是在吊车梁校正完毕后，用连接钢板等与柱侧面、吊车梁顶端的预埋铁相焊接，并在接头处支模浇筑细石混凝土。

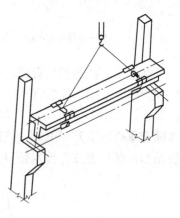

图 5.62　吊车梁吊装

3）屋架的安装。屋架的绑扎点应选在上弦节点处，左右对称，绑扎中心（即各支吊索的合力作用点）必须高于屋架重心，使屋架起吊后基本保持水平，不晃动、不倾翻。吊索与水平线的夹角不宜小于 45°，以免屋架承受过大的横向压力，必要时可采用横吊梁。屋架的绑扎如图 5.63 所示。

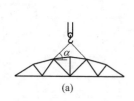 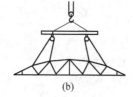 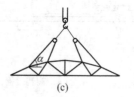 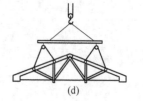

（a）　　　　　　（b）　　　　　　（c）　　　　　　（d）

图 5.63　屋架的绑扎方法

（a）屋架跨度不大于 18m 时；（b）屋架跨度大于 18m 时；（c）屋架跨度不小于 30m 时；（d）三角形组合屋架

屋架扶直时应采取必要的保护措施，必要时要进行验算。屋架扶直有正向扶直和反向扶直两种方法。屋架扶直之后，立即排放就位，一般靠柱边斜向排放，或以 3～5 榀为一组平行于柱边纵向排放。

屋架的吊升是将屋架吊离地面约 300mm，然后将屋架转至安装位置下方，再将屋架吊升至柱顶上方约 300mm 后，缓缓放至柱顶进行对位。屋架对位应以建筑物的定位轴线为准。屋架对位后立即进行临时固定。

屋架垂直度的检查与校正方法是在屋架上弦安装三个卡尺，一个安装在屋架上弦中点附近，另两个安装在屋架两端。屋架垂直度的校正可通过转动工具式支撑的螺栓加以纠正，并垫入斜垫铁。屋架校正后应立即电焊固定。

思 考 题

5-1 多层混合建筑有哪些构造措施，其作用是什么？

5-2 高层建筑结构有哪些特点？

5-3 建筑物起火三要素是什么？

5-4 建筑防火构造措施主要有哪些？

5-5 升降式脚手架有哪几种类型？

5-6 如何控制脚手架的安全？

5-7 砌筑有哪些基本质量要求？

5-8 钢盘的连接有哪些方法？

5-9 大模板结构的基本组成包括哪几部分？

5-10 泵送混凝土对混凝土质量有何特殊要求？

5-11 结构安装工程中常用的起重机械有哪些？

6 桥梁工程

山无径迹，泽无桥梁，不相往来。在公路、铁路、城市和农村道路以及水利建设中，为了跨越各种障碍（如江河、沟谷或其他线路等），必须修建各种类型的桥梁与涵洞，因此桥涵是交通线中的重要组成部分，而且往往是保证全线早日通车的关键。在经济上，桥梁和涵洞的造价一般说来平均占公路总造价的 10%~20%。在国防上，桥梁是交通运输的咽喉，具有非常重要的地位。桥梁不但是规模巨大的工程实体，而且犹如一道地上彩虹，将空间艺术之美展现于天地之间（见图 6.1）。

图 6.1　桥梁之美

6.1　桥梁基本组成

桥梁是指供公路、城市道路、铁路、渠道、管线等跨越水体、山谷或彼此间相互跨越的工程构筑物，是交通运输的重要组成部分。桥梁一般由上部构造、下部结构、附属构造物和桥面构造组成（见图 6.2）。

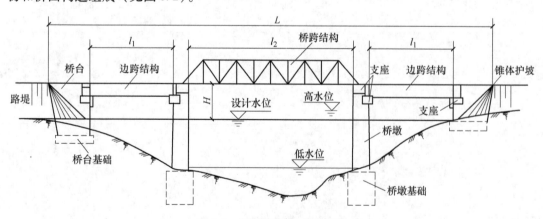

图 6.2　桥梁基本组成示意图

上部结构主要指桥跨结构和支座系统；下部结构包括桥台、桥墩和基础；附属构造物则指桥头搭板、锥形护坡、护岸、导流工程等；桥面构造包括行车道铺装、排水防水系统、人行道（或安全带）、缘石、栏杆、护栏、照明灯具、伸缩缝等（见图6.3）。

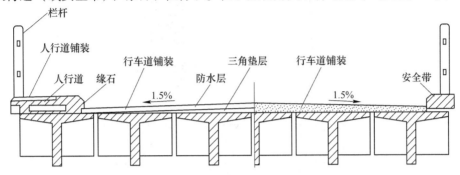

图6.3　桥面的一般构造

随着大型桥梁的增多、结构先进性和复杂性的增强、对桥梁使用品质的要求越来越高，所以人们也常用"五大部件"与"五小部件"来划分桥梁的组成。所谓"五大部件"（力学，承重）是指桥梁承受汽车或其他运输车辆荷载的桥跨上部结构与下部结构，它们必须通过承受荷载的计算与分析，是桥梁结构安全性的保证。在"五大部件"中，前两个部件是桥跨上部结构，后三个部件是桥跨下部结构。五大部件包括：

（1）桥跨结构（或称桥孔结构、上部结构）。其是指路线遇到障碍（如江河、山谷或其他路线等）的结构物。桥跨结构将在后续章节中详细介绍。

（2）支座系统。支座系统支承上部结构并传递荷载于桥梁墩台上，它应保证上部结构预计的在荷载、温度变化或其他因素作用下的位移功能，使上部结构在变形的情况下而不产生额外的附加内力（见图6.4）。

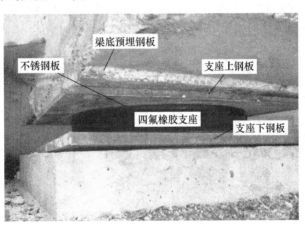

图6.4　桥梁支座系统

（3）桥墩。桥墩是在河中或岸上支承两侧桥跨上部结构的建筑物。桥墩既要承受支座传来的竖向力和水平力，还要承受流水压力、水面上风力和可能出现的冰压力、船只的撞击力。所以，桥墩在结构上必须有足够的强度和稳定性。桥墩在布置上要考虑桥墩与河流的相互影响，即水流冲刷桥墩和桥墩壅水的问题。在空间上应满足通航和通车的要求。常用的桥墩类型可分为：实体式（重力式）、空心式和桩（柱）式（见图6.5）。

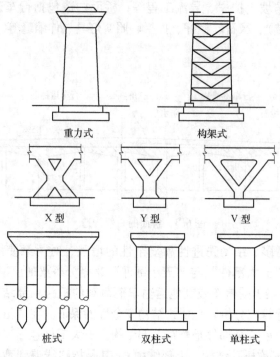

图 6.5　桥墩类型

（4）桥台。桥台设在桥的两端，一端与路堤相接，并防止路堤滑塌；另一端则支承桥跨上部结构的端部。为保护桥台和路堤填土，桥台两侧常做一些防护工程。桥台既要承受桥跨结构传来的竖向力和水平力，还要挡土护岸，承受台后填土及土上荷载产生的土压力。桥台必须有足够的强度，并能避免在荷载作用下发生过大的水平位移、转动和沉降。我国公路桥梁的桥台主要有实体式桥台（见图6.6）和埋置式桥台（见图6.7）等形式。

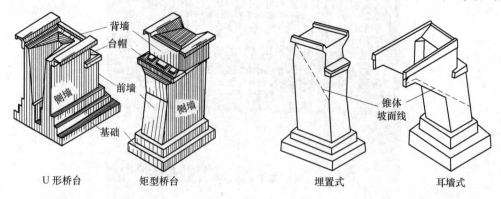

图 6.6　实体式桥台　　　　　　　　　　图 6.7　埋置式桥台

（5）墩台基础。墩台基础是保证桥梁墩台安全并将荷载传至地基的结构（见图6.8）。基础工程在整个桥梁工程施工中是比较困难的部分，桥梁基础一般比房屋基础规模大、埋置深，而且常常需要在水中施工，因而遇到的问题也很复杂。

所谓"五小部件"（功能性）是直接与桥梁服务功能有关的部件，过去总称为桥面构

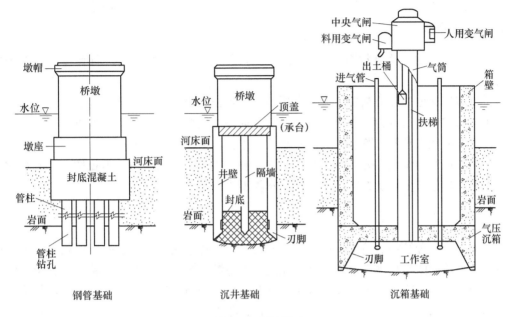

图 6.8　桥梁基础

造。五小部件包括：

（1）桥面铺装（或称行车道铺装）。铺装的平整、耐磨性、不翘曲、不渗水是保证行车舒适的关键。特别是在钢箱梁上铺设沥青路面时，其技术要求甚严。

（2）排水防水系统。其应能迅速排除桥面积水，并使渗水的可能性降至最小限度。城市桥梁排水系统应保证桥下无滴水和结构上无漏水现象。

（3）栏杆（或防撞栏杆）。它既是保证安全的构造措施，又是有利于观赏的最佳装饰件，形式多样。一般常见的护栏形式有混凝土护栏、波形梁护栏和缆索护栏。

（4）伸缩缝。桥跨上部结构之间或桥跨上部结构与桥台端墙之间所设的缝隙，以保证结构在各种因素作用下的变位。为使行车顺适、不颠簸，桥面上要设置伸缩缝构造。我国桥梁伸缩缝主要有五大类，即对接式、钢制支承式、组合剪切式、模数支承式、无缝式伸缩装置。常见的伸缩缝如图 6.9 所示。

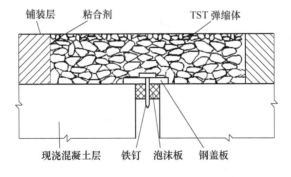

图 6.9　TST 碎石弹性伸缩装置

（5）灯光照明。现代城市中，大跨桥梁通常是一个城市的标志性建筑，大多装置了灯光照明系统，构成了城市夜景的重要组成部分。

6.2　桥梁类型

桥梁根据用途、桥身材料、单孔或多孔跨径、受力特点的不同，而有着不同的分类形式。

桥梁按用途分为：公路桥、公铁两用桥、人行桥、舟桥、机耕桥、过水桥；

桥梁按材料类型分为：木桥、圬工桥、钢筋混凝土桥、预应力桥、钢桥；

桥梁按跨径大小和多跨总长分为：小桥、中桥、大桥、特大桥；

桥梁按照受力特点划分，有梁式桥、刚构桥、拱式桥、刚架桥、斜拉桥、悬索桥六种基本类型。本节按桥梁受力特点对六种基本类型进行介绍。

6.2.1　梁式桥

梁是组成各种结构的基本构件之一，本身又是工程中应用最广的受弯结构，常见于梁式桥与建筑结构的梁柱体系。梁式桥的使用可以追溯到史前人类的竹木梁桥。材料力学中讨论过的单跨静定梁有简支梁和悬臂梁。悬臂梁桥是既简支又悬臂的梁桥。它们作为能独立承担荷载的基本构件（基本部分），再铰结梁式杆和链杆支座，按几何组成规则组合成杆轴共线的多跨静定梁。若将多跨静定梁各跨中的铰结点改成刚结点，则变成超静定结构的连续梁。

梁作为受弯构件，其截面选择主要取决于弯矩大小。在均布荷载作用下，梁跨中弯矩与跨度的平方成正比。梁受弯时，以中性层为界，上部受压，下部受拉，离中性轴越远的边缘正应力就越大。因此，设计时应尽量把材料集中到上、下边缘，以充分发挥其潜力。对于钢材，横截面经常铸成I形，用于钢板梁桥时，则往往做成工字形。对于钢筋混凝土材料，上部受压区主要靠耐压的混凝土承压，下部受拉区则由钢筋抗拉（混凝土因开裂退出工作），因此应该把混凝土材料集中于上缘，才能充分发挥作用，于是形成T形截面梁。对于预应力混凝土梁，因受拉区需要预留预应力索道，故T形梁下部做成马蹄形，也称不对称工形梁（见图6.10）。

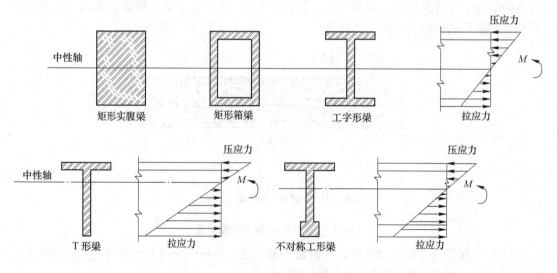

图6.10　梁的截面形式

为了取得足够大的惯性矩，跨度增大时，梁截面必须加高。竖直腹板有抗剪和支撑上下翼板的作用，但大部分面积所受的复合应力相对较小，材料仍得不到充分利用，于是进一步掏空，演变为空腹梁（存在刚结点，以维持几何不变），或形成桁架梁（即梁式桁架）。桁架杆件只受轴向力，应力分布均匀，材料强度得到充分利用。从古代的木桁架到近代的钢桁架（薄壁钢杆）和钢筋混凝土（或预应力混凝土）桁架，桁架对材料的适应范围也很广。梁式桁架（桁梁）实际上是对实腹梁中性区的掏空和改进，有助于减轻自重，增加承受外荷载的数量比，适合于向大跨度发展。由构造简单的等截面梁逐渐发展到经济合理的梁式桁架似乎是结构形式发展的必然。19 世纪中叶以后，随着桁架分析理论的完善，钢桁梁桥得到迅速发展。

近半个世纪以来箱形截面梁（箱梁）得到普遍应用，促进了梁式桥的发展。把梁的横截面做成闭口箱形（单室或多室），可大大增加梁的整体刚度，特别是抗扭刚度。由于箱型结构的腹板可以做得很薄（尤指钢筋混凝土），很经济，外形简洁美观，形式多样（有窄箱、扁箱、弯箱、分离箱等等），所以在现代混凝土桥和钢桥中都得到极为广泛的应用，既用于跨度 40～300m 的连续梁，也用于跨度达几百米上千米的斜拉桥和悬索桥的加劲梁。

6.2.1.1 简支梁桥

简支梁桥是梁式桥中应用最早的桥型。它结构简单，架设简便，因而造价低，工期短。简支梁桥在中小型桥梁中使用最为广泛。

简支梁桥结构上由一根两端分别支撑在一个活动支座和一个铰支座上的梁作为主要承重结构的梁桥。属于静定结构。简支梁桥主要受跨中正弯矩作用，内力不受不均匀沉降和温度变化的影响，适用 T 形截面梁等构造简单的截面形式（见图 6.11）。

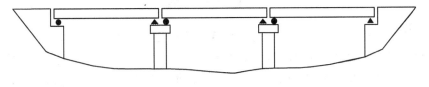

图 6.11　简支梁桥

简支梁桥随着跨径增大，主梁内力将急剧增大，用料便相应增多，当跨度达到一定时，自重引起的内力增长将超过承载能力的提高，此时简支梁的跨越能力就无法继续提高了，因此大跨径桥很少采用简支梁结构。而且简支梁桥相邻两跨之间存在异向转角，路面有折角，影响行车平顺。总之，为了增大跨径，简支梁必然向连续梁和悬臂梁演化。

6.2.1.2 悬臂梁桥

将简支梁梁体加长，并越过支点就成为悬臂梁桥。在我国古代，当河谷宽度超过 10m，中间又不便砌筑桥墩时，石木简支梁桥就难以胜任了，为增大木梁桥的跨度，古人创建了伸臂木梁桥。它采用圆木或方木纵横相隔叠起，由岸边或桥墩上层层向河谷中心挑出，犹如古建筑中的层层斗拱。目前此种桥梁主要分布在西北甘肃、青海诸省，保存最完整的是甘肃省渭原县的霸陵桥（见图 6.12）。广西三江程阳桥是一座四跨石墩伸臂木梁桥，坐落在侗族自治县林溪河上，为侗族地区特有的风雨桥（见图 6.13）。

图 6.12　霸陵桥

图 6.13　三江程阳桥

悬臂梁桥有两种主要形式，仅梁的一端悬出的称为单悬臂梁（见图 6.14），两端均悬出的称为双悬臂梁（见图 6.15）。悬臂梁用悬出支点以外的伸臂，使支点产生负弯矩对跨中正弯矩产生有利的卸载作用，因此比相应的多跨简支梁节省材料，而且又具有简支梁不受地基不均匀沉陷影响的优点，但构造要复杂些。

悬臂梁桥中能独立承担荷载的基本构件之外，需要其他构件的支承才能承担荷载的部分称附属部分（见图 6.14 所示单悬臂梁桥的简支挂梁），附属部分尚有层次高低之分。从受力特点看，当荷载作用于基本部分上时，由平衡条件可知，只有基本部分受力，附属部分不受力；当荷载作用于附属部分上时，不仅该附属部分受力，而且还通过铰结点把力传给基本部分或次基本部分（即赖以支承的高级附属部分），却不传给不能自立的低级附属部分。这种主从的传力关系决定了多跨静定梁的计算顺序是先附属部分，后基本部分，恰好与几何组成分析顺序相反。

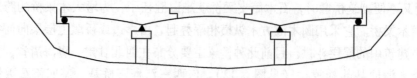

图 6.14　单悬臂梁桥

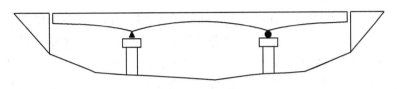

图 6.15　双悬臂梁桥

1966 年竣工的旧庄河一号桥，是中国铁路首次采用悬臂拼装法施工的预应力混凝土桥。全长 106m，主跨为 24m + 48m + 24m 铰接悬臂梁，中跨跨中设独特的预应力混凝土剪力铰、边跨梁端采用特殊设计的制动支座和预应力混凝土锚柱与桥台连接，以承受正负支点反力和横向水平力。

6.2.1.3　连续梁桥

若将简支梁体在支点上连接形成连续梁，形成两跨一联、三跨一联或多跨一联的结构，则变成超静定结构的连续梁桥（见图 6.16）。在竖向荷载作用下，连续梁和多跨静定梁中的伸臂梁都能产生支座处的负弯矩，从而部分抵消跨中正弯矩，受力方面较简支梁优越。

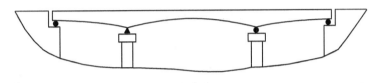

图 6.16　连续梁桥

连续梁具有超静定结构特征，全梁弯矩分布比较均匀，结构刚度提高，挠度小，加上支点处连续，比多跨简支梁或多跨静定梁具有较平滑的变形曲线，因而能减少冲击，有利于现代高速行车，改善抗震性能，所以连续梁在大跨度钢桥和预应力混凝土桥中应用十分广泛。

6.2.2　刚构桥

标准的梁式桥，桥的大梁和桥墩是分开的。刚构桥的外形与梁式桥相似。不过，与梁式桥不同的是，刚构桥的上部结构与下方支脚部分是完全刚接在一起的。刚构桥是梁和柱整体结合的桥梁结构。在竖向荷载作用下，梁部主要受弯，柱脚处有水平推力，受力状态介于梁式桥和拱桥之间，其受力如图 6.17 所示。

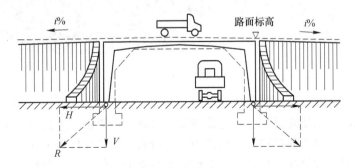

图 6.17　刚构桥受力示意图

　　刚构桥多用于桥下需要较大净空和建筑高度受到限制的情况。刚构桥可以是单跨或多跨，也可以做成带悬臂形式。除了单跨门式刚构梁桥外，T 形刚构与连续刚构常用于多跨桥梁结构（见图 6.18），此外斜腿刚构、V 形刚构与 Y 形刚构等梁桥结构不仅造型轻巧美观，弯矩分布也更为合理。刚构结构体系桥梁的上部结构梁（板）与下部结构墩柱（竖墙）整体结合在一起，梁与墩柱的结合处具有很大刚性。连续刚构在竖向荷载作用下，梁（多为箱型）主要受弯，而在柱脚处有水平反力，其受力状态介于梁桥与拱桥之间，梁因柱的抗弯刚度而得到卸载作用。

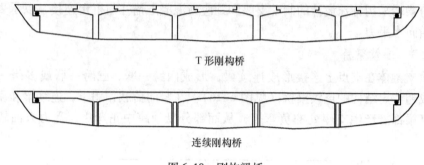

T 形刚构桥

连续刚构桥

图 6.18　刚构梁桥

6.2.3　拱式桥

　　拱桥是我国最常用的一种桥梁形式，其式样之多，数量之大，为各种桥型之冠。由于我国是一个多山的国家，石料资源丰富，因此拱桥以石料为主。建于公元 591~605 年的赵州桥（安济桥），由著名匠师李春设计建造，是当今世界上现存最早、保存最完整的古代敞肩石拱桥（见图 6.19）。我国现代拱桥的形式更是繁花似锦，式样之多当属世界之最，应用广泛，特别是公路桥梁，据不完全统计，我国的公路桥中 7% 为拱桥。

图 6.19　赵州桥

　　拱是杆轴线为曲线，且在竖向荷载作用下会产生水平推力（反力）的结构。由于推力的存在，拱截面的弯矩比同跨度、等荷载的梁的弯矩要小得多，并且主要承受压力。使拱在给定荷载下只产生轴力的拱轴线，被称为与该荷载对应的合理拱轴线。当拱轴线为合理拱轴线时，压力线与拱轴线重合，拱的横截面上只受轴向压力，而弯矩及剪力均为零。由于压应力均匀分布，使得整个截面材料（特别是圬工材料）能充分发挥作用，从力学观点来看，这是最经济合理的，因而更能发挥耐压的圬工材料（如砖、石、混凝土）的作用（见图6.20）。另一些直杆结构虽有别于拱，但同样能在竖向荷载作用下产生水平推力，故称之为拱式结构，如三铰刚架、拱式桁架等。

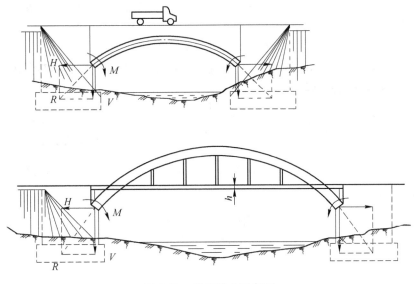

图6.20　拱桥受力示意图

拱桥跨越能力大，外形也美观，因此一般来讲修建拱桥经济合理。但是由于桥墩或桥台处承受很大的水平推力，因此桥的下部结构和对基础的要求比较高。另外拱桥的施工比梁式桥要困难些。拱桥的组成如图6.21所示。

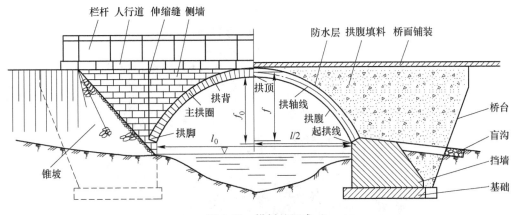

图6.21　拱桥的组成

桥梁工程中常用的拱有三铰拱、两铰拱和无铰拱，前者是静定结构，后两者是超静定结构（见图6.22）。无铰拱在拱脚处与台座固结，便于无支架施工。为了使支座（或台座）不承受推力，可将上述三种简单拱的拱脚用系杆（柔性拉杆）连结或与桥梁行车道系组合共同受力，形成系杆拱（见图6.22d）。

根据行车道的位置，拱桥的桥跨结构可以做出上承式、中承式或下承式三种类型（见图6.23）。上承式拱桥构造简单，行车视野开阔，广为采用。中承式拱桥需要布置吊杆和

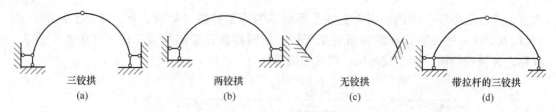

三铰拱　　　　　两铰拱　　　　　无铰拱　　　带拉杆的三铰拱
(a)　　　　　　　(b)　　　　　　　(c)　　　　　　(d)

图 6.22　拱桥基本结构形式

立柱，在桥梁建筑高度受到限制时采用，只能用肋拱。下承式拱桥必须布置吊杆，形成悬吊结构，车辆在拱肋之间行驶。

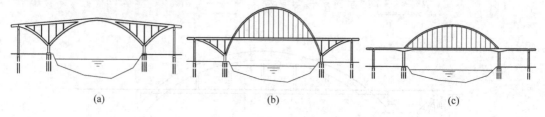

(a)　　　　　　　　　　　(b)　　　　　　　　　　(c)

图 6.23　拱桥类型
(a) 上承式；(b) 中承式；(c) 下承式

6.2.4　斜拉桥

斜拉桥（cable stayed bridge）作为一种拉索体系，比梁式桥的跨越能力更大，是大跨度桥梁的最主要桥型。这种桥型并不是一种新的设想，在中国已有 4000 多年的历史，现存的西安城墙护城河吊桥就通过柔性拉索传递人力，起吊或放下桥面（见图 6.24）。

图 6.24　西安城墙护城河吊桥

斜拉桥用斜拉索（或斜拉杆）支承梁板桥面系，结构体系由斜拉索、墩塔和主梁所组成。用高强钢材制成的斜拉索将主梁多点吊起，并将主梁的恒载和车辆荷载传至塔，再通过墩基传至地基。大跨度的主梁就像一根多点弹性支承（吊起）的连续梁一样工作，可大大减小主梁尺寸，减轻自重和节省材料，又大幅度提高桥梁本身的跨越能力。斜拉桥的组成如图 6.25 所示。

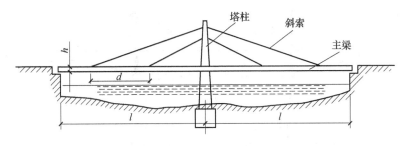

图 6.25　斜拉桥的组成

斜拉桥的结构体系按其斜索、墩塔和主梁三者的不同结合方式可分为：悬浮体系（主梁仅在梁端设支座）、支承体系（主梁在中间塔墩上也设支座）、塔梁固结体系（主梁与塔固结，相当于配置体外预应力索的连续梁）、刚构体系（塔、梁、墩固结，相当于配置体外预应力索的连续刚构）和协作体系（对于单塔斜拉桥，当主跨太大时，可与变截面连续梁或连续刚构相协作）。各种体系（见图 6.26）在受力、变形、施工等方面均各有其特点。

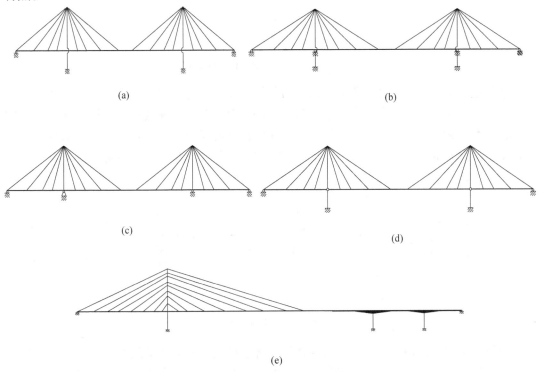

图 6.26　斜拉桥结构体系

（a）悬浮体系；（b）支承体系；（c）塔梁固结体系；（d）刚构体系；（e）协作体系

斜拉索是斜拉桥的主要承重部分，在立面布置上种类繁多，各种索形在构造上、力学上和美学上各有其特点（见图 6.27），常用的有辐射式（斜拉索倾角大，用钢材省，但塔顶锚固困难）、竖琴式（外形美观，倾角较小，钢索用量多）和扇形布置（兼有上述两种索形的大部分优点）。在桥梁横向布置上，倾斜设置的双塔双索面结构具有更好的抗风稳定性。

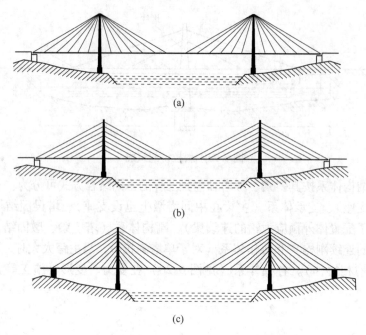

图6.27　斜拉索布置形式

（a）辐射式；（b）竖琴式；（c）扇形布置

塔柱主要承受轴力，即斜索的竖向分力，同时还要承受因车辆活载、温度变化等因素导致两侧不平衡斜索水平分力所引起的弯矩作用。对于单塔单索面结构，还应保证塔柱的抗风稳定性。索塔通常采用箱型截面、现场灌注钢筋混凝土而成。顺桥向看，塔柱主要有独柱型、A 型和倒 Y 型三种，此外，还有双柱型、门型、H 型、宝石型等（见图6.28）。

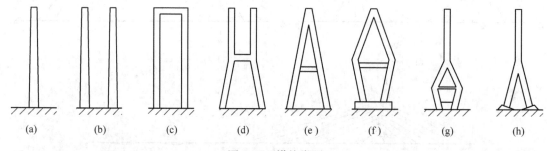

图6.28　塔柱类型

斜拉桥主梁可以做成连续的、带悬臂的和既连续又与塔墩固结的等。钢斜拉桥主梁截面形式一般采用两根工字型主梁和横梁组成的梁格结构，斜拉索锚固在钢主梁上，钢桥面板为正交异性板。也有采用钢主梁带钢筋混凝土桥面板的结合梁结构，其优点是桥面板造价低，有利于分担斜索的水平分力，便于养护和减少行车噪音，但自重大。混凝土斜拉桥主梁的截面形式有板式和半封闭式箱型，后者抗风性能好；对于单索面，则需要抗扭刚度大的单箱多室截面。

斜拉桥是我国大跨径桥梁最流行的桥型之一。目前为止建成或正在施工的斜拉桥数量，仅次于德国、日本，而居世界第三位。而大跨径混凝土斜拉桥的数量已居世界第一。我国于 1993 年建成的上海杨浦大桥曾是世界最大跨度的结合梁斜拉桥（主跨为 602m），

2002 年被福建闽江青州大桥超过（主跨 605m）。1994 年法国诺曼底大桥（主跨 856m 的混合梁斜拉桥）、1999 年日本多多罗大桥（主跨 890m 的钢箱梁斜拉桥）后来居上。目前我国苏通斜拉桥主跨已达到 1000m 以上。

6.2.5　悬索桥

悬索桥（或称吊桥 Suspension Bridge）是历史最古老的桥型之一。古代悬索桥起源于我国西部山区深壑的溜索，利用自然高差溜索过人。有文献记载，早在公元前 50 年（汉宣帝甘露 4 年），我国四川就出现了跨长百米的铁索桥。此时中国的悬索桥走在世界前面。在我国西藏墨脱还完好地保存着原始悬索结构的桥梁形式。

悬索桥通常由上部结构（包括钢缆、塔、加劲梁及吊杆）和下部结构（包括支承塔的桥墩、锚固钢缆的锚碇、锚台）组成。加劲梁（包括行车和行人的桥面系）悬吊在钢缆（也称大缆或主索）上，钢缆两端用锚碇固定。锚碇用大体积混凝土做成，或置于地面，或深埋于地下，或固结于沉井基础之内，或利用桥头地形锚于山崖岩层之中，统称为地锚；还有将钢缆锚固于加劲桥面系，常称为自锚。通常还建造两个高塔为钢缆提供中间支承，塔、墩多为固结，甚至融为一体。悬索桥的承重主要通过钢缆及其支承锚固系统传递给大地，因此，悬索桥的跨越能力特别大，目前跨径超 1000m 的桥型非悬索桥莫属，跨径在 600m 上下时也颇具竞争力。悬索桥的组成如图 6.29 所示。

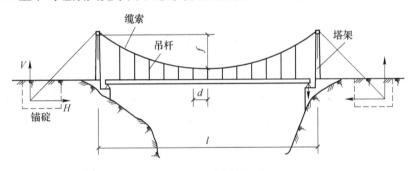

图 6.29　悬索桥的组成

一般索桥的主要承重构件主缆都锚固在锚碇上，称为地锚式悬索桥。在少数情况下，为满足特殊的设计要求，也可将主缆直接锚固在加劲梁上，从而取消了庞大的锚碇，变成了自锚式悬索桥。地锚式悬索桥按结构体系可分为单跨、三跨简支加劲梁、三跨连续加劲梁三种类型（见图 6.30），自锚式悬索桥按结构体系最常见的是单塔双跨、双塔三跨类型（见图 6.31）。

现代悬索桥以 1883 年美国布鲁克林桥（主跨 486m）为标志，进入了高速发展时期。20 世纪 30 年代相继建成跨度超千米的华盛顿桥（主跨 1067m）和金门桥（主跨 1280m，保持跨度纪录 27 年）。1964 年建成的塞文桥首创了英国式悬索桥。1981 年英国建成当时世界第一大跨度（主跨 1410m）的恒比尔悬索桥，把英国式悬索桥发展推向巅峰。堪称现代悬索桥之乡的日本，于 1998 年建成了令世人瞩目的明石海峡大桥（主跨达 1990m）。中国现代悬索桥建设犹如异军突起，相继建成西陵、虎门、宜昌、江阴、青马等多座大跨度悬索桥。大跨度悬索桥已经成为国家综合实力和科技水平的重要标志。

在桥塔上布置斜拉索，将桥塔两侧连续长度内的桥身恒载和其他荷载传给桥塔而不传

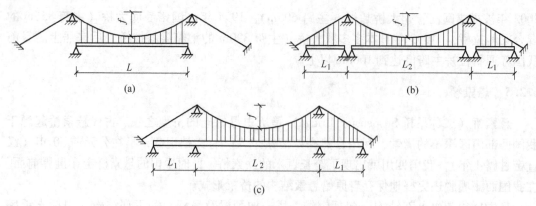

图 6.30　地锚式悬索桥结构形式

（a）单跨；（b）三跨简支；（c）三跨连续

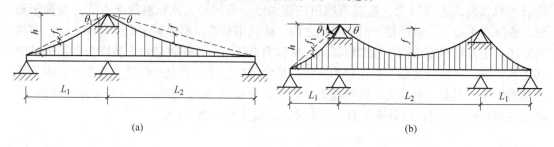

图 6.31　自锚式悬索桥结构形式

（a）单塔双跨；（b）双塔三跨

到锚碇，并形成"自锚"，仅主跨中间一段桥身仍悬吊于主缆，这样不但可以减小主缆断面，而且"地锚"的锚碇受力小，处理也简单。实际上，这是一种斜拉桥与悬索桥组合的三跨预应力混凝土连续加劲梁吊拉组合体系。1883 年建成的纽约布鲁克林大桥，主跨484m，是最早的带斜拉索的悬索桥（见图 6.32）。

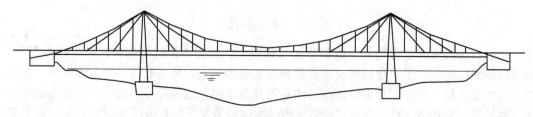

图 6.32　带斜拉索的悬索体系

　　1997 年建成的乌江"三钢"混凝土箱梁吊拉组合桥对该体系做了更大胆的尝试，布设的拉索与悬索比狄辛格体系更为连续，并在斜拉体系与悬吊体系的结合部施加预应力预压合龙，以克服两结构体系的间断性和不连续性（见图 6.33）。

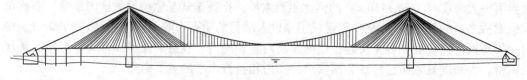

图 6.33　斜拉-悬吊混合式悬索桥

6.3 桥梁施工技术

桥梁结构的施工与设计有着密切关系。不同结构形式的桥梁结构，可有不同的施工方法，同种结构形式也可采用不同的施工方法。桥梁结构的受力状况将取决于所选用的施工方法。本节将对最常见的几种桥梁施工技术进行介绍。

6.3.1 支架法

就地浇筑施工是一种古老的施工方法，具体流程为布设支架、安装模板、绑扎钢筋、浇注混凝土、脱模。由于施工需用大量的模板支架，一般仅在小跨径桥或交通不便的边远地区采用，近年来临时钢构件和万能杆件系统的大量应用，在其他施工方法都比较困难或经过比较施工方便、费用较低时，也有在中、大跨径桥梁中采用。常见支架形式如图6.34所示。

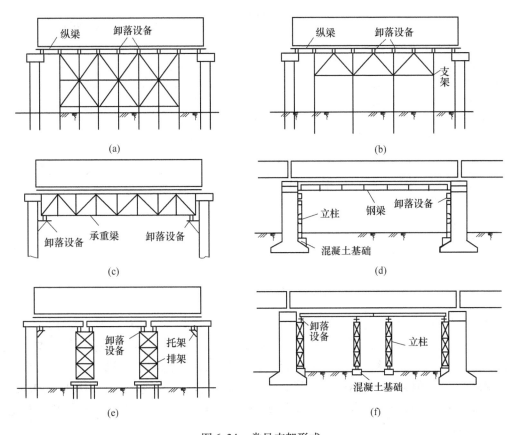

图6.34 常见支架形式

6.3.2 悬臂法

悬臂施工法是在已建成的桥墩上，沿桥梁跨径方向对称逐段施工的方法，常用于连续梁、连续刚构，也可用于拱桥、斜拉桥。它不需搭设支架、多孔同时施工，在施工期间不影响桥下通行，同时密切配合设计和施工的要求，充分利用了预应力混凝土承受负弯矩能力强的特点，将跨中正弯矩转移为支点负弯矩，提高了桥梁的跨越能力。

悬臂法施工可分为悬臂浇筑（悬浇）法和悬臂拼装法两种。悬浇法是当桥墩浇筑到顶后，在墩顶安装脚手钢桁架并向两侧伸出悬臂以供垂吊挂篮，对称浇筑。悬拼法是将逐段分成预制块件进行拼装，穿束张拉，自成悬臂。

6.3.3　移动模架法

移动模架法自从 1950 年在德国克钦卡汉桥施工以来自得到广泛应用，现已成为主要的桥梁施工方法之一。移动模架造桥机是移动的支架系统，整个支架由前后两个支承机构支承，通过墩旁托架支撑在承台上。整机配有液压系统和电气系统，可一次完成墩位梁体现浇，实现脱模、模板开合、纵移过孔及就位调整的全过程机械化。

移动模架造桥机由主箱梁、墩旁托架、梳形梁（横梁）、导梁、模板结构、前支承门架、后支承门架、液压系统等组成（见图 6.35）。

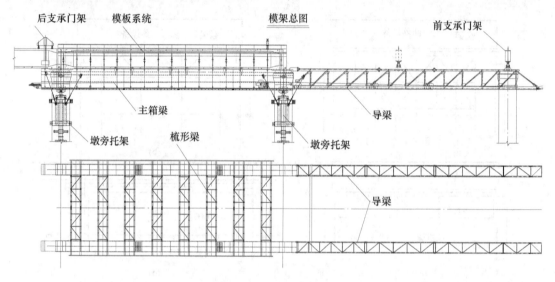

图 6.35　移动模架造桥机组成

移动模架造桥机分上行式移动模架（见图 6.36）和下行式移动模架（见图 6.37）两种主要形式。无论采用哪种形式，每到一个制梁孔位，受预设支架位置偏差的影响，因此造桥机就位后，均需调整其标高（模板标高、预拱度设置标高），以满足施工的要求。另外，钢筋骨架的整体绑扎、运输、吊装等的施工难度较大，对现场运输道路的要求较高；混凝土泵送距离较长，控制混凝土坍落度损失的难度较大；后期的养生、张拉均在高空作业，施工难度也大。

6.3.4　顶推法

顶推法施工是沿桥纵轴方向，在桥台后设置预制场浇筑梁段，达到设计强度后，施加预应力，向前顶推，空出底座继续浇筑梁段，随后施加预应力与先一段梁联结，直至将整个桥梁梁段浇筑并顶推完毕，最后进行体系转换而形成连续梁桥。顶推法施工流程见图 6.38。

图 6.36　上行式移动模架　　　　　　　　　图 6.37　下行式移动模架

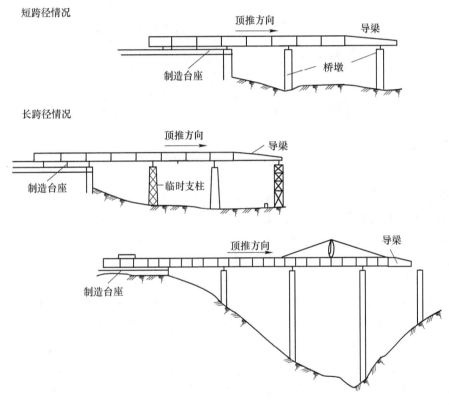

图 6.38　顶推法施工流程

6.3.5　转体法

桥梁转体施工是 20 世纪 40 年代以后发展起来的一种架桥工艺。它是在河流的两岸或适当的位置，利用地形成使用简便的支架先将半桥预制完成，之后以桥梁结构本身为转动体，使用一些机具设备分别将两个半桥转体到桥位轴线位置合拢成桥。其特点有：可利用地形方便预制；施工不影响交通；施工设备少，装置简单；节省施工用料。施工工序简单，施工迅速；它适合于单跨和三跨桥梁，可在深水、峡谷中建桥采用，同时也适应在平原区及城市跨线桥对于移动支架法施工，主要用于预制节段拼装梁。

6.4 桥梁抗风及健康监测

6.4.1 桥梁抗风

    风灾是自然灾害中发生最频繁的一种。风对桥梁造成的病害是多方面的，桥面振动有可能导致交通中断或使行人丧失安全感，导致桥梁构件过早疲劳破坏，严重的还会造成桥毁人亡的惨剧。1940 年 7 月 1 日，美国西北部的华盛顿州建成了横跨塔科马海峡的塔科马大桥，它是一座全长 853m 的悬索桥。通车后仅仅过了 4 个月，在 20m/s 的风速下，塔科马大桥开始晃动，振幅越来越大，最终彻底垮塌（见图 6.39）。

图 6.39 塔科马大桥

    世界著名空气动力学家，古根海姆航空实验室主任冯·卡门是事故调查组的成员。他在加州理工学院的风洞中进行的试验表明，当风横吹过大桥时，在一定的风速范围内，越过大桥的气流中会周期性地产生两串平行反向涡旋。它对桥梁产生了周期性的作用力，当作用力的频率与大桥的固有频率接近时，所产生的机械共振现象导致了大桥的垮塌。

    这次严重事故的出现使得桥梁工程在结构设计中开始认识到空气动力学的重要，此后所有的大桥以及重要的超高层建筑的设计方案必须经过风洞模型试验的安全验证。

    桥梁结构风振作为一种在近地风湍流风场中非线性截面的气动弹性现象，再加上近地风特性的复杂性，使解决桥梁风致振动问题具有很大的难度，目前仍然不能完全从理论上对其得到满意的解决，必须借助风洞试验进行桥梁风振的研究。风洞是指在一个按一定要求设计的管道系统内，采用动力装置驱动可控制的气流，根据运动的相对性和相似性原理进行各种气动力试验的设备，其装置如图 6.40 所示。风洞是空气动力学研究和飞行器研制、大型桥梁设计的最基本的试验设备。

    随着桥梁结构风工程的迅速发展，特别是 20 世纪 60 年代，紊流对桥梁结构的影响逐渐受到关注，桥梁抖振、气动稳定性和桥梁结构的涡激共振都要受到紊流的影响。全桥气动弹性模型试验可更为充分的模拟大气边界层的紊流，更为直接地模拟桥梁结构在紊流风作用下的气动响应。

6.4.2 桥梁健康监测

    桥梁在建成后，由于受到气候、腐蚀、氧化或老化等因素，以及长期在静载和活载的

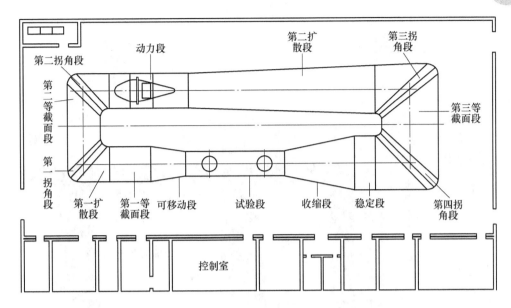

图 6.40　长安大学风洞实验室平面布置图

作用下易于受到损坏，相应地其强度和刚度会随时间的增加而降低。这不仅会影响行车的安全，并会使桥梁的使用寿命缩短。桥梁管理的目的在于保证结构的可靠性，主要指结构的承载能力、运营状态和耐久性能等，以满足预定的功能要求。桥梁的健康状况主要通过利用收集到的特定信息来加以评估，并作出相应的工程决策，实施保养、维修与加固工作。评估的主要内容包括：承载能力、运营状态、耐久能力以及剩余寿命预测。承载能力评估与结构或构件的极限强度、稳定性能等有关，其评估的目的是要找出结构的实际安全储备，以避免在日常使用中产生灾难性后果。运营状态评估与结构或构件在日常荷载作用下的变形、振动、裂缝等有关。运营状态评估对于大桥工件条件的确认和定期维修养护的实施十分重要。耐久能力评估侧重于大桥的损伤及其成因，以及其对材料物理特性的影响。

　　传统上，对桥梁结构的评估通过人工目测检查或借助于便携式仪器测量得到的信息进行。人工桥梁检查分为经常检查、定期检查和特殊检查。但是人工桥梁检查方法主观性强、难于量化，缺少整体性，在实际应用中有很大的局限性，因此有必要建立和发展桥梁结构健康监测与安全评估系统，用以监测和评估大桥在运营期间其结构的承载能力、运营状态和耐久能力等。桥梁健康监测系统是通过对桥梁的主要技术数据的实时监测监控，数据的实时查询，监测数据的智能分析等，实时了解桥梁在运营期间的安全状态做出预测预警，为科学决策提供依据。桥梁健康监测系统可对桥梁的整体运行情况给予详细的测量、提供桥梁梁体震动、桥位移、及桥的倾角等参数。

　　当桥梁结构出现损伤后，结构的某些局部和整体的参数将表现出与正常状态不同的特征，通过安装传感器系统获取这些信息，并识别其差异就可确定损伤的位置及相对的程度。通过对损伤敏感特征量的长期观测，可掌握桥梁性能劣化的演变规律，以部署相应的改善措施，延长桥梁使用寿命。监测系统为桥梁评估提供即时客观的依据，但由于资源等方面所限，就目前情况而言，传感器系统不可能涵盖所有构件，主要集中在对某些关键性部位的监测。桥梁健康监测传感器布置图如图 6.41 所示。

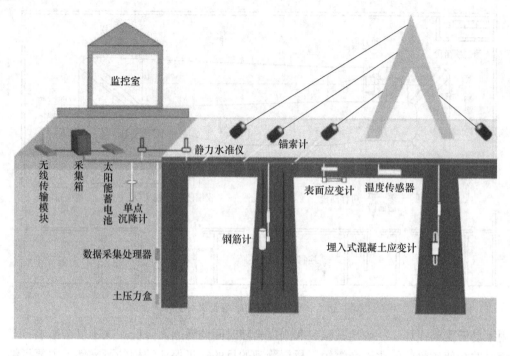

图 6.41　桥梁健康监测传感器布置图

　　桥梁监测系统综合了现代传感技术、网络通信技术、信号分析与处理技术、数据管理方法、知识挖掘、预测技术及桥梁结构分析理论等多个领域的知识，极大地延拓了桥梁检测领域，提高了预测评估的可靠性。桥梁结构健康监测与安全评价系统涉及的研究范围包括：传感器优化布设与系统集成研究，数据采集、处理、显示及存储研究，结构状态评估研究。

　　桥梁结构健康监测已在我国许多大桥得到应用。鉴于桥梁结构健康监测与安全评价系统已在世界上得到广泛应用，国际桥梁协会于 2003 年 7 月在瑞士决定制订有关桥梁结构健康监测的国际规程，以指导和推动该项技术在各国的应用。

思 考 题

6-1　桥梁结构由哪几部分组成？

6-2　桥梁按结构形式可以分为哪几种，哪种桥梁的跨越能力最强？

6-3　连续梁桥受力较简支梁桥优越的原因是什么？

6-4　拱式桥受力特点是什么？

6-5　斜拉桥拉索布置上有哪几种形式？

6-6　"目前跨径超 1000m 的桥型非悬索桥莫属"的原因是什么？

6-7　常见的桥梁施工方法有哪些？

6-8　简述风洞试验在桥梁设计中的意义。

6-9　何谓"桥梁健康监测"？

7 地下建筑工程

7.1 概述

7.1.1 地下建筑的发展

安全需求和生理需求一样，是人类最基本的需求。《易·系辞》曰"上古穴居而野处"。自人类出现开始，人们为了遮风挡雨、躲避野兽，满足最基本的人身安全、生活稳定以及免遭痛苦、威胁和疾病等的安全需求，开始利用天然洞穴作为居住处所。从早期人类的北京周口店、山顶洞穴居遗址开始，原始人居住的天然岩洞在辽宁、贵州、广州、湖北、江西、江苏、浙江等地都有发现。大自然雕凿出的无数晶莹璀璨、奇异深幽的洞穴，展示了神秘的地下世界，也为人类提供了最原始的家。在生产力水平低下的状况下，把这种天然洞穴用作住所是当时的一种较普遍的方式。人们掘土为穴、构木成巢，开始了最早期的土木工程。因此可以认为地下工程是土木工程的鼻祖。

所谓地下建筑工程（Underground Engineering），是指建造在地下或水面以下的各类工程建筑物，包括各种工业、交通、民用和军用的地下工程，各种用途的地下构筑物，如房屋和桥梁基础，矿山井巷，输水、输油及输气管线等。地下电缆沟以及其他一些公用和服务性的地下设施，也属于地下建筑工程的范畴。

进入氏族社会以后，随着生产力水平的提高，房屋建筑也开始出现。但是在环境适宜的地区，穴居依然是当地氏族部落主要的居住方式，只不过人工洞穴取代了天然洞穴，且形式日渐多样，更加适合人类的活动。例如，在黄河流域有广阔而丰厚的黄土层，土质均匀，含有石灰质，有壁立不易倒塌的特点，便于挖作洞穴。因此原始社会晚期，竖穴上覆盖草顶的穴居成为这一区域氏族部落广泛采用的一种居住方式。同时，在黄土沟壁上开挖横穴而成的窑洞式住宅，也在山西、甘肃、宁夏等地广泛出现，其平面多为圆形，和一般竖穴式穴居并无差别。山西还发现了"低坑式"窑洞遗址，即先在地面上挖出下沉式天井院，再在院壁上横向挖出窑洞，这是至今在河南等地仍被使用的一种窑洞。

随着劳动工具的改变，其他地下工程也得到了极大的促进。伊朗以及我国新疆地区的人们巧妙地利用山的坡度，修建了最早的引水隧洞——坎儿井。坎儿井大体上由直井、暗渠、明渠和蓄水池四部分组成，如图 7.1 所示。每隔 20 ~ 30m 设置的直井，不仅是取水口，还可以用于出渣和通风。春夏时节，大量积雪和雨水流下山谷，潜入吐鲁番盆地北部和西部的戈壁滩下，顺着地下暗渠汇入蓄水池，灌溉农田。坎儿井不因炎热、狂风而使水分大量蒸发，因而流量稳定，保证了自流灌溉。

公元前 2180 年，古巴比伦王朝在幼发拉底河修建了第一条长约 900m 的水底人行隧道，宽 3.6m，高 4.6m，用于连接皇宫和庙宇，图 7.2 为幼发拉底河隧道砖衬砌施工的复原图；人们在建于公元 72 ~ 82 年的罗马斗兽场也发现了一个紧凑的、功能强大的地下网

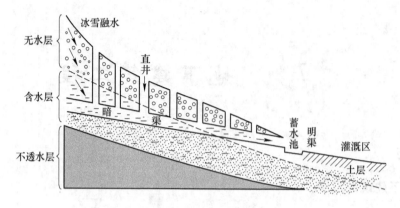

图 7.1　坎儿井示意图

图 7.2　幼发拉底河隧道砖衬砌施工复原图

状交通系统，在遗址上可以看到许多坡道、绞盘轴和方形榫眼、横梁等结构，甚至还有径流运河，如图 7.3 所示。这个系统不仅能迅速吊起进入斗兽场的野兽、道具和角斗士，还具有引水与排水功能。此外，位于洛阳东北的隋朝国家粮仓，东西长 1000m、南北宽 355m，由 700 多个仓窖成行排列，其中最大的仓窖内径达 10m，如图 7.4 所示。

15 世纪以后，随着炸药的使用和蒸汽机的应用，地下建筑工程有了迅速发展。1681 年建成的法国兰葵达克隧道，长 157m，可能是最早采用火药开凿的公路隧道。1863 年英国修建了第一条城市地下铁道，1865 年又完成了全长 2000 公里的伦敦地下排水系统改造工程。整个排水系统纵横交错，有效地将生活污水与地下水源隔开。由于大面积的地下开挖，为了保证结构安全，工程部门特地研制了新型高强度水泥，并发明了一套质量检验方法，成为现代各种商品质量检验的先驱。

图 7.3　古罗马斗兽场地宫遗址

20世纪至今，城市规模不断扩大，各个国家对地下空间的开发达到了空前的规模，地下建筑由单一的交通、市政功能向多功能方向发展。例如，韩国梨花女子大学新建的下沉式综合楼，不仅是一座多功能广场线性建筑，还可以看成是一个绿地公园，一个很好的休闲娱乐空间。这样的建筑结构不仅减少了建筑的占地面积，还有利于自然光的入渗，如图7.5所示。

图7.4 隋朝粮仓遗址

图7.5 韩国梨花女子大学下沉式建筑

瑞典不仅拥有设施完善的地下供排水系统，还建造有一套由地面的垃圾箱和一系列隐蔽在地下的竖井和管道组成的地下清运垃圾系统，利用定时的空气吹送装置将各种垃圾送入中央收集站，如图7.6所示。此外，日本学者提出了城市地下空间再循环系统的构想。计划在地下50～100m深的稳定岩层中建造一个圆形隧道，其上布置有多种封闭循环系统，形成一个地上使用，地下输送、处理、回收、储存的封闭性再循环系统。虽然整个系统的前期投资较大，但是对于节省资源、提高城市生活质量方面，却是一种大胆而有意义的尝

图7.6 地下清运垃圾系统示意图

试，并可创造巨大的财富价值。

　　地下空间是迄今为止仍未被充分开发的一种自然资源，目前地下空间的开发技术已日趋成熟。对于地表以下 10m 左右的浅层空间，由于其距离地表近、人员上下方便，通常安排商业、文化娱乐、体育以及人员较多、较集中的业务活动等场所，形成集地下交通通道、停车库、商娱体系及社区活动等立体交叉的多功能的地下建筑联合体。

　　纵观各个国家地下空间的发展，都反映出一个趋势，就是以地铁枢纽站为起点，以城市空间的视角，向空中、地下和周围地区辐射发展，把城市地上、地下空间进行系统的有机整合。地下空间正在成为城市公共空间的延伸和新的重要组成部分。

7.1.2　地下建筑的特征

　　(1) 增加可利用空间。随着城市化的发展，人们对生存空间提出了更多的要求。有资料表明，城市人均占地达到 $100m^2$（包括住房、公共服务设施及道路等），才能满足安全性、舒适性的要求。因此，我国城市还需要增加 1 亿多亩土地。然而，我国可耕地、城市和乡村居民用地的面积仅占国土总面积的 15%，城市用地日趋紧张。有人曾经大胆估算，如果按照目前城市地下空间 30m 左右的深度进行开发，仅仅只需其中的 1/3，即可与城市地面建筑的总容积持平。在未来 100 年，地下空间的合理开发深度可能将会达到 100 ~ 150m。因此，地下空间资源有巨大的开发利用潜力。

　　(2) 具有良好的热稳定性和密闭性。土壤和岩石具有良好的热稳定性。有研究表明，地表以下 8.0m 的温度大约在 5℃ 左右，并且随地面温度的变化极小。同时，密闭的地下空间可以使地下建筑周围形成一个比较稳定的温度场，对于要求恒温、恒湿、超净的生产、生活用建筑非常适宜，尤其对低温或高温状态下储存物资效果更为显著。位于北极圈的芬兰在地下 90 ~ 150m 的岩层中修建了巨大的油料仓库，甚至正在研究利用地下恒定的温度场以及地下水压力，将天然气液化进行储存。

　　(3) 具有良好的抗灾和防护性能。地下建筑处于一定厚度的土层或岩层的覆盖下，可减轻或免遭包括核武器在内的空袭、炮轰、爆破的破坏。研究表明，当核爆炸冲击波地面超压达到 0.12MPa 时，多层砖混结构将成为废墟，而地下建筑结构却能抵抗 0.1MPa 的冲击压力。同时，地下厚达几米的钢筋混凝土结构与土壤也可以吸收原子弹爆炸产生的主要辐射微尘。除此之外，地下建筑对于地面上难以抗御的外部灾害如战争空袭、地震、风暴、地面火灾等都有较强的防御能力，还能提供灾害时的避难空间，储备防灾物资的防灾仓库，紧急饮用水仓库以及救灾安全通道。

　　(4) 施工条件复杂。城市地下工程通常是在大城市形成之后兴建的，需要与地面建筑、交通设施等进行配合、衔接。在建设过程中，既可能穿越各种岩土层或者河流，又可能遇到建筑物基础和市政地下管道等已有结构物。然而，由于技术条件的限制，在施工前很难对工程地质条件进行准确预测，这就增加了施工中的不确定性。此外，建设过程中既要尽可能避免地面交通和正常生活受到影响，又要确保地面不出现沉降和开裂，保证地面或地下建筑物与设施的安全，这也提高了地下工程的施工难度。

　　(5) 具有综合经济效益。开发城市地下空间的造价较高，与类型相同、规模相同的地上建筑相比，地下建筑的造价高出 2 ~ 3 倍，有时甚至可以达到 8 ~ 10 倍。但是，一些用于仓储等特殊功能的地下建筑，其造价却又往往比地面同类规模的造价节约 30% ~ 60%。

对于民用地下建筑，如果要求其内部通风、照明的环境质量标准不低于地面建筑，则运行所消耗的能源要比在地面上多3倍左右。但是，由于有恒温、恒湿、遮光、隔闭等物理特点，地下建筑物在采暖与制冷方面又具有很强的优势，比地面建筑要节约 1/2～2/3 的空调费用。此外，地下建筑具有耐压、抗震的构造特点，因而具有很高的安全性，只要防水措施合理，其维修费用将远远少于地面建筑。

7.2 隧道工程

7.2.1 隧道类型

隧道是修建在地下、水下或者山体中，通过铺设铁路或道路，完成某种用途的建筑物。经济合作与发展组织（OECD）的隧道会议提出：修筑断面大于 $2m^2$ 的地下洞室可属于隧道，孔径太小，则属于管道。根据其所在位置可分为山岭隧道、水下隧道和城市隧道三大类。其中，为缩短距离和避免大坡道而从山岭或丘陵下穿越的称为山岭隧道；为穿越河流或海峡而从河下或海底通过的称为水下隧道；为适应铁路通过大城市的需要而在城市地下穿越的称为城市隧道。此外，用于上下水道、输电线路等大型管路的通道，也属于隧道。当今，隧道已涉及国民经济的各个领域，如公路、铁路、水利、水电、煤炭、采矿、国防工程、地下仓库、地下停车场及过街地道等。

我国最早用于交通的隧道为石门隧道。北魏郦道元《水经注》记载："褒水又东南历小石门，门穿山通道六丈有余。"据考古现场考察记载，石门隧道建于公元66年，位于今陕西省汉中市褒河谷口内，平均高度3.6m，平均宽度4.15m，长15.75m。我国第一条铁路隧道是1887～1891年在台湾修建的狮球岭隧道，最大埋深61m，全长261m。而完全由中国人自行设计和修建的隧道是1907年在京包线上建成的八达岭隧道，全长1091m，是由我国杰出的工程师詹天佑亲自规划督造的。

目前世界上最长的山岭铁路隧道是建于1981年的日本东京大清水铁路隧道，位于大宫至新潟的铁路干线，隧道内设有6座斜井和1座横洞。1994年开通的英法海底隧道位于英吉利海峡最窄处，即英国的多佛尔到法国的加来之间，全长50000m。两条隧道同时修建，相距30m，在其中间修有一条直径为4.5m的辅助隧道，每隔375m与两侧主隧道连通，供通风、维修使用，如图7.7所示。当主隧道因故列车不能通行时，辅助隧道还可作为应急的通道。此外，当高速列车通过时，巨大的压力和空气阻力会使隧道内的温度升高到49～55℃。这样高的温度不仅会造成钢轨变形、设备发生故障，而

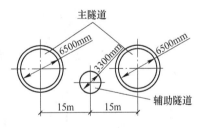

图7.7　英吉利海峡的
主隧道和辅助隧道

且旅客也难以忍受。为了解决这个问题，科技人员在两个隧道之间加设了一条冷却管道，并在海峡两端建造了巨型水冷却设备，水温在这里被降到3℃，然后流经管道以降低隧道内的温度。

新中国建立以来，我国的隧道事业有了长足进展。特别是改革开放以来，高速公路和铁路建设得到了快速发展，公路和铁路隧道的建设日新月异，取得了世界瞩目的成绩。秦岭终南山公路隧道是世界最长的双洞高速公路隧道，单洞长18.02km，双洞共长

36.04km。2007 年 1 月 20 日，隧道正式通车。建设过程中，建设者克服断层、涌水、岩爆等施工中的难题和通风、火灾、监控等运营中的重大技术课题，使我国公路隧道建设技术达到了一个新的水平，如图 7.8 所示 。隧道共设置三座通风竖井，最大井深 661m，最大竖井直径达 11.5m，竖井下方均设大型地下风机厂房，工程规模和通风控制理论属国内首创。为缓解驾驶员视觉疲劳，保证行车安全，设置了世界上高速公路隧道最先进的特殊灯光带，通过不同的灯光和图案变化，将特长隧道演化成几个短隧道，从而消除驾驶员的焦虑情绪和压抑心理。

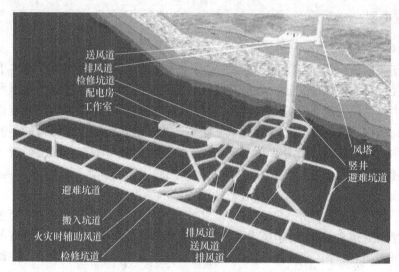

图 7.8　终南山隧道

7.2.2　隧道断面基本尺寸与限界

隧道设计时需要考虑隧道衬砌内轮廓线和隧道衬砌外轮廓线，如图 7.9 所示。

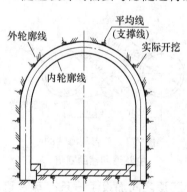

图 7.9　隧道断面要素

衬砌内轮廓线是指衬砌的完成线，在内轮廓线之内的空间，即为隧道的净空断面。该线应满足围岩压力和水压力的作用，达到既经济又适用的目的。

衬砌外轮廓线是指为保持净空断面的形状，衬砌必须有足够的厚度（或称最小衬砌厚度）的外缘线。为保证衬砌的厚度，侵犯该线的岩体必须全部除掉，木质临时支撑或木模板等也不应侵入，所以该线又称为最小开挖线。

为保证衬砌外轮廓，开挖时往往稍大，尤其用钻爆法开挖时，实际开挖线是不规则形状。因为它比衬砌外轮廓线大，所以又称为超挖线，超挖部分的大小叫超挖量，一般不应超过 10cm。实际上由于凸凹不平，10cm 的限制线只是平均线，它是设计时进行工程量计算的依据。

为保证隧道内各种交通的正常运行与安全，因而规定在一定宽度和高度范围内不得有任何障碍物的空间限界。隧道限界包括建筑限界和行车限界。

建筑限界是指建筑物（如衬砌和其他任何部件）不得侵入的一种限界。道路隧道的建筑限界包括车道、路肩、路缘带、人行道等的宽度，以及车道、人行道的净高。道路隧道的净空除包括公路建筑限界以外，还包括通风管道、照明设备、防灾设备、监控设备、运行管理设备等附属设备所需要的足够的空间，以及富裕量和施工允许误差等。图7.10和图7.11分别给出了公路隧道建筑限界和铁路隧道建筑限界。

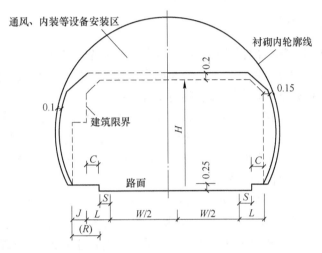

图 7.10　公路隧道限界

W—行车道宽度；*S*—行车道两侧路缘带宽度；*C*—余宽，当计算行车速度不小于100km/h时为0.50m，
计算行车速度小于100km/h时为0.25m；*H*—净高，汽车专用公路，一般二级公路为5m，
三、四级公路为4.5m；*L*—侧向宽度；*R*—人行道宽度；*J*—检修道宽度

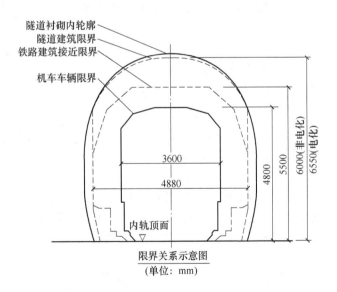

图 7.11　铁路隧道限界

隧道行车限界是指为了保证道路隧道中行车安全，在一定宽度、高度的空间范围内任何物件不得侵入的限界。隧道中的照明灯具、通风设备、交通信号灯、运行管理专用设施

（如电视摄像机、通过率计等）都应安装在限界以外。

隧道的净空及限界确定以后，就可以据此进行隧道断面的初步拟定。因隧道衬砌是一个高次超静定结构，不能直接用力学方法计算出应有的截面尺寸，而必须预先拟定一种截面尺寸，按照这一尺寸验算在荷载作用下的内力，如果达不到要求，调整截面后再进行计算，直到合适为止。

7.2.3　隧道通风与照明

在隧道运营期间，隧道内保持良好的空气是行车安全的必要条件。为了有效降低隧道内有害气体与烟雾的浓度，保证司乘人员及洞内工作人员的身体健康，提高行车的安全性和舒适性，隧道应做好通风设计，保证隧道良好通风。

隧道通风可分为施工通风和运营通风。施工通风指将施工过程中产生的炮烟、粉尘，以及运输车辆排放的废气排至洞外，并为施工人员输送新鲜空气；运营通风之目的是用洞外的新鲜空气置换被来往车辆废气污染过的洞内空气，提高行车的安全性和舒适性，保护驾乘人员和洞内工作人员的身体健康。

当车辆通过较长隧道时，会排放出一些有害气体，如一氧化碳（CO）、二氧化氮（NO_2）等。这些废气若不能很快排除，容易在隧道内蓄积，当超过允许浓度，必将危害工务养护人员、机车司机及乘客的健康，并对隧道设备产生腐蚀，严重地威胁人身安全及行车安全。此外，隧道内有时温度过高，湿度太大，也需要用通风降温和除湿。

铁路隧道运营通风按通风方式可分为自然通风和机械通风。

自然通风是由于洞内和洞外的气温不同，空气密度有差别，加以隧道进出口海拔高度不同，而产生气压差，引起隧道内空气的自然流动。此外，列车通过隧道时，也会产生同列车运行方向相同的气流，称"活塞作用"。提高列车速度，可以增大"活塞作用"有利隧道运营通风。

当一些中长隧道仅仅利用自然通风，无法满足卫生标准时，就必须设置机械通风。机械通风方式分为纵向通风方式和横向通风方式。

（1）纵向通风方式。纵向式通风是从一个洞口引进新鲜空气，通过另一个洞口排出污染空气的方式，如图 7.12 所示。在这种方式中，空气污染浓度由入口到出口方向呈线性增加，出口内侧污染浓度最大。

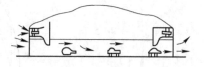

图 7.12　纵向通风方式

当隧道过长时，常常利用竖井将长隧道进行分段，如图 7.13 所示。由于受到机械通风风速以及列车通过隧道间隔时间的限制，利用竖井、斜井、横洞机械通风特别长的隧道时，一般采用分段式通风，即利用隧道施工时的辅助坑道（竖井、斜井或横洞）等作为通风道，在隧道内分段设置若干台风机，进行隧道通风。

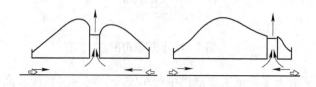

图 7.13　竖井送排式通风

国际上曾利用竖井分段通风，将隧道以竖井划分为两个通风段，一段由竖井的一半吸出，另一段由竖井的另一半吹入新鲜空气。

纵向式通风在单向交通时可利用活塞风作用，使空气流通。工程造价低，运营费用低，但隧道内有害气体浓度不均匀，出洞口处污染浓度高，火灾时排烟不利。

（2）横向通风方式。横向通风方式是设置专门的送风道和排风道，隧道内基本不产生纵向流动的风，只有横向的风，如图7.14所示。当双向交通时，纵向风速大致为零，污染物浓度沿隧道较均匀分布；单向交通时，受交通气流的影响，在纵向会产生一定的风速。污染物浓度由入口至出口增加，一部分污染空气直接由出口排出。

由于通气气流在隧道内横向流动，通风效果好，安全性强。隧道内发生火灾时，能及时排烟。但隧道内需设置两个风道，占用隧道面积，工程造价高，运营费用高。

（3）半横向通风方式。道路隧道半横向通风方式是将原有的车道空间作为送风道或排风道，由此构成送风型半横向通风方式（见图7.15）或排风型半横向通风方式。与送风型半横向式通风相比，利用排风型半横向式通风可以使得洞口附近的污染浓度较小，但最高污染浓度将出现在隧道内部，且耗电量高于送风型。

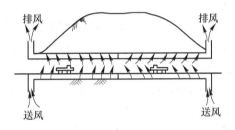

图7.14 横向通风方式

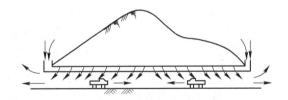

图7.15 送风型半横向通风方式

隧道发生火灾时，送风机可逆转，能防止火灾蔓延。车道内有害气体的浓度较均匀，只需一个风道，工程投资较低。但在隧道中部易形成中性区（车道风速等于零），通风效果低于其他各处。

隧道照明是消除隧道内驾驶所引起的各种视觉问题的主要方法。由于隧道照明不分昼夜，电光照明消耗费用较高，因此，必须科学地设计隧道照明系统，充分利用人的视觉能力，使隧道照明系统安全可靠，经济合理。

通常，隧道照明分为入口照明、内部照明和出口照明。为使司机适应从野外的高照度到隧道内亮度的变化，必须保证入口视觉的照明。隧道入口照明的亮度应根据隧道外白天的亮度、车速、入口处的视场和隧道的长度来确定，要求从与外界相仿的亮度逐渐降低，通常由临界部、变动部和缓和部三个部分的照明组成。临界部是为消除司机在接近隧道时产生的黑洞效应所采取的照明措施。变动部是照度逐渐下降的区间。缓和部为司机进入隧道到习惯基本照明的亮度，适应亮度逐渐下降的区间。出口照明是指汽车从较暗的隧道驶出至明亮的隧道外时，为防止视觉降低而设置的照明，以消除"白洞效应"，及防止司机因眩光作用而产生的不适感。隧道照明目前多采用效率及透雾性能较好的高压钠灯，对显色性要求较高的隧道和特殊地段多采用荧光灯。

7.3   地下工业与民用工程

7.3.1   地下工业建筑

由于地下空间有限，施工难度大，因此，大部分工业建筑都建设在地面以上。自经历了 20 世纪初的战争、地震和核试验等，人们发现地下建筑具有良好的防护性能，许多国家将一些军事工业转入地下。同时由于地下空间能提供特殊的生产环境，为某些类型的生产提供了良好的条件。因而地下工业建筑日益受到重视。

考虑到地下建筑空间的特殊性，地下工业建筑主要包括两类工业；一类是可以充分利用地下空间特点的工业生产工厂；另一类是由于本身功能特点，必须建在地下的工业建筑，如水力发电站的引水隧道、尾水隧道，地下抽水蓄能发电站，核电站的核反应堆，贮库工业等。

根据地下工业的生产特征和产品类型，地下工业厂房主要利用地下空间的以下特点：

（1）利用恒温、恒湿、防尘特点。位于地下 3~5m 的空间具有良好的隔热性能，空间内部全年温差很小，而湿度也几乎恒定，因此不仅适合于建造地下贮库，还适合酒品酿造工厂、药品生产工厂、精密仪表工厂等。

日本的山崎马扎克 OPTONICS 的地下工厂建于 2007 年，在 17m 的地下深处修建了约为 1 万平方米的地下建筑，用于激光加工机组装加工。为了保证高品质的产品质量，加工现场的温度要保持在 23℃ ±0.3℃。由于工厂所在地全年的温度变化约为 40℃，为实现这样的温度控制，空调的成本非常庞大。而在地下 5m 以下的空间，全年的温度变化只有约10℃，这样空调设备的初始成本和运行成本都仅需 1/4。

（2）利用隔音、防噪的特点。对于一些安装有空压机的维修车间和锻造车间，其生产设备发出的噪声可以被地层有效隔绝，有利于保证周边生活区的生活品质。

（3）利用防灾特点。由于地下建筑周围受地层约束，所以振动幅度要比地面建筑物小。因此，利用地下空间战时防轰炸、平时防地震的良好防护性能，国防工厂的一些重要生产设施可以安排在地下。除此之外，一些具有一定危险性的生产，例如，弹药和油料的生产、核反应堆的屏蔽等，都可以利用岩石的防护能力将可能发生的危害降低到一定限度。

（4）环境保护特点。工业污染是城市环境恶化的主要原因。通过设置城市地下空间再循环系统，有利于进行废水、废渣、废气的集中管道运输、净化和排放，对地面环境进行有效保护。

考虑到地下厂房在战略上的重要作用，在进行地下厂房的规划、设计时，应考虑以下几个方面的安全问题：

（1）水文地质条件的影响。地质条件对于地下厂房的空间大小、结构形式、施工方法、施工进度与安全、工程造价等有着很大的影响，是地下工程建设的一个重要条件。

洞室位置最好选择在岩性均一、整体性好、风化程度低、强度比较高的岩层内。在一些岩性不均一的地带建造洞室，尤其是夹带有薄层页岩或者含有泥质的岩层中，容易出现比较复杂的不良地质现象。

另外，在考虑地下厂房出入口位置的时候，应该注意地表水的最高水位等水文条件，一般应位于百年一遇的洪水水位以上 0.5～1.0m。

（2）洞口的隐蔽和防护。洞口是地下厂房与地面联系的唯一通道，因此对洞口的隐蔽和防护有一定要求。从安全和备用角度考虑，洞口不应少于两个，同时应尽可能利用地形条件，使洞口朝向不同的方向，以减少同时遭受破坏的可能性；当受到条件限制，只能设置在同一方向时，应尽量拉大洞口之间的距离，并在洞口之间做必要的遮挡。

为防止气体毒剂和放射性尘埃通过洞口进入地下厂房，洞口宜设计得小一些，减少毒性气体进入室内，并应避开毒气容易聚集的地方，如四面环山的山谷、低洼窄小的山沟。

（3）地下厂房的通风。由于岩石的温度比较恒定，单位时间的传热量比较小，再加上裂隙水的存在，使得地下厂房内的余热、余湿难以自然消散，再加上地下厂房内生产活动需要大量空气的引入，因此，需要使地下厂房的通风系统能有效地组织气流通畅。如果通风不利，有可能造成雨季不能进行有效除湿，洞室内凝水现象严重，导致设备或产品生锈；或者温度过高，以致工人中暑晕倒。

7.3.2　地下商业街

地下商业街是建设在城市地表以下，能为人们提供商业活动、公共活动和工作的场所，并具备相应综合配套设施的地下空间建筑。地下商业街是实现城市可持续发展的有效途径，也承担了城市赋予的多种功能。地下商业街与地铁、市政管线廊道、高速路、停车场、娱乐及休闲广场相结合，可以形成具有城市功能的地下大型综合体，成为地下城的雏形。

地下商业街最早起步于日本。日本中心城区人口稠密，建筑拥挤，车行效率低，交通事故多，地下街成为解脱困境的一种手段。20 世纪 50 年代前后，地下商业街进入成熟阶段，从原本单纯的商业性质演变为包括交通、商业、娱乐等多种城市功能的地下综合体。然而，地下街集中了大量人群，店铺比邻，餐饮和服装店铺较多，存在众多火源和大量易燃物品等不安全因素。1972 年大阪千日百货大楼发生火灾，造成 118 人死亡。由此，人们对地下街的发展采取了谨慎态度，对地下街的防灾、卫生、交通等提出了严格的要求。在规划、设计、经营管理等方面已形成一套较健全的地下街开发利用体系。例如，世界最大的地下商业街、建筑面积约 14 万平方米的东京"八重州"地下商业街就采取了以下保障措施：（1）防火。八重州顶部安装了 8000 个"烟火感知器"，在温度达 72℃时，立即自动洒水灭火。每隔 50m 有消火栓，以及数十个通达地面的通道。（2）防火灾、地震时突然停电。备有自发电设备，停电 1min 后可自动发电，保障正常供电。（3）防震。八重州地下商业街采用了各种耐震的建筑构造。同时，地下商业街还制定了各种严格的规章制度。

地下街的城市功能主要表现在以下四个方面：

（1）城市交通功能。城市交通的核心问题是车速下降和阻滞时间长。地下街与地下步行街和地下停车场相结合，与地下铁道和城市高架快速公路一起组成立体交通网，在不增加地面交通道路的条件下使城市交通得以改善。

（2）城市商业的补充。相对于整个城市而言，地下街的数量和规模是有限的。但是由于地下街不受气候条件的影响，购物环境方便、舒适，在雨雪天气客流明显较多。

（3）改善城市环境。由于城市地下空间的开发，使得地面人、车分流，路边停车减少，开敞空间扩大，绿地增加，小气候改善，有利于综合改善城市环境。

（4）防灾功能。地下空间在城市抗灾中的主要作用在于防御地面难以防护的灾害。在地面受到破坏后，仍能提供部分城市功能，进行灾后重建；并与地面防灾空间相配合，为居民提供安全的避难场所。

因此，为保证以上城市功能的实现，地下街在进行规划设计时，一方面要考虑人、车流量和交通道路状况，以及道路和市政设施的中远期规划；另一方面要考虑改、扩建的可能，使内部通道系统布置规范，以免在后期的使用和施工中造成安全隐患。除此之外，还应做好防止火灾、爆炸、水淹为主的防灾设计。

7.3.3　地下居住建筑

居住是人类生活的基本需求之一，而最早被人类用来作为居住的掩蔽所就是洞穴。千万年来这种形式的掩蔽所一直为人们所用，在法国南部、以色列、中国北部、南非和世界上许多其他地方都发现了旧石器时代及其后的人类利用洞穴居住的遗迹。今天，在我国西北的黄土高原地区仍保留着以地下窑洞为主要居住形式的村落。而在突尼斯南部地区的马特马塔（Matmata）山区和撒哈拉沙漠的北部地区，也存在着部分地下村庄，有的聚落规模达到几千人。马特玛塔的柏柏尔人（Berbers）的洞穴式建筑通常分为两层：底层是卧室、作坊、厨房和储物间，二层是用来存放粮食的仓库，人们必须攀着绳索才能进去。由于这里属沙漠性气候，难得下雨，因此不必担心房屋被雨水冲垮。此外，土耳其中部的卡帕多基亚也存在着 30 多个地下城，这些 3000 年前的地下建筑之间通过地道相连，卡伊马克彻和代林库尤两地的地道足有 10km。

20 世纪 70 年代，在能源危机的背景下，美国开始发展具有现代建筑特征的半地下覆土住宅，并取得了一定规模。一些国家也开始结合本国情况，开始研究地下居住建筑的可行性。位于加拿大的蒙特利尔地下城（Montreal Underground City）始建于 1962 年，建筑面积为 50 万平方米，最深的地方上下可分五层，步行街全长 30km，连接着 10 个地铁车站、2000 个商店、200 家饭店、40 家银行、34 家电影院、2 所大学、2 个火车站和一个长途车站。日本也提倡私人住宅建造地下室，作为居家工作、活动、贮藏以及灾害发生时的避难场所。

地下人居建筑具有以下优点：

（1）土壤是地下住宅天然的温度调节器，土层可以保暖也能隔绝热气，建造在地下的房屋通常具有冬暖夏凉的优势，因而可以大大降低人工降温和取暖所需的消耗。据有关数据显示，居住于地下可以减少 60%~80% 的石油能源消耗，家庭电费和取暖费用比住在地面缩减很多。

（2）地下住宅能避免破坏自然植被，维持原始地面景观。地下住宅主要向地下深处延伸，不会影响当地自然生态立体景观。此外，在房顶种植草坪和蔬菜等植被也能起到美化环境的作用。

（3）不需要经常进行房屋的外部修葺，无需像地面住宅一样每隔 10~15 年就要维修屋面，也无需考虑台风、酷寒等恶劣天气的影响。

（4）防火性能好，即使发生火灾对临近建筑的影响也十分小。

（5）抗震性能强，还能预防放射性物质对人体的侵害。

（6）不受交通噪音和邻里噪音的干扰，能为居住者提供安静的生活环境。

目前，地下居住建筑形式主要涉及窑洞建筑和覆土建筑这两种形式。

A 窑洞建筑

窑洞是陕西、甘肃、内蒙古、山西、河南、青海等省的黄土地区，利用黄土壁立不倒的特性而挖掘的拱形穴居式住宅。远在周先祖时期，土窑洞就遍布山原谷地。《诗经》称为"陶复陶穴"。陶穴，即下沉式窑洞；复穴，即靠崖式窑洞。其中，靠崖式窑洞是在天然土壁内开凿横洞，往往数洞相连，或上下数层，有的在洞内加砌砖券或石券，以防泥土崩溃；或外砌砖墙，以保护崖面。规模较大的在崖外建房屋，组成院落，成为靠崖窑院，例如，陕西省宝鸡市金台观张三丰元代窑洞遗址（见图 7.16）。利用台地向下挖成矩形深坑后，再向四壁纵深挖掘的，称为下沉式窑洞。在陕西咸阳市乾县乾陵乡韩家堡村、淳化县十里原乡梁家村，河南洛阳邙山乡苗家沟村，山西槐下村等，都有典型的下沉式窑洞村落，而且各具特色，如图 7.17 所示。

图 7.16 陕西省金台观元代窑洞遗址　　图 7.17 山西槐下村下沉式窑洞

窑洞具有"冬暖夏凉"的特点。清代文人白汝璜著文："山中多土窑，天愈寒则内愈暖，天愈暖则内愈凉。"但是，窑洞也存在一定的缺陷。传统窑洞一年中有 7 个月处于舒适温度，但是冬季室内温度仍低于舒适温度 5~6℃，因此冬季仍需室内供热；夏季室内外温差过大，超出人的生理适应能力，比较容易感冒。另外，窑洞内的通风、除湿、采光都很难达到理想要求。因此，现代窑洞设计除冬季提供适当采暖之外，主要措施还包括改进夏季通风，在不使用人工降温除湿的条件下，加强自然通风，改善室内空气清洁度。

在窑洞的建造中还应该考虑稳定性问题。我国黄土高原地区，常年干旱少雨。当挖掘成窑洞之后，经过一段时间的干燥，抗压强度可提升到 0.2~0.3MPa，足以保证窑洞结构的强度和稳定。因此，按照传统技术和经验修建的黄土窑洞，在正常情况下较少出现安全问题。民间在建筑窑洞时，有"窑宽一丈，窑深两丈，窑高一丈一尺，窑腿九尺"的口诀。

但是，黄土最大的问题就是其具有湿陷性。黄土的湿陷性是一种特殊的工程地质性质，是指其在自重或外部荷重下，受水浸湿后结构迅速破坏发生突然下沉的性质。水对窑洞的破坏主要有两种情况：一是经常性作用，即通过地表积水或土中植物根部集水，经过长时间渗透，使土体的含水量增加、强度降低；另一种情况是突发性作用，暴雨或山洪的直接冲刷或淹没。事实上，经常性作用是一个积累过程，窑洞的破坏常通过突发性作用表现出来。

　　因此，窑洞在规划建设中应该选择土质密实，整体性好的土层，避免垂直节理较多或可能发生滑坡的地段。此外，在窑洞上方应当建立完善的截排水系统，防止地表径流在窑洞顶部形成积水而向下渗透。

　　B　覆土建筑

　　覆土住宅是一种半地下式住宅，通常在平地上或挖开的地基上，用常规方法建造一幢住宅，工程完成后，在屋顶和外墙面积的50%以上用一定厚度的土覆盖，其余部分（主要为朝阳面）仍然外露。这种住宅20世纪60年代起源于美国，由于当时核战争的危险加剧，美国的城市居民纷纷到郊区或更远的地方建造这种可以防核微粒沉降的私人掩蔽所。

　　早期的覆土住宅从节能方面注意较多，对于通风和被动太阳能的利用考虑还不够周到，比较封闭。经过一个阶段的实践后，覆土住宅在建筑平面、结构、通风、日照等方面进一步得到完善，节能作用也有所提高。美国一些科学家在充分发挥覆土和被动太阳能的综合作用基础上，还提出了使覆土住宅"能源独立"的设想，一方面增加主动太阳能的利用系统，解决夜间或阴天时的热能贮存问题；另一方面增设一个利用冬季天然冷源的空调系统，解决夏季供冷问题。

7.3.4　地下管线建筑

7.3.4.1　城市管线基本分类

　　城市地下管线是城市基础设施的重要组成部分，包括给排水、通信、燃气、电力、暖气、工业等管线，承担着为城市输送物质、能量和传输信息的功能，是城市赖以生存和发展的物质基础，被称为"城市生命线"。

　　城市管线按功能主要可分为排水管道、给水管道、燃气管道、热力管道、工业管道、电力电缆和电信电缆等七大类，每类管线按其传输的物质和用途又可分为若干种（见图7.18）。

　　城市管线还可按照埋设深度分为浅埋和深埋。所谓浅埋，是指覆土深度小于1.5m的管道。我国南方土壤的冰冻线较浅，对给排水、燃气管等没有影响，尤其是热力管，电力电缆等不受冰冻的影响，均可浅埋。我国北方的土壤冰冻线较深，对水管和含水分的管道在寒冷情况下将形成冰冻威胁，加大覆土厚度避免土壤冰冻的影响，使管道覆土厚度大于1.5m，称为深埋管道。

7.3.4.2　管线铺设方式

　　在工程地质条件较好、地下水位较低、土壤和地下水无腐蚀性、地形平坦、风速较大并要求管线隐蔽时，无腐蚀性、毒性、爆炸危险性的液体管道，含湿的气体管道，以及电缆和水力输送管道等，通常采用地下敷设。根据管线的性质、同一路径管线的数量、施工和检修的条件以及总平面图布置的要求，地下管线敷设方式分为直埋敷设、管沟敷设两种方式。

　　（1）直埋敷设。直埋敷设是指各种管线相对独立，分别敷设在道路下不同空间位置；包括单管（线）埋地敷设，管组埋地敷设和多管埋地敷设三种，如图7.19所示。

　　直接埋地敷设在工业企业中应用最为广泛。因为它不需要建造管沟、支架等构筑物，施工简单，投资最省，不占用空间，不影响通行，管道的防冻条件和电缆的散热条件也较

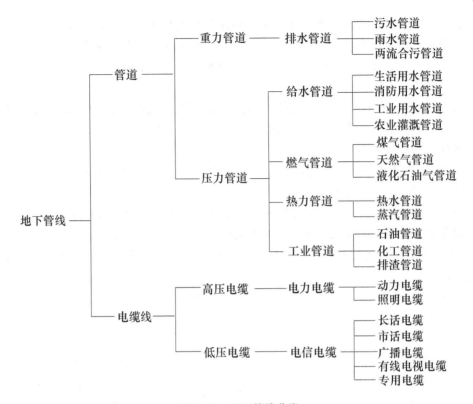

图 7.18 地下管线分类

好。但是管路不明显，管线泄漏不易发现，检修时需要开挖。一般把不需要经常检修、自流怕冻的给水管道、排水管道、城市煤气管道、低黏度的燃油管道、水利输送管道以及同一路径根数较少的电缆常采用此种方式敷设。

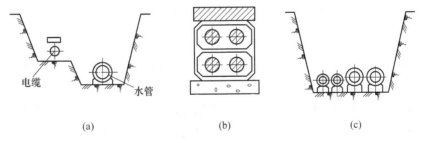

图 7.19 直接埋地敷设

(a) 单管直埋；(b) 管组直埋；(c) 多管同槽埋地

（2）管沟敷设。随着城市化进程的推进和土地开发强度的增加，城市管线数量不断增加，越来越多的管线敷设加剧了城市地下空间的紧张，纵横交错的地下管线，给城市改建、扩建工作带来了极大的不便，管道的安全可靠性也受到了极大的挑战。传统的市政管线敷设方式必须采用反复开挖路面的方式进行施工，形成人们常见和批评的所谓"城市拉链"，严重影响了城市的交通和市容，干扰了市民的正常生活和工作秩序。

早在 19 世纪末和 20 世纪初，法国、日本等国的城市为了合理充分地利用地下空间，避免路面开挖给城市带来的诸多不利，开始采用综合地下管线共同沟。综合管沟（亦称地下综合管沟或地下城市管道综合走廊）是指将几类性质不同的工程管线集中敷设在同一空间内的构筑物，即在城市地下建造一个隧道空间，将市政、电力、通信、燃气、给排水等各种管线集于一体，设有专门的检修口、吊装口和监测系统，实施统一规划、统一设计、统一建设和管理。

采用综合管沟来敷设城市地下管网系统与传统直埋敷设式管网系统相比较有如下优势：

1）综合管沟可减少道路开挖的次数，从而保证路面畅通，保持路面的完整与美观，使路面的使用寿命延长2~3倍；

2）综合管沟能有效缩短管线施工的工期，还可避免盲目施工引起的各种管线的损坏，使管网故障率减少到最低程度；

3）综合管沟埋设管道的空间利用率高，能进入内部作定期巡回检查，并可随时进行换修，因此各管线间的故障及相互影响大为减少，还可以全面回收旧管材；

4）有利于管沟内各种管线的运营管理和集中维护，提高工程的综合质量、投资效率及管理层次。

管沟敷设分为通行地沟、半通行地沟和不通行地沟三种，如图7.20(a)、(b)、(c) 所示。

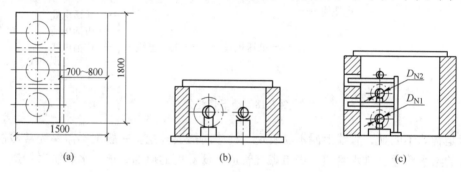

图7.20　常见管沟铺设方式
（a）通行管沟敷设；（b）不通行管沟敷设；（c）半通行管沟敷设

7.3.4.3　市政管线布置影响因素

市政管线的布置位置主要考虑管线的使用性质、检修周期、覆土深度、易燃和损坏时对建筑物基础安全影响等因素。

1）使用性质。主要是考虑各种管线分支线的多少和其他设施的连接方便等因素。例如，电力电缆、通信电缆、给水配水管、燃气配气管等分支线多，一般布置在比较靠近道路红线的位置。给水输水管、燃气输气管等分支线少，适宜布置在远离道路红线的位置。雨水管一般每隔25~50m就需要雨水篦子连接，所以雨水管适宜布置在近车行道边线的位置，在断面宽度不足的情况下，雨水管还可以布置慢车道下。

2）检修周期。检修周期短的管线一般不适合布置在机动车道，而适宜布置在绿化带下。绿化带宽度不足的情况下可以选择布置在人行道下。例如，电力电缆、给水配水管。检修周期长的管线在横断面空间有限的情况下则可以选择布置在非机动车道、机动车道下。

3）覆土深度。各种管线都有最小覆土深度要求。实际工程中，多数管线的覆土深度要比最小覆土深度大。覆土越深的管线适宜布置在离建筑物基础越远位置，例如，污水管、雨水管等覆土深度，通常较大的管线适宜布置在离道路红线最远的位置。相反，电力电缆、通信电缆等覆土深度小的管线可以布置在离道路红线近的位置。

4）易燃和损坏时对建筑物基础安全影响。主要是燃气配气管、燃气输气管等易燃和损坏时，容易发生爆炸的管线应布置在离建筑物较远的位置。综合布置管线时，管线之间或管线与建筑物、构筑物之间的水平距离，除了要满足技术、卫生、安全等要求外，还须符合国防上的规定。

7.4 地下空间的防灾减灾

7.4.1 地下空间抗御外部灾害的能力

在城市发展和现代化建设的同时，需要加强城市的总体抗灾抗毁的能力，把灾害损失减小到最轻程度。地下建筑的灾害可以分为两类，即自然灾害和人为灾害，以及这两种灾害引发的次生灾害。自然灾害主要是气象灾害和地质灾害，如洪水、地震、地陷等；人为灾害主要为意外事故灾害，如火灾、爆炸、交通事故等。

地下空间对于外部灾害具有较强的防御能力，尤其在抗爆、抗震、防火、防毒、防风、防洪等几个方面，在城市防灾减灾中起到积极作用。

（1）地下空间的抗爆特性。爆炸形成空气冲击波向四周扩散，对接触到的障碍物产生静压和动压，从而造成破坏。此外，还会有爆炸时的光辐射、早期核辐射、放射性沾染等伴生灾害，以及火灾、建筑物倒塌等次生灾害。对于这些破坏效应，暴露在一定范围内的地面空间中的人和物很难实行有效地防护，但是地下空间却可有效削弱冲击波的作用。

（2）地下空间的抗震特性。在浅层地下空间的建筑结构，与地面上的大型建筑物基础大致处于同一个层面，其受到的地震力作用基本相同。不同点在于，地面建筑基础以上部分为自由端，在水平力作用下越高则振幅越大，越容易被破坏；而处于岩层或土层包裹中的地下建筑，岩石或土对结构提供的弹性抗力可以阻止结构位移的发展，同时周围的岩石或土对结构自振起到了阻尼作用，有效减小结构的振幅。

研究发现，地震发生在地层深部，而地震波在岩石中传递的速度低于在土中的速度，故当地震波由岩石层进入到土层后，会发生加速度放大现象，当到达地表面时将出现最大值。据日本的一项测定资料，地震强度在100m深度范围内可放大5倍。这种随深度加大地震作用趋于减弱的特点，使在次深层和深层地下空间中的人和物，即使在强震情况下，只要通向地面的竖井和出入口不被破坏或堵塞，人员的生命安全就基本上可以得到保障。

（3）地下空间对城市大火的防护能力。无论是什么原因引起的城市火灾，都有可能在一定条件下（如天气干燥、有风、建筑密度过大等）燃烧成为城市大火，甚至形成火暴，造成生命财产的严重损失。由于热气流的上升，地面上的火灾不容易向地下中间蔓延，又有土层或岩石相隔，故除在出入口需采取一定的防火措施外，在城市大火中，地下空间比在地面上安全。但是这种安全有一个前提，就是由于燃烧中心的地面温度急剧升高，经覆盖层和顶部结构的热传导，使地下空间中的温度升高。只有当这种升温被控制在人和结构构件所能承受的范围内时，地下空间才是安全的。

（4）地下空间的防毒性能。如果突发有毒化学物质泄漏及核事故造成的放射性物质的泄漏等城市灾害，或者在现代战争中发生核袭击或大规模使用化学和生物武器的情况，对于暴露在地面上的和在地面有窗建筑中的人员将遭受十分严重的危害。

然而，只要地下空间的覆盖层和结构层具有一定的厚度，对核辐射就有很强的防护能力；地下空间有封闭性特点，在采取必要的措施后，能有效地防止放射物质和各种有毒物质的进入，因而其中的人员是安全的。

（5）地下空间对风灾的减灾作用。风灾对城市地面上的供电系统的破坏性很大，除直接损失外，停电造成的间接损失也很大。当风的强度超过建筑物的设计抗风能力时，由风压造成的建筑物倒塌和由负压造成的层顶被掀的现象是常见的。由于风一般只是在地面以上水平吹过，对地下建筑物和构筑物不产生荷载，再加上覆盖层的保护作用，因而几乎可以排除风灾对地下空间的破坏性。

（6）地下空间的防洪问题。洪灾是我国相当多城市可能发生的自然灾害之一，由于水流方向是从高向低，故地下空间在自然状态下并不具备防洪能力，如果遭到水淹，就会成为地下空间的一种内部灾害。但是，这种状况可以通过人为的努力和科学技术的进步得到改变，使地下空间成为一种防洪设施。除依靠地下空间的封闭性对洪水实行封堵外，还可以充分发挥深层地下空间大量储水的潜力，综合解决城市在丰水期洪涝，而在枯水期又缺水的问题。如果地下水库的容量超过地面上的洪水量，洪水就会及时得到宣泄，经处理后储存在地下空间中供枯水期使用。从这个意义上讲，应当认为地下空间同样可以起到防洪的作用。

在现代科学技术还不足以使城市摆脱灾害威胁以前，只有在建立健全单项防灾系统的同时，使这些系统能够协调地进行工作，并随时处于有准备状态，才能使城市在防止灾害发生、减轻灾害损失、加快灾害恢复等各个环节上具备综合的能力，这就是所谓的城市综合防灾。

在建立城市综合防灾体系的过程中，地下空间以其对多种灾害所具有的较强防护能力而受到普遍重视，越是城市聚集程度高的地区，这种优势就表现得越为明显。

在城市改造和立体化再开发过程中，地下空间在数量上迅速扩大，质量有所提高，本身都具有一定的防护能力，只要在出入口部适当增加防护设施，就可以形成大规模的地下防灾空间，包括面状空间和线状空间。面状地下空间可容纳大量人员避难、救治伤员、储存物资；线状地下空间（地铁、地下步行道、可通行的管线廊道等）则可用于人员疏散、伤员转运、物资运输等，使大量居民即使在灾前来不及疏散时也有可能置于地下防灾空间的保护之下。同时，实行地下与地面防灾空间的互补，建立起覆盖整个城市的防灾空间体系，增强城市的总体抗灾抗毁能力。

城市基础设施常被称为城市的"生命线"，其中最重要的除道路系统外，供水和供电系统应尽量避免破坏，即使部分破坏也能及时修复。城市公用设施管线的地下化和廊道化，虽然需要相当数量的资金才能实现，但与灾害损失相比，可能还是一个小的数字。

战争及平时灾害对城市造成的损失不仅会造成人员伤亡、基础设施的破坏，城市中的工业企业也会因受灾而停产，加重救灾的困难。如果平时保证一定的防灾储备，将战时必须坚持生产的生产线置于地下空间中，使地下空间中储备足够的备件、零件等，至少可以减轻一些损失，并加快恢复生产时间。

7.4.2 地下建筑内部灾害特点

地下建筑内部灾害的类型多样，与地面建筑相比，其抗御外界灾害的能力强，而抗御内部灾害的能力弱。后者对前者有制约作用。因此，保障地下建筑的内部安全，是充分发挥其使用功能、并能抗御外部灾害的先决条件。

地下建筑内部的主要灾害有火灾、爆炸、水灾、空气恶化、施工事故、公共设施事故等。地下建筑灾害的发生和扩大的原因复杂多样，不同类型的灾害成因如下：

火灾是地下空间的主要灾种，火灾产生的火、热、烟和有害气体的控制和排除，是灾害救助的最大难题。地下建筑内部发生火灾的原因主要有电气事故（如打火、短路、过热等），使用明火不慎（如饮食加工、电焊、淬火等），易燃气体泄漏，以及管理不善（如允许吸烟、监控系统失灵）等。火灾发生后容易蔓延的原因是大量易燃物的存在，例如，装修材料、家具（货架、柜台、桌椅等）、易燃商品（衣服、鞋帽等）、纸制物品（书籍、资料、档案、包装箱等）。因此，应针对内部火灾发生和蔓延的条件，限制易燃物和可燃物的数量，采取必要的消防措施。

引起爆炸的原因有易燃气体泄漏；初期爆炸后的易燃气体扩散未被感知；易燃气体沿通风道向上扩散，地下室中未能嗅出气体气味。造成事故灾害损失进一步扩大的原因有二次爆炸使消防人员遭到严重伤亡；气体紧急闭门失灵；因热辐射使人无法关闭上部的闭门；对建筑物上部与地下两部分的特点缺乏了解而反应迟缓；报警延迟和消防队的到达受阻等。

洪灾也是地下建筑重点防御的自然灾害。一旦发生洪灾，在地面建筑尚属安全的情况下，洪水会由地下建筑物的入口灌入，波及整个连通的空间，甚至直达多层地下空间的最深层，造成人员伤亡以及地下的设备和贮存物资的损坏。由于周围地下水位上升，即使地下入口处没有进水，长期被饱和土所包围的工程衬砌，也有可能因为防水质量问题导致地下水渗入结构体，严重时将影响结构安全，造成地面沉陷，影响对邻近地面建筑的安全。1998 年韩国首尔遭受特大暴雨袭击，大约 $8 \times 10^5 \mathrm{m}^3$ 的水涌进了 11km 范围内的 11 个地铁车站，造成电气设施和通信系统瘫痪。此外，供水管断裂，地下室的外门因内部空气超压而无法开启排水等也可引起地下建筑水害。

综合以上各种灾害的成因，归纳起来可以概括为三个方面，即设计问题、设备问题和管理问题。其中，管理不善引起的灾害，包括因平时缺少维护制度而使一些设备遇灾失灵，是导致灾害发生或是灾害损失扩大的一个重要原因。

7.4.3 地下空间的内部防灾

地下建筑对于外部发生的各种灾害都具较强的防护能力。但是，由于地下建筑结构的封闭环境会造成疏散困难、救援困难、排烟困难，以及从外部灭火困难，特别像火灾、爆炸等，要比在地面上危险得多，防护的难度也大得多，这是由地下空间比较封闭的特点所决定。地下空间防灾减灾的特点体现在：

（1）地下建筑位于城市地面高程以下，人从室内向室外的行走方向是一个垂直上行的过程，比下行要消耗体力，从而影响疏散速度。同时在地下空间中，火势蔓延的方向、烟和热气流的流动方向与人员撤离走向大致相同，都是从下向上，而火的燃烧速度和烟的扩散速度却大于人员的疏散速度。同时，在出入口处由于烟和热气流的自然排出，给救援人员进入火场造成很大困难。

（2）地下使人感到脱离地面，有隔离感，人们的方向感较差。特别是那些对内部情况不太熟悉的人很容易迷失方向。一旦发生灾情，现场的混乱程度比在地面上要严重得多，给灾害发生时的疏散人群造成困难。

（3）地下建筑的钢筋网和周围的土和岩石对电磁波有一定的屏蔽作用，妨碍使用无线通信，如果有线通信系统和无线通信的发射装置在灾害初期受到破坏，将影响内部防灾中心的指挥和通信工作。

（4）地下与地上建筑相连、相通，当灾害发生对上部建筑将会构成很大威胁。单建式地下建筑在覆土后，内部灾害向地面扩散和蔓延的可能性较小，而地下空间建筑规模越大，内部布置越复杂，灾害扩散和蔓延的危险性就越大，最后导致整个建筑物受灾。

考虑到以上各方面原因，地下空间防火最重要的有两个方面：一是对灾情的控制，包括控制火源、起火感知和信息发布、阻止火势蔓延和烟流扩散，及组织有效的灭火；二是内部人员的疏散和撤离，主要从规划设计上做到对火灾的隔离，保证疏散通道的足够宽度，满足出入口的数量要求并使其位置保持与疏散人员的最小距离。为了做到以上各点，地下空间在达到一定规模后，必须设置防灾中心，并保证内、外通信系统的畅通，以及足够的消防用水和其他器材。

地下空间遇到的水害一般由外部因素引起，如地表积水的灌入、附近供水干管破裂、地下水位回升、建筑防水层被破坏而失效等。这些只要加强规划设计，重视日常监控和维修，是不难预防和治理的。

地下空间在抗地震方面较之地面建筑有较大优势，在同样震级情况下，烈度相差较大；因此防震的重点应放在防止次生灾害上，如火灾、漏水、装修材料脱落等。

7.4.4　地下建筑对环境的影响

地下工程建筑引起的环境问题，主要有岩土工程问题、供水问题、水化学问题、对植物的影响和振动、噪声、灰尘问题，以及废石的运输和堆放对工作环境的影响等。其中，振动和噪声、灰尘问题以及废石运输和堆放问题，对地面和地下建筑工程都会产生。因此，这里只分析地下工程建筑引起的岩土工程问题、供水问题、水化学问题以及对植物的影响。

（1）岩土工程问题。地下工程建筑引起的岩土工程问题，有地面沉降、地基失稳、滑坡和诱发地震等。隧道开挖引起地面沉降的例子很多，世界上许多城市，如香港、新加坡、奥斯陆、墨西哥城等，都有因地下水位下降引起的岩土工程问题。地下水的渗入，也能危及地下建筑的稳定性。因而，有水流入的隧道断面，一般比干燥的断面需要更多的加固措施。尤其当含有黏土矿物裂隙带中有水流入时，黏土矿物发生膨胀，会导致隧道稳定性降低，往往需要大规模的支护。在日本，曾发生海水由海底突然涌入海底隧道，导致隧道沿 70m 长断面的塌落事故（Fujita，1979）。1965 年斯德哥尔摩 Hammarby 隧道的坍塌，使沙和水填满 700m 长的断面，造成隧道之上的地面坍塌。

（2）供水问题。由于进行地下工程建筑，使水流入隧道或其他地下建筑物，往往可造成基岩和土层中的地下水位下降，在这些地区形成沉降漏斗，有时可危及供水。

1969 年，美国北卡罗来纳州从一个磷矿矿井里抽取大量的水，造成 3367km^2 范围内地下水位下降 1.5m 以上，影响距离距矿井达 65km，使当地的供水井干涸。1925 年日本建设 Tanna 铁路隧道造成缺水，使隧道一侧的井水水位下降区达 4km；1959 年建成的另一条平行于老 Tanna 隧道的新隧道也产生地下水的入渗，使供水、稻田和地表水受到影响。

（3）对水化学的影响。地下工程建设也可以直接或间接地导致地下水化学的改变、地表水的污染和其他化学影响。由于隧道引起的化学影响，可以是隧道建筑中使用的化学物质，也可以是地下水位的变化和地下水的流入而间接引起。

设备的漏油与残余的炸药，可以污染从隧道中抽出的水。Braaten（1984 年）指出，从隧道中抽出的水，可被机器油和岩石灰尘污染。因此，挪威有关部门经常对地下水被抽到地表水汇水处或公共废料系统中对油和泥浆分离箱的使用，提出严格要求。

灌浆使用的混凝土化学添加剂，可以影响隧道附近的地下水化学。例如，一些加入了硅胶的混凝土，在隧道系统建成两年多以后，对地下水仍存在污染效应。

在海岸地带的隧道，会使地下水位降低到海平面以下，造成海中咸水的入侵。瑞典最南部 Scania 石灰岩中 Limhamn 隧道的建设，导致地下水的超常渗入，以至于上覆地层和浅层基岩中的 200 多口民用井干涸。

此外，钻孔和钻孔排水，也能引起深部水和浅层水的混合与污染。

（4）对植物的影响。开挖隧道可引起地下水位的变化，从而间接地影响植物的生长。这种影响取决于土层中水文地质条件和天然地下水位的高度。水是控制植物生长的一个最基本因素，然而，植物生长通常不取决于地下水。因为根系既需要水分又需要氧气，因而非饱和带中土壤水分的多少更为重要。但是，地下水位的上升，植物根系被浸没，会造成草木窒息死亡。甚至在一些特殊情况下，土壤中的铁离子和硫离子有毒富集，对植物会造成直接危害。由于地下水位的上升，对潮湿地区植物造成的影响是缓慢的，在草地要经几年以后才能观察到，而对原始林区则要几十年后才能观察到。因此，地下水位微小变化造成的影响，很难与其他原因造成的影响相区别。

为了避免地下工程对环境的影响，在工程的规划、建设和运行期间应该采取不同的措施。

在地下建筑规划阶段，进行全面的现场调查，对构造带的位置、基岩面高程、基岩和覆盖层的水力学性质，以及其他重要因素加以评价，进行适当的选址。同时，作为在地下建筑施工之前，布置钻孔进行地下水位观测。

在建设阶段，可以采取不同措施减少建设对环境的影响。在表层开挖隧道，特别是在松散风化的岩石或土中，可以用"随挖随填"法。在城市和其他敏感地区，将排水与防渗墙的建设相结合，以维持墙外的地下水位。在隧道建设期间，可以采取不同措施以避免水的流入，如使用压缩空气，或灌入不同材料等方法使地下水冻结。

在不允许有地下水位下降的地方，如水压面下降能造成地面沉降的地区，可以把水渗到原有的土层中，使通过隧道的水的损失得到补偿。斯德哥尔摩西南部的 Botkyrka，通过水管以每秒渗入 3L 的水量就能控制 $1km^2$ 范围内的地下水位。虽然，在有些地方曾出现过渗水管和钻孔的堵塞，但在大多数地方，这种方法是非常成功的。

在地下建筑建设完成以后，对地下水位的测量通常要延续一年以上。因为地下工程的间接影响如地面沉降，可以持续 10 余年。

7.5　地下建筑施工

7.5.1　地下建筑施工方法

由于地下建筑位于岩土体中，因此，地下建筑在施工过程中受地质及水文条件影响很大，并具有不确定性，如果处理不当，将会造成人员及财产损失。特别是城市地铁、高层建筑地下室等，如果设计施工措施不合理，一旦出现基坑坍塌，将会殃及周围建筑、管线、道路，造成严重后果，此类教训在国内外都屡见不鲜。

在土层内修筑地下工程时，最常用的施工方法有：明挖法、顶管法、盾构法、地下连续墙法以及矿山法等。地下建筑工程施工技术和方法的发展，除了工程技术人员对地下建筑及其周围介质认识逐渐深化以外，还有赖于系列化、自动化施工机械的研制和新材料的创造，使得在开挖、运输和衬砌等作业中能综合运用，并形成新的施工方法，以缩短施工期限和保证工程质量。

对施工方法有决定性影响的是埋置深度，一般埋深较浅的地下工程，大多采用明挖法，施工时先从地面挖基坑或堑壕，修筑衬砌之后再回填。当埋深超过一定深度后一般采用暗挖法，即不挖开地面，采用在地下挖洞的方式施工。

一般来说，在岩石地层内的开挖，多采用矿山法和隧洞掘进机。前者是采用钻眼爆破，分部或全断面一次开挖。后者则用掘进机切削岩层一次开挖成洞。也有采用在盾构掩护下的切割式凿岩机开挖坑道。最近 30 年来，喷锚支护得到很大发展。采用喷锚作为初期支护，然后用模筑方法修筑整体式二次支护的复合式衬砌，能最大限度地利用围岩的自承能力，保护施工安全，在地下工程中得到了广泛应用。

7.5.1.1 明挖法

明挖法是从地表开挖基坑或堑壕，修筑衬砌后用土石进行回填的浅埋隧道、管道或其他地下建筑工程的施工方法统称。一般隧道中的明洞、城市中的地下铁道隧道和市政隧道、穿越有明显枯水期河流的水底隧道及其他浅埋的地下建筑工程等，只要地形、地质条件适宜和地面建筑物条件许可，均可采用明挖法施工。明挖法施工具有以下特点：

（1）多用在地形比较平坦地段；

（2）明挖法其埋深一般要求小于 30m；

（3）相比较暗挖法等，适用于不同类型的地下建筑结构形式，一般矩形框架结构较多；

（4）随着地下建筑埋深的增加，明挖法的施工成本、工期将大幅增加。根据统计，当明挖法深度超过 20m 时，其施工成本和工期要比暗挖法大。

与暗挖法和其他工法相比，明挖法施工速度快，质量好，而且安全。但其缺点也比较明显，主要是干扰地面交通，常需要拆迁地面建筑物，以及需要加固、悬吊、支托跨越基坑的各种地下管线。

7.5.1.2 矿山法

矿山法又称钻爆法，是暗挖法的一种，主要用钻眼爆破方法开挖断面而修筑隧道及地下工程的施工方法。由于地下工程最初开挖沿袭矿山开拓巷道就是采用这一方法，因此得名。当地下建筑的埋深超过一定深度后，明挖法不再适用，而要改用暗挖法，即不挖开地面，采用在地下挖洞的方式施工。

暗挖法施工有下列特点：

（1）受工程地质和水文地质条件的影响较大；

（2）工作条件差、工作面少而狭窄、工作环境差；

（3）暗挖法施工对地面影响较小，但埋置较浅时可能导致地面沉陷；

（4）有大量废土、碎石须妥善处理。

用矿山法施工时，将整个断面分部开挖至设计轮廓，并随之修筑衬砌。分部开挖主要是为了减少对围岩的扰动，分部的大小和多少视地质条件、隧道断面尺寸、支护类型而定。当地层松软、破碎时，则可采用简便挖掘机具进行，并根据围岩稳定程度，在需要时应边开挖边支护，以防止土石坍塌。喷锚支护的出现，使分部数目得以减少，并进而发展成新奥法。在坚实、整体的岩层中，对中、小断面的隧道，可不分部而将全断面一次开挖。

7.5.1.3　盾构法

盾构法是在地表以下土层或松软岩层中暗挖隧道的一种施工方法，如图 7.21 所示。用盾构法修建隧道已有 150 余年的历史，最早进行研究的是法国工程师 M. I. 布律内尔，他由观察船蛆在船的木头中钻洞，并从体内排出一种粘液加固洞穴的现象得到启发。在1818 年开始研究盾构法施工，并于 1825 年在英国伦敦泰晤士河下，用一个矩形盾构建造世界上第一条水底隧道（宽 11.4m、高 6.8m）。1847 年在英国伦敦地下铁道城南线施工中，英国人 J. H. 格雷特黑德第一次在黏土层和含水砂层中采用气压盾构法施工，并第一次在衬砌背后压浆来填补盾尾和衬砌之间的空隙，创造了比较完整的气压盾构法施工工艺，为现代化盾构法施工奠定了基础。20 世纪 30～40 年代，仅美国纽约就采用气压盾构法成功地建造了 19 条水底的道路隧道、地下铁道隧道、煤气管道和给水排水管道等。从1897～1980 年，在世界范围内用盾构法修建的水底道路隧道已有 21 条。德、日、法等国把盾构法广泛使用于地下铁道和各种大型地下管道的施工。1969 年起，在英、日和西欧各国开始发展一种微型盾构施工法，盾构直径最小的只有 1m 左右，适用于城市给水排水管道、煤气管道、电力和通信电缆等管道的施工。

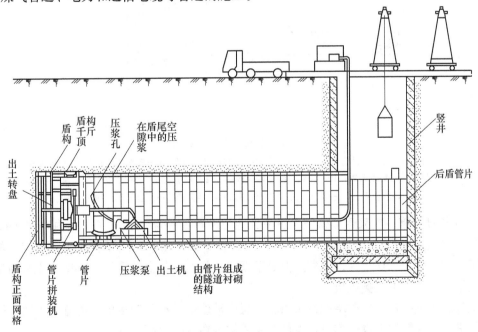

图 7.21　盾构法施工示意图

盾构法施工的优点主要有：

（1）施工安全。在盾构设备的保护下，可安全进行开挖和支护工作；

（2）自动化程度高。盾构的推进、出土、拼装衬砌等全过程可实现自动化作业，施工劳动强度低，掘进速度快；

（3）对施工区域干扰小。不影响地面交通与设施，同时不影响地下管线等设施；穿越河道时不影响航运，施工中没有噪声和扰动；

（4）施工中不受季节、风雨等气候条件影响。

盾构法虽然适合于各类土层和松软岩石中的隧道施工，但也存在一定的局限性，主要表现在适应能力差，不适合断面尺寸多变的区段；此外，新型盾构购置费昂贵，对施工区段短的工程不太经济。

7.5.1.4 顶管法

顶管施工是继盾构施工之后发展起来的一种土层地下工程施工方法，主要用于地下进水管、排水管、煤气管、电讯电缆管的施工。它不需要开挖面层，并且能够穿越公路、铁道、河川、地面建筑物、地下构筑物以及各种地下管线等，是一种非开挖的敷设地下管道的施工方法，如图 7.22 所示。

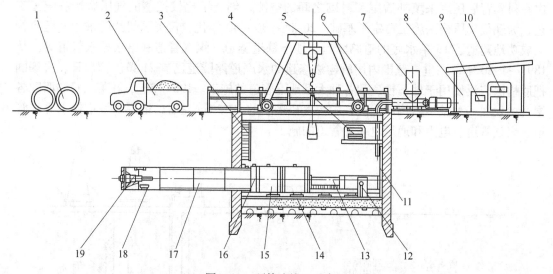

图 7.22   顶管法施工示意图

1—预制的混凝土管；2—运输车；3—扶梯；4—主顶油泵；5—行车；6—安全护栏；7—润滑注浆系统；
8—操纵房；9—配电系统；10—操纵系统；11—后座；12—测量系统；13—主顶油缸；14—导轨；
15—弧形顶铁；16—环形顶铁；17—已顶入的混凝土管；18—运土车；19—机头

1948 年日本第一次采用顶管施工方法，在尼崎市的铁路下顶进了一根内径 600mm 的铸铁管，顶距只在 6m。1950 年前后，英、德、日等国家相继采用顶管法。我国较早的顶管施工约在 20 世纪 50 年代，初期主要是手掘式顶管，设备也较简陋。1988 年上海研制成功我国第一台土压平衡掘进机。

顶管法是直接在松软土层或富水松软土层中敷设中、小型管道的一种施工方法。随着时代的进步，顶管技术也得到迅速发展。主要体现在以下方面：

（1）一次连续顶进的距离越来越长；

（2）顶管直径向大小直径两个方向发展；

（3）管材包括钢筋混凝土管、钢管、玻璃钢顶管等；

（4）挖掘技术的机械化程度越来越高；

（5）顶管线路的曲线形状越来越复杂，曲率半径越来越小。

7.5.1.5 沉管法

沉管法是预制管段沉放法的简称，是在水底建筑隧道的一种施工方法。其施工顺序是先在船台上或干坞中制作隧道管段（用钢板和混凝土或钢筋混凝土），管段两端用临时封墙密封后滑移下水（或在坞内放水），使其浮在水中，再拖运到隧道设计位置。定位后，向管段内加载，使其下沉至预先挖好的水底沟槽内。管段逐节沉放，并用水力压接法将相邻管段连接。最后拆除封墙，使各节管段连通成为整体的隧道。在其顶部和外侧用块石覆盖，以保安全。20世纪50年代起，由于水下连接等关键性技术的突破而普遍采用，现已成为水底隧道的主要施工方法。用这种方法建成的隧道称为沉管隧道。

采用沉管法施工的水下隧道，与用盾构法施工相比具有较多优点。主要有：

（1）容易保证隧道施工质量。因管段为预制，混凝土施工质量高，易于做好防水措施；管段较长，接缝很少，漏水机会大为减少，而且采用水力压接法可以实现接缝不漏水；

（2）工程造价较低。因水下挖土单价比河底下挖土低；管段的整体制作，浮运费用比制造、运送大量的管片低得多；又因接缝少而使隧道每米单价降低；再因隧道顶部覆盖层厚度可以很小，隧道长度可缩短很多，工程总价大为降低；

（3）在隧道现场的施工期短。预制管段（包括修筑临时干坞）等大量工作均不在现场进行；

（4）操作条件好、施工安全。除极少量水下作业外，基本上无地下作业，更不用气压作业；

（5）适用水深范围较大。由于大多作业在水上操作，水下作业极少，故几乎不受水深限制，如考虑潜水作业实用深度范围，则可达70m；

（6）断面形状、大小可自由选择，断面空间可充分利用。大型的矩形断面的管段可容纳4~8车道，而盾构法施工的圆形断面利用率不高，且只能设双车道。

适合于沉管法施工的主要条件是：水道河床稳定和水流并不过急。前者不仅便于顺利开挖沟槽，并能减少土方量；后者便于管段浮运、定位和沉放。

7.5.1.6 地下连续墙

地下连续墙在上世纪50年代最先在欧洲得到应用，1951年意大利用连锁冲孔法，在那不勒斯水库及米兰地下汽车道施工中，构筑帷幕墙取得成功，并逐渐在欧洲进行推广。我国应用地下连续墙最早是在1958年山东月子口水库的修建中采用冲孔桩排式地下连续墙作为坝体防渗帷幕墙，上世纪70年代初，在工业与民用建筑及矿山建设中逐渐推广。

地下连续墙的特点为：施工时的震动小、噪声低，墙体刚度较大，防渗性能较好，对周围地基无太大扰动，可以组成具有很大承载力的任意多边形连续墙代替桩基础、沉井基础或沉箱基础等。

另外，地下连续墙对土壤的适应范围很广，在软弱的冲积层、中硬地层、密实的砂砾层以及岩石的地基中都可施工。初期用于坝体防渗，水库地下截流，后发展为挡土墙、地下结构的一部分或全部。房屋的深层地下室、地下停车场、地下街、地下铁道、地下仓库、矿井等均可应用。

地下连续墙的缺点也比较明显，主要表现为：

（1）在一些特殊的地质条件下（如很软的淤泥质土，含漂石的冲积层和超硬岩石等），施工难度很大；

（2）如果施工方法不当或施工地质条件特殊，可能出现相邻墙段不能对齐和漏水的问题；

（3）地下连续墙如果用作临时的挡土结构，比其他方法所用的费用要高些；

（4）在城市施工时，废泥浆的处理比较麻烦。

7.5.2　地下建筑防水处理

地下结构作为地面建筑的延伸，决定了地面建筑整体安全和功能使用。如果地下结构长期受到水的影响，就会引发钢筋锈蚀、混凝土劣化、建筑物形态改变等一系列问题。1995 年韩国的三丰百货在 30s 内轰然倒塌，其主要原因归因为偷工减料、更改设计以及改变用途，但不能忽视的是，三丰百货自投入使用开始，地下室一直在渗漏。

地下建筑结构的渗漏直接反映的是地下建筑结构的品质缺陷，与设计、材料、施工和管理等环节均有关系。作为建筑结构的重要组成部分，地下建筑结构主体的防水越好，结构的质量就越好；主体结构的防水差，结构质量必差。水，无孔不入，就像一个探测仪，让结构内部以及连接件的裂缝、酥松等缺陷无处躲藏。

因此，地下建筑防水不仅仅是为了减少水对地下结构的侵扰，更主要的是为了保障整个结构物的安全。

然而，由于早期技术和材料的不成熟，地下建筑结构的防水最早是参照屋面防水的做法来进行的。进入到 20 世纪 80 年代，我国相继制定了《地下工程防水技术规范》和《地下防水工程质量验收规范》，为地下工程防水技术的发展和提高地下工程的防水质量及其可靠性发挥了重要作用。

地下建筑结构防水从总体上来说，可以分为结构主体防水和细部构造防水。

7.5.2.1　主体防水

主体防水又可分为结构自防水和附加防水。结构自防水主要是指混凝土结构具有自防水功能。附加防水主要以柔性外防水为主。

混凝土本身的透水性很低，但是在浇筑混凝土中产生的水化热，以及干缩和外界温度变化引起的不均匀收缩，均会造成混凝土结构产生裂缝。因此，结构自防水主要是基于提高混凝土的抗渗、抗裂性能而考虑的。

混凝土是一种非均质的无机多孔复合材料，但如果在材料和施工方面采取一定措施，提高混凝土密实度，改善内部孔结构，可以制成具有相当抗渗能力的混凝土，完全可以阻挡地下水的侵入。另外，混凝土自防水功能还可以通过原材料优选、合理的混凝土级配、掺加减水剂与膨胀剂等方法来实现。

附加防水也叫表面防水，以柔性外防水为主，主要是通过防水卷材、密封材料或涂料使其达到良好的防水性能。根据防水部位来分，附加防水可分为内防水和外防水。将防水材料设置在地下室主体墙面外部的称为外防水,设置在内表面的称为内防水。根据防水所用材料的材质不同,附加防水又可分为卷材防水、涂料防水、水泥砂浆防水和钢板防水4种,而防水材料的种类更是达到成百上千种。

7.5.2.2 细部构造防水

地下建筑除了做好主体防水外,只有处理好各细部构造的防水问题,才能取得较好的整体防水效果。细部构造防水主要包括施工缝、后浇带、变形缝、穿墙管线等,细部构造防水也称"节点防水"。

由于管线和周围混凝土胀缩系数不同,一些需要穿过防水层的管线周围的混凝土会产生开裂,形成渗水。因此,在地下建筑中穿过防水层的管道周围应留槽,用密封胶密封,并在管道中部加设遇水膨胀橡胶条等方法来处理。

大体积、大面积的混凝土一次浇筑完成有困难,须留设施工缝,分两次或多次浇筑完成。由于施工缝的存在,混凝土结构易产生渗水通道,所以应注意对此进行防水处理。

施工期间,在结构高度变化较大部位或建筑物平面尺寸较大的情况下,一般会设置后浇带。其防水设计与施工缝的防水设计类似,一般设置遇水膨胀止水条或外贴止水带。

地下建筑内墙壁或底板上预埋铁件往往与结构钢筋接触,且容易锈蚀膨胀,会导致水沿铁件渗入室内。为此预留洞、槽均应作防水处理。

思 考 题

7-1 地下建筑的主要特点是什么?

7-2 隧道内的通风有哪几种方式,各有什么特点?

7-3 地下工业厂房主要利用了地下空间的哪些特点?

7-4 传统的窑洞存在哪些安全问题?

7-5 简述地下空间抵御外部灾害的能力。

7-6 地下建筑对环境会造成哪些影响?

7-7 常用的地下施工方法有哪些,各有什么特点?

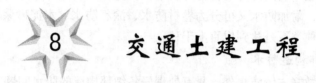

8 交通土建工程

路与人的关系是非常密切的。道路的修筑促进了人类的进步，而人类进步又促进了道路的建设。道路的主要功能是作为城市与城市、城市与乡村、乡村与乡村之间的联络通道。公元前3000年出现了轮车，从而对道路提出了平整、不沉陷的要求。现代道路的修筑始自18世纪的法国和英国，汽车的出现及车辆速度的不断提高，使路面承重荷载的要求不断提高，对道路提出了更高的要求。

8.1 交通工程概述

交通工程学（Traffic Engineering）是关于现代交通运输的一门学科，是研究人、车辆、道路和周围环境之间的关系的学科。也就是说，交通工程学是把公路工程学中的静态结构物（道路）、汽车工程和运输工程中的动态物（车辆）、人类工程学中的人（驾驶员、乘务员、乘客和行人）放在交通这个统一体中进行综合研究的学科，但它并不包括三个方面本身的全部内容。交通工程学把人、车、路、环境及能源等与交通有关的几个方面综合在道路交通这一统一体中进行研究，以寻求道路通行能力最大、交通事故最少、运行速度最快、运输费用最省、环境影响最小、能源消耗最低的交通系统规划、建设与管理方案，从而达到安全、迅速、经济、方便、舒适、节能及低公害的目的。

交通工程学要解决四大问题，即法规、教育、工程、环境。交通工程不仅要从动态的观点来研究交通系统中的人、车、路和各种交通附属设施在交通行为中的作用和它们的相互关系，而且还要研究公路交通与铁路、水路、航空及管道运输相衔接而产生的技术问题。

交通工程研究的主要内容有：

（1）交通特性。包括车辆特性；驾驶员和行人的交通特性，主要指他们的心理因素、生理因素和反应能力等；道路特性，如道路的数量、质量、道路增长速度与交通量增长速度的关系等；交通量；汽车行车速度；道路通行能力等。调查研究这些交通特性，是为了揭示交通规律，据此编制交通规划、设计道路线形和实施交通管理。

（2）交通规划。在调查研究交通现状，预测未来的人口、社会经济和土地利用对交通的需要的基础上，制订交通规划。它是城市或区域总体规划中的一个组成部分。

（3）交通流。即车辆在道路上连续行驶形成的车流，可用流量、流速和密度（道路单位长度上含有车辆的数量，单位是辆/千米）三个参数来描述。研究道路交通流的运行规律，可用于分析道路和各种交通设施的使用效果，并提出改进措施。

（4）道路线形设计。包括道路平面线形和纵断面线形、道路交叉口、道路景观、道路出入口和道路渠化设计。设计方针是保证行人和车辆安全、畅通。

（5）交通管理。研究如何采用一系列手段正确处理交通中人、车、路三者间的关系，保证交通安全，减少交通公害。

（6）交通安全。研究交通事故发生的规律性及产生原因，提出保障交通安全的措施。

（7）交通公害。指机动车辆排放废气和产生噪声及振动而造成的对公众的危害。研究防治公害的措施日益受到重视。

（8）交通节能。包括节能汽车的试制，节能的几何设计研究等。

现代化交通运输主要包括铁路、水路、公路、航空和管道五种运输方式。它们各有其不同的技术经济特征与使用范围（见表8.1）。五种运输方式它们各有分工又相互联系与合作，共同承担国家建设所需的原材料及产品的集散、城乡物资的交流以及生产和生活必需品的运输任务。

表 8.1　现代交通运输方式优缺点对比一览表

方　式	优　　点	缺　　点
航空运输	速度快、运输效率高	运量小、能耗大、运费高、投资大、技术要求高
公路运输	机动灵活、速度快、装卸方便、对自然适应性强	运量小、耗能多、成本高、运费较高
铁路运输	运量大、速度快、运费较低、受自然因素影响小	造价高、耗材多、占地面积大、短途运输成本高
水路运输	运量大、投资少、成本低、运费低	速度慢、灵活性差、受自然条件影响大
管道运输	运具和线路合而为一、运量大、损耗小、安全、连续性强	投资大、灵活性差

铁路运输对于远程大宗货物及人流运输起着主要的作用；水运在通航的地区起着廉价运输的作用；航空运输则起着快速运送旅客，贵重、紧急物品及邮件等的作用；管道运输多用于运输液态、气态以及散装物品（如石油、天然气、成品油、煤气以及煤、矿石等（制成浆体运输到目的地后脱水））；公路运输具有机动、灵活、直达、迅速、适应性强和服务面广的特点，对于客货运输，特别是短距离的运输，效益尤其显著。

8.2　道路工程

8.2.1　公路概述

道路是公路和城市道路的统称（见图8.1），广义上还包括厂矿道路、林区道路等专用道路。

城市道路是在城区范围内使用提供交通功能的交通设施，并且具有提供通风、采光、管道、通信设施埋设通道的功能。城市道路一般较公路宽阔，为适应复杂的交通工具，多划分机动车道、公共汽车优先车道、非机动车道等。道路两侧有高出路面的人行道和房屋建筑，人行道下多埋设公共管线。为美化城市而布置绿化带、雕塑艺术品。为保护城市环境卫生，要少扬尘、少噪声。公路则在车行道外设路肩，两侧种行道树，边沟排水。城市道路的基本组成包括机动车道、非机动车道和人行道，人行立交天桥和地道，交叉口、停车场、公共汽车站，交通安全设施，绿化带，地下铁路、高架桥，沿街设施等。

公路是连接城市、乡村、厂矿和林区的道路，主要提供汽车行驶并且具备一定的技术条件的交通设施。

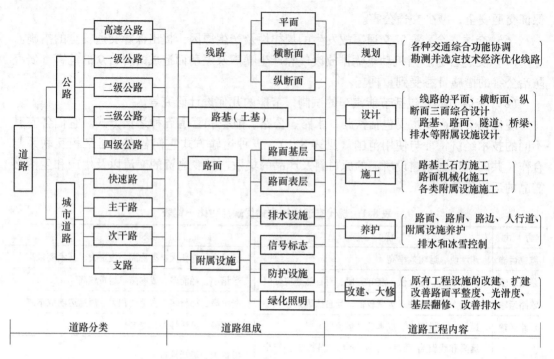

图 8.1　道路的基本体系

8.2.2　公路路线勘测与设计

8.2.2.1　公路设计基本要求

（1）公路设计技术标准。《公路工程技术标准》（JTG B01—2014），是公路线形和构造物的设计、施工在技术性能、几何尺寸、结构组成方面的具体规定和要求。公路主要技术指标包括：计算行车速度、车道数、行车道宽度、路基宽度、极限最小半径、停车视距、最大纵坡、车辆荷载（见表 8.2）。公路工程技术标准一般分为"几何标准"、"载重标准"和"净空标准"等。

表 8.2　公路工程技术标准

公路等级		高速公路			一级公路			二级公路		三级公路		四级公路	
服务水平		不低于三级			不低于三级			不低于四级		不低于四级		—	
设计车速/km·h⁻¹		120	100	80	100	80	60	80	60	40	30	30	20
右侧硬路肩带宽度/m	一般值	3.00/3.50	3.00	2.50	3.00	2.50	2.50	1.50	0.75	—	—	—	—
	最小值	3.00	2.50	1.50	2.50	1.50	1.50	0.75	0.25	—	—	—	—
右侧土路肩带宽度/m	一般值	0.75	0.75	0.75	0.75	0.75	0.50	0.75	0.75	0.75	0.5	0.5	0.25（双）0.5（单）
	最小值	0.75	0.75	0.75	0.75	0.75	0.50	0.50	0.50				
左侧硬路肩带宽度（分离式路基）/m		1.25	1.00	0.75	1.00	0.75	0.75	—	—	—	—	—	—

续表8.2

公路等级	高速公路			一级公路			二级公路		三级公路		四级公路	
左侧土路肩带宽度 （分离式路基）/m	0.75	0.75	0.75	0.75	0.75	0.50	—	—	—	—	—	—
停车视距/m	210	160	110	160	110	75	110	75	40	30	30	20
平曲线最小半径/m	570	360	220	360	220	115	220	115	—	—	—	—
最大纵坡度/%	3	4	5	4	5	6	5	6	7	8	8	9
车道宽度/m	3.75	3.75	3.75	3.75	3.75	3.50	3.75	3.50	3.50	3.25	3.25	3.00
车道数	≥4			≥4			2		2		2（1）	
设计洪水频率	1/100			1/100			1/50		1/25		视具体情况	
使用年限（年） 沥青路面	15			15			12		10		8	
使用年限（年） 水泥路面	30			30			20		15		10	
汽车荷载等级	公路-Ⅰ级			公路-Ⅰ级			公路-Ⅰ级		公路-Ⅱ级		公路-Ⅱ级	
监控设施等级	A/B			C			C		D		D	

（2）公路等级的选用。公路等级的选用首要考虑公路交通量及其在交通网中的地位。设计交通量的预测，应充分考虑走廊带范围内远期社会经济的发展和综合运输体系的影响，起算年为该项目可行性研究报告中的计划通车年。

（3）公路选线。公路选线包括确定路线基本走向、路线走廊带、路线方案至选定线位的全过程。一条路线的起点及中间必须经过的地点，通常是公路网所规定或决策机关根据需要指定的，这些指定的点成为"控制点"，通常包括路线起、终点，必须连接的城镇、工矿企业，以及特定的特大桥、特长隧道等的位置，大桥、长隧道、互通式立体交叉、铁路交叉等的位置。把控制点连成线，就是线路的总方向或称大方向。

1）影响路线的主要因素：

①拟建路线在政治、经济、国防上的意义，国家和地方建设对路线使用的任务、性质的要求，国防、支农、综合利用等重要方针的体现。

②拟建路线在铁路、公路、航道等交通网系中的作用，与沿线工矿、城镇等规划的关系，以及与沿线农田水利等建设的配合及用地情况。

③沿线地形、地质、水文、气象、地震等自然条件的影响，路线长度、筑路材料来源、施工条件以及工程量、主要材料用量、造价、工期、劳动力等情况及其对运营、施工、养护等方面的影响。

④其他，如沿线历史史迹、历史文物、风景区的联系等。应充分利用建设用地，严格保护农用耕地。国家文物是不可再生的文化资源，路线应尽可能避让不可移动文物。保护生态环境，并同当地自然景观相协调。

2）确定路线的类型：

因平原地区地形为平原、山间盆地、高原等地形平坦地区，地面起伏不大，一般自然坡度都在3°以下。平原地区公路选线以直线为主体线形，平面线形顺直，弯道转角一般较小，平曲线半径较大，在纵面上，坡度平缓，以低路堤为主。

山区地形为分水岭、起伏较大的山、陡峻的山坡，一般地面自然坡度在20°以上，山高谷深、地形复杂、山脉水系分明。由于自然条件复杂，地形变化很大，使得路线在平、纵、横三方面受到很大限制，因而技术指标一般多采用低限，在所有自然因素中，高差急变是主导因素，因此，在山区路线布设时，一般多以纵断面线形为主导路线，其次是横断面和平面。通常按照道路行经地区的地貌、地形特征，可分为沿河线、山腰线、越岭线和山脊线四种。

① 沿河线，即沿着河谷两岸布线。特点是纵面困难较少，平面受限制较多。主要问题是左右河岸选择、线位高低和跨河桥位的选定等。而路桥配合的原则是：路线服从大桥，小桥服从路线。

② 越岭线，是以纵断面为主导，主要处理好垭口选择、过岭标高选择和垭口两侧路线展线方案三者的关系。垭口是越岭线的主要控制点，为减小爬坡坡度，越岭线往往用回头曲线以增加线路长度而降低总曲线坡度。目前随着隧道挖掘技术的进步，越岭线逐步被隧道替代；越岭线与沿河线相互融合形成以等高线为基准的桥隧道路。

③ 山腰线，也称山坡线。要求是在任何情况下，路线必须设在平缓稳定的山坡上。

④ 山脊线，在合乎路线总方向的条件下，沿分水岭布设的路线。优点是排水性能良好，排水结构物可以少用。缺点是距离居民点远，受自然条件影响大等。

8.2.2.2 公路线型设计

A 路线设计

公路路线是指公路沿长度方向的行车中心线。公路路线设计，是根据公路的使用任务、性质和交通量以及所经地区的地形、地质等自然条件来确定公路在空间的位置、线形与尺寸，即公路在平面、纵断面、横断面上的几何形状与各部分尺寸的设计（见图8.2）。路线设计依据主要有车辆类型、交通量、计算行车速度三方面；设计的步骤是先制定路线方案，然后进行野外勘测，修正线路方案后定线，最后设计公路附属设施。

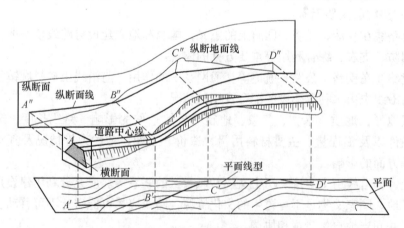

图 8.2 公路平、纵断面示意图

路线纵断面是沿着路线前进方向道路在立面上的投影，在路线纵断面图上，可以看到沿线地形的起伏，路线的纵坡度（上、下坡）和路线的高程。

道路横断面是垂直于道路中线的横向剖切面，在道路横断面图中，可以看到路基、路面的宽度，路基的形状和路面的结构层次等。公路设计是以满足汽车行驶的要求为前提的，公路线形必须满足行车安全、迅速、经济与乘客舒适的要求，这就是线形设计的总原则。除此之外，公路设计还需要考虑汽车行驶的稳定性、如何尽可能地提高车速和保障行车畅通以及行车舒适。

B 平曲线设计

公路路线在转折处用一定曲率的曲线，称为平曲线。弯道上的平曲线是用转角曲线半径 R 表示的，测出了转角，选定 R 半径后。就可以经过计算和测量把圆曲线上的各点定出来。

公路线型除直线外，还有平曲线。平曲线可以分为以下三类：

（1）圆曲线。圆曲线是固定曲率的曲线，应符合表 8.3 的要求。圆曲线是公路曲线的主要形式，包括单曲线、复合线、同向曲线、反向曲线以及复曲线等类型。

表 8.3　圆曲线最小半径

设计速度/km·h⁻¹		120	100	80	60	40	30	20
最大超高 最小半径 /m	10%	570	360	220	115	—	—	—
	8%	650	400	250	125	60	30	15
	6%	710	440	270	135	60	35	15
	4%	810	500	300	150	65	40	20
不设超高最 小半径/m	路拱≤2.0%	5500	4000	2500	1500	600	350	150
	路拱>2.0%	7500	5250	3350	1900	800	450	200

（2）缓和曲线。为了车辆能安全迅速、平稳而舒适地行驶，常在直线与圆曲线、大半径曲线与小半径曲线之间，增设一个平缓的联结曲线，这一平缓的联结曲线称为缓和曲线（回旋线）。缓和曲线是曲率逐渐改变的曲线。缓和曲线使直线与圆曲线之间提高线形连续性和平顺性，符合汽车转向行驶时的自然轨迹；便于设置逐渐变化的超高和加宽。

（3）回头曲线。在山区地形中，地面的自然坡度很陡；为了降低路线的纵坡度，有意识地让路线回头转弯从而把路线拉长，当路线的方向在某处回头前进时，就需要采用回头曲线。

实际路线往往是直线、圆曲线、缓和曲线、回头曲线的组合形式。

C 竖曲线设计

路线竖曲线用纵坡度（i）来表示，顺路线前进方向公路的上下坡，就是路线的纵坡度。纵坡度用百分率表示，沿路线前进方向，上坡（升高）为正，下坡（降低）为负。汽车驶过纵断面上的变坡点时，将受到冲击。行车的平顺性遭到破坏。为了缓和这种突变，保证行车平衡和满足视距要求，在变坡点应设置竖曲线。不同坡度的最大坡长是不一样的。

为保证车辆以一定速度安全顺利行驶，纵坡应有一定的平顺性，起伏不宜过大和频繁。

设竖曲线的目的主要是为了缓和行车时车辆的颠簸和震动（见表 8.4）。竖曲线按其变坡点在曲线上方或下方分别叫做凸形或凹形竖曲线。竖曲线的线形有圆形和抛物线形两种。

表8.4   竖曲线最小半径和最小长度

设计速度/km·h⁻¹	120	100	80	60	40	30	20
凸形竖曲线最小半径/m	11000	6500	3000	1400	450	250	100
凹形竖曲线最小半径/m	4000	3000	2000	1000	450	250	100
竖曲线最小长度/m	100	85	70	50	35	25	20

D   横断面

公路的横断面是公路中心线的法线方向切面。高速公路、一级公路的路基标准横断面分为整体式路基和分离式路基两类。整体式路基的标准横断面应由行车道、中间带（中央分隔带、左侧路缘带）、路肩（右侧硬路肩、土路肩）等部分组成（见图8.3）。分离式路基的标准横断面应由行车道、路肩（右侧硬路肩、左侧硬路肩、土路肩）等部分组成。二级公路路基的标准横断面应由行车道、路肩（右侧硬路肩、土路肩）等部分组成。三级公路、四级公路路基的标准横断面应由行车道、路肩等部分组成。

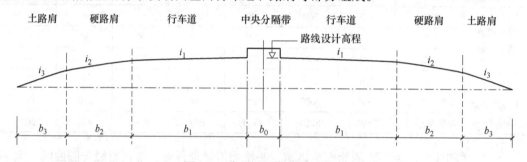

图8.3   路基标准横断面示意图

综合路线平、纵、横三个面的设计资料汇编成路基设计表，它是公路路线设计文件中的主要技术文件之一。

8.2.3   公路结构设计

8.2.3.1   路基工程

路基是行车部分的基础，是按照路线位置和一定技术要求修筑的带状构造物，承受由路面传来的荷载。路基的修筑大多是由土石填筑或挖掘而成的，它由土、石等筑路材料按照一定尺寸、结构要求建筑成带状土工结构物。路基必须具有一定的力学强度和稳定性，以保证行车部分的稳定性和防止自然破坏力的损害。因此路基要求要有足够的稳定性、强度、刚度以及足够的耐久生。路基的组成如图8.4所示。

A   路基的类型

按照填挖情况的不同，路基横断面的典型形式，可归纳为路堤、路堑和填挖结合（半填半挖）三种类型。路堤是指全部用岩土填筑而成的路基，路堑是指全部在天然地面开挖而成的路基。此两种是路基横断面的基本类型。当原地面横坡大，需一侧开挖而另一侧填筑时，为填挖结合路基，也称为半填半挖路基。在丘陵或山区公路上，填挖结合是路基横断面的主要形式。此外还有半路堤、半路堑和不填不挖路基。路基的几何尺寸由高度、宽度和边坡组成。典型路基形式如图8.5所示。

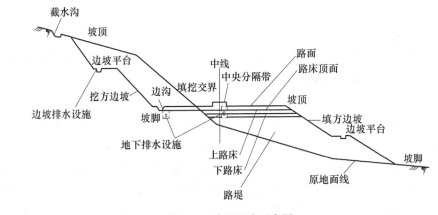

图 8.4 路基组成示意图

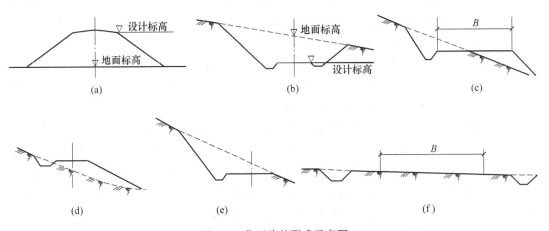

图 8.5 典型路基形式示意图

（a）路堤（填方路基）；（b）路堑（挖方路基）；（c）填挖结合路基；
（d）半路堤；（e）半路堑；（f）不填不挖路基

（1）路堤。路堤是指全部用岩土填筑而成的路基。按路堤的填土高度不同，划分为矮路堤、一般路堤、高路堤。填方高度低于 1m 或小于设计确定的临界高度时属于矮路堤，填方边坡高度高于 20m 者为高路堤，介于两者之间的为一般路堤。按路基所处的条件和加固类型的不同，还有沿河路堤、护脚路堤、挖渠填筑路堤等。由于路堤通风良好，排水方便，且为人工或机械填筑，对填料的性质、状态和密实程度可以按要求加以控制。因此，路堤式路基病害较少，是工程上经常采用的一种形式。

（2）路堑。路堑是开挖地面而成的路基，两旁设排水边沟，基本路堑形式有全挖式、台口式和半山洞式。路堑的开挖破坏了原地面的天然平衡，其边坡稳定性主要取决于地质、水文、边坡坡度和边坡高度。挖方边坡可视高度和岩土体性状设置成直线、折线或台阶形，并根据地质和水文条件选择合适的边坡率。

（3）部分填挖路基。部分填挖路基是路堤和路堑的结合形式，这些断面形式主要设置在山坡上，其填挖部分的比例与路基中心的填挖尺寸和山坡的横坡度密切相关。位于山坡上的路基，通常使路中心线的设计标高接近原地面标高，目的是为了减少土石方数量，保持土石方数量的横向填挖平衡，形成半填半挖路基；若处理得当，路基稳定可靠，是比较经济的断面形式。

　　上述三类典型路基横断面形式各有特点，分别在一定条件下使用。由于地形、地质、水文等自然条件差异性很大，且路基位置、横断面尺寸及要求等，亦应服从于路线、路面及沿线结构物的要求，所以路基横断面类型的选择，必须因地制宜，综合设计。

　　B　路基设计

　　一般路基通常是指在正常的地质和水文等条件下，填方边坡高度或挖方边坡高度不超过规范允许范围（通常取土质路基为18m，石质路基为20m）的路基。

　　路基是公路的一个重要组成部分，作为线形结构物，其位置和标高由公路线形设计所决定，并与公路的其他组成部分（如桥涵、路面及附属设施等）密切相关、相互制约。路基设计一般包括路基主体工程设计、排水系统设计、防护与加固工程设计及附属设施等内容。路基主体设计包括选择路基横断面形式，确定路基宽度、路基高度、路基边坡形状和坡率，选择路堤填料与压实标准，地基处理设计，以及关键部位（台背、挡土墙背、涵洞背等）路基设计与施工设计等。

　　（1）路基三要素。路基宽度、高度和边坡坡度是路基设计的三要素。路基宽度是指在一个横断面上两路肩外缘之间的宽度，为行车道与路肩宽度之和。技术等级高的公路，路基宽度内还需设置中间带。各级公路路基宽度如表8.5、图8.6所示。路基高度取决于路线的纵坡设计及地形；指路基设计标高与原地面标高之差，亦称为路基填挖高度或施工高度；路基高度由路线纵坡设计确定，综合地考虑地形、地质、地貌、水文等自然条件，桥涵等构造物与交叉口的控制高度、纵向坡度的平顺、土石方工程数量的平衡以及路基的强度与稳定性等因素，以得出合理的路基高度。路基边坡坡度取决于土质、地质构造、水文条件及边坡高度，并由边坡稳定性和横断面经济性等因素比较确定。

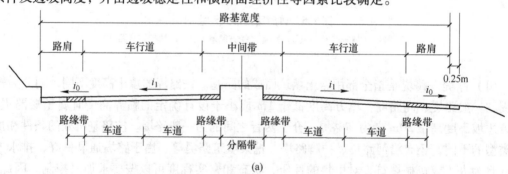

(a)

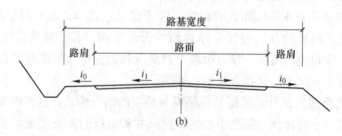

(b)

图8.6　公路路基宽度示意图

（a）高速公路和一级公路；（b）二、三、四级公路

表 8.5 公路路基宽度

公路等级	设计速度/km·h⁻¹	车道数	路基宽度/m	
			一般值	最小值
高速公路或一级公路	120	8	45.00	42.00
		6	34.50	—
		4	28.00	26.00
	100	8	44.00	41.00
		6	33.50	—
		4	26.00	24.50
	80	6	32.00	—
		4	24.50	21.50
	60	4	23.00	20.00
二、三、四级公路	80	2	12.00	10.00
	60	2	10.00	8.50
	40	2	8.50	—
	30	2	7.50	—
	20	2 或 1	6.50（双车道）	4.50（单车道）

（2）路基排水系统设计和排水构造物设计。路基排水的目的就是把路基工作区内的土基含水量降低到一定的范围内。根据沿线地表水及地下水分布情况，进行沿线排水系统的总体布置，以及地面排水设施和地下排水设施的设计。当浸入路基的水分过多，便会危害路基，使土基含水量过大，引起路基强度降低，边坡坍塌，基身沉陷或滑动，影响道路的使用功能。影响路基的水流分为地表水和地下水两大类，与此相适应的路基排水工程设施，相应称为地表排水设施和地下排水设施两大类。常见的地面排水设施有边沟、截水沟、排水沟、跌水与急流槽等。常用的地下排水设施有盲沟、渗沟和渗井等，对水量不大的地下水以渗透为主汇集水流，就近予以排除。遇有大量水流，则应另设专用地下沟管予以排除。

（3）路基防护与加固工程设计。防护与加固设计内容有坡面防护、冲刷防护及支挡结构物的布置、构造设计与计算等。路基支挡工程是一种能够抵抗侧向土压力、防止边坡或路基主体崩塌而设置在路旁的结构物。

路基防护与支挡的意义在于防治路基病害，保证路基稳固，改善环境，美化路容，提高公路的使用品质。路基边坡坡面防护又称边坡防护，采取植物防护或工程防护，主要保证路基边坡表面免受降水、日照、风力等自然力的破坏；通过将坡面封闭隔绝或隔离，避免或减缓与大气直接接触，阻止岩土进一步风化，防止或减缓地面水流对边坡的冲刷和淘刷，从而提高边坡的稳固性，并可美化路容，达到防护边坡破损之目的。

直接防护是在稳定的边坡上直接加固的一种措施，其特点是不干扰或很少干扰原来的水流性质。除了坡面防护和砌石护坡外，抛石、石笼、驳岸及浸水挡墙均属直接防护。

路基支挡工程类型较多，包括各种类型的挡土墙与其他具有承重作用的支撑结构物（护肩、护脚、砌石路基、抗滑桩等）。在公路、铁路建设中，由于石料丰富，就地取材方便，施工方法简单等诸方面的原因，石砌重力式和衡重式挡土墙应用得最多。结构新颖的加筋土挡土墙由于具有其他挡土墙所不可比拟的优点，近年来在公路、铁路的建设中得到了较为广泛的应用。

（4）路基工程的附属设施。为了确保路基稳定和行车安全，一般路基工程的有关附属设施有取土坑、弃土堆、护坡道、碎落台、堆料坪及错车道等。这些设施是路基设计的组成部分，正确、合理地设置是非常重要的。

对于一般路基，可结合当地情况选用典型断面图或设计规定，不必进行论证和演算；对于高填、深挖路基及地质和水文条件特殊的路基，需进行个别设计和验算。工程上，填方路基需评价路基自身的稳定性；挖方路基需评价边坡的稳定性。对不稳定的路基或边坡应进行工程治理。

由于不良工程地质和水文地质条件、不良水文、气候因素或设计不合理、施工不按操作规程和设计要求进行等行为，都有可能导致路基病害。常见路基病害有路堤沉陷、路基边坡坍方（剥落、碎落、滑坡、崩塌）、路基翻浆、路基沿山坡滑动等。

8.2.3.2 路面工程

路面是在路基顶面行车部分用各种筑路材料铺设的层状构造物。路面的基本功能是为车辆提供快速、安全、舒适和经济的行驶表面，要求路面能够满足行车的使用要求，降低运输费用和延长路面的使用年限。因此，路面应具有足够的强度和刚度、良好的稳定性和耐久性、表面平整和良好的抗滑性能以及不透水性和少尘性等性能。

A 路面结构

路面结构，包括面层、联结层、基层、底基层和垫层（见图8.7）。

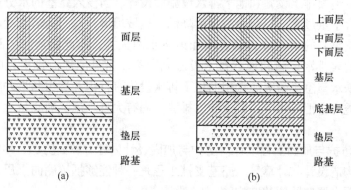

图 8.7 路面结构示意图
（a）低中级路面；（b）高等级路面

面层要保证结构强度、刚度、不透水性、温度稳定性、平整度、粗糙度和耐磨性。面层位于整个路面结构的最上层。与其他层次相比，面层应具有较高的结构强度、刚度和稳定性，并且耐磨、不透水，其表面还应具有良好的抗滑性和平整度。面层所用的材料主要有沥青混凝土和水泥混凝土。

联结层可以加强面层与基层的联结，提高面层的抗疲劳能力。

基层位于面层之下，垫层或路基之上。用来修筑基层的材料主要有各种碎石混合料或天然砂砾、三合土、工业废渣以及水泥、石灰、沥青等；要求强度较高、刚度较大、并有足够水稳性。基层可分两层铺筑，其上层称上基层，起主要承重作用；下层则称底基层，起次要承重作用，底基层为重要道路和高速公路所采用。

垫层一般设置在路基排水不良或有冻胀翻浆的路段。垫层介于土基与基层之间，其功能是改善土基的湿度和温度状况，以保证面层和基层的强度、刚度和稳定性；同时还能起到扩散应力的作用，减小土基产生的应力和变形和阻止路基土挤人基层的功能。垫层所用的材料，强度要求不一定高，但要求水稳定性或隔温性能要好，常用的垫层材料主要有砂、砾石、炉渣等组成的透水性垫层和水泥、石灰组成的稳定类垫层。

应该指出，路面结构层次不一定如上述那样完备，有时一个层次可起到两个层次的作用，但面层和基层是必不可少的。一般公路的基层宽度要比面层每边至少宽出25cm，垫层宽度也应比基层每边至少宽出25cm或与路基同宽，以便排水。

B 路面设计

路面设计的内容是：根据道路等级、使用要求、当地自然环境、路基状况、材料供应情况等因素；选择面层类型，提出路面结构层组合方案，进行路面结构组合设计；各层次材料选择，进行混合料的组成设计；根据路面结构层破坏标准、力学模型和相应的计算理论，确定满足交通条件和使用年限要求的各结构层尺寸（厚度）；对于水泥混凝土路面，进行接缝构造、配筋等方面的设计。

路面结构遵循整体化设计原则。路面结构设计应结合路基结构设计要求与设计指标进行综合设计，以满足路面结构耐久性要求。

不同的路面面层类型适用于不同的公路等级。路面类型根据公路功能、技术等级、交通量、环境保护、工程造价等因素进行综合论证后选用；路面结构型式应根据当地气候条件、交通荷载、当地材料和路面结构耐久性、资源循环利用等因素进行全寿命周期经济分析后合理确定。

面层使用不同的材料，其力学特性有较大的差别，工程设计上也有较大的差别。工程上分为沥青混凝土路面和水泥混凝土路面两大类。

（1）沥青混凝土路面。沥青混凝土路面是将大小不同粒径的矿质骨料、填料，根据工程需要，按最佳级配原则组配，与适当的沥青材料搅拌均匀而成的混合物叫做沥青混合料。沥青混合料经浇注或铺筑成形，硬化后成为具有一定强度的固体，属于柔性路面。沥青路面与水泥混凝土相比，具有表面平整、无接缝、行车舒适、振动小、噪声低、施工期短、养护维修简便和适于分期修建等优点。沥青路面抗弯拉强度低，因此要求其基础应具有足够的强度和稳定性，另外，沥青在高温下，容易软化其强度和稳定性下降，抗剪切能力下降；低温下，沥青容易发硬变脆，致使沥青路面容易开裂。

（2）水泥混凝土路面。水泥混凝土路面是指用水泥混凝土作面板或基（垫）层所组成的路面，亦称刚性路面。它包括普通混凝土、钢筋混凝土、碾压混凝土、钢纤维混凝土、连续配筋混凝土与预应力混凝土等路面。优点是强度高，稳定性好，使用寿命长，适用于繁重交通道路，养护费用少，有利于夜间行车。缺点是需设置许多伸缩缝，以防止变形而影响板的开裂、拱胀，甚至断裂；水泥和水的需要量大，有接缝，开放交通迟，修复困难，施工准备工作较多；汽车在上面行驶噪声比较大。

为了防止混凝土板块在温度变化下产生不规则断裂，沿混凝土路面的纵、横向设置接缝把混凝土板划成许多板块。接缝要求控制收缩应力和翘曲应力产生的裂缝，提供足够的传荷能力，并不被杂物堵塞。

8.2.4　公路附属建筑

A　公路特殊结构物

公路的特殊结构物有隧道、悬出路台、防石廊、挡土墙和防护工程等。隧道是为公路从地层内部或水层下通过而修建的结构物，当公路翻山越岭或穿过深水时，为了改善平、纵面的线形和缩短路线长度，一般采用开凿隧道来解决。悬出路台是在山岭地带修筑公路时，为了保证公路连续，路基稳定和确保行车所需修建悬臂式的路台。防石廊则是在山区或地质复杂地带，为了保证公路的行车安全而修建。挡土墙是在横坡陡岭或沿河岸修筑公路时，为保证路基稳定和减少填、挖方工程量，常需修建的挡土墙。在陡岭山坡或沿河一侧路基边坡受水流冲刷或不良地质现象的路段，为了保证路基稳定，加固路基边坡所建的人工构造物称之为防护工程。

B　公路沿线附属结构

设置交通管理设施、交通安全设施、服务设施和环境美化设施等。交通管理设施是为了保证行车安全，使司机知道前面路况和特点，道路上应沿线设置交通标志和路面标线。交通安全设施是为了保证行车安全和发挥公路的作用，各级公路的急弯、陡坡等路段，均需按规定设置必要的安全设置，如护栏、护柱等。服务性设施一般是指渡口码头、汽车站、加油站、修理站、停车场、餐厅、旅馆等。环境美化设施是美化公路，保护环境不可缺少的部分。如路侧带和中间分隔带等地的绿化等，原则以不影响司机的视线和视距为宜。

C　桥涵和隧道

当公路需要跨越障碍物，如河流、山谷及其他结构物时，为缩短公路里程需要架设桥梁，当公路需要穿越山丘、下穿地面或河流海底时就得开挖修筑隧道。

D　沿线设施

为保证行车安全、舒适和增加路容美观，公路还需设置各种沿线设施。沿线设施是公路沿线交通安全、管理、服务、环保等设施的总称。

（1）交通安全设施。为保证行车与行人安全和充分发挥公路的作用而设置的设施，包括人行地下通道、人行天桥、标志、标线、交通信号灯、护栏、防护网、反光标志、照明等设施。

（2）交通管理设施。为保障良好的交通秩序，防止事故发生而设置的各种设施，包括公路标志，如指示标志、警告标志、禁令标志、指路标志、路面标线、路面标志、紧急电话、公路情报、公路监视设施、交通控制设施等。

（3）防护设施。为防护公路上的塌方、泥石流、滚碎石、滑坡、积雪、风沙及水毁等危害设置的各种设施和构造物。如碎落台、调治结构物、防雪走廊等。

（4）停车设施。为方便旅客和保证安全，在沿线适当地点设置的停车场、汽车站、回车道等设施。

（5）路用房屋及其他沿线设施。其包括养护房屋、营运房屋、收费站、加油站等。

（6）绿化。其是公路不可缺少的部分，它有稳定路基、荫蔽路面、美化路容、增加行车安全等功能，有时兼作防雪、沙、风等作用。

8.3 铁道工程

8.3.1 概述

铁道是供列车行驶的交通线路，由路基、道床、轨枕和钢轨构成，包括沿线的桥梁、隧道和各种辅助设施。轨道是引导列车行驶方向、支承其载重并传给路基或桥面的线路上部建筑物，由钢轨、轨枕、道岔、道床、连接零件、防爬设备等部分组成。

世界上最早的铁路于1825年在英国建成。1876年在上海修建的吴淞铁路，是我国领土上出现的第一条铁路。1881年的唐胥铁路（唐山至胥各庄）是我国自己创办的第一条铁路。20世纪80年代是我国铁路建设事业在治理整顿和深化改革中不断奋进、取得可喜成绩的时期。大秦铁路（大同至秦皇岛），全长653.2km，是我国第一条复线电气化重载列车的运煤专用铁路。1989年郑州北站，建成了亚洲最大的铁路综合自动化编组站。改革开放以来的多次铁路大提速，加快了我国铁路现代化的进程。

1964年日本修建了世界上第一条客运高速专线—东海道新干线。我国研制的"和谐号"已跻身世界前列。当前铁路的发展趋势是高速和重载，高速客运和重载货物正成为世界各国铁路运输发展的共同趋势。

铁路是一个综合性的庞大公交企业，为了完成客、货运输任务，必须拥有各种运输设备。

（1）铁路线路及沿线的各类车站。铁路线路是机车车辆和列车运行的基础，而各类车站则是办理旅客运输和货物运输的生产基地。

（2）机车及各种类型的车辆。机车是牵引列车的基本动力，各种类型的车辆是运送旅客或货物的工具。

（3）铁路信号及通信设备。如同铁路运输的耳目，是保证列车运行安全和提高运输效率的重要手段。

铁路运输能力大、速度快，可全天候运营；同时具有安全和可靠性；适合运送中长距离的货物运输以及城市间的旅客运输的需要。

8.3.2 铁路路线设计

在铁路线路的各项设计标准中，线路等级居主导地位，影响到线路平、纵断面设计采用的技术标准和装备类型。我国铁路共划为四个等级，即：Ⅰ级、Ⅱ级、Ⅲ级及Ⅳ级铁路。

8.3.2.1 铁路选线

铁路线路分为正线、站线、段管线、岔线和特别用途线。正线是指连接两车站并贯穿或直接伸入车站的线路；站线是车站内除正线以外的线路，它包括到发线、调车线、牵出线、货物线以及站内指定用途的其他线路；段管线是指机务、车辆、工务、电务、房产等段专用并由其管理的线路；岔线是因特殊需要，在区间或站内接轨，通往路内外单位的专用线路；特别用途线是为保证行车安全而设置的线路，如安全线、避难线。

铁路选线设计是整个铁路工程设计中一项关系全局的总体性工作。影响线路走向选择的因素很多，归纳起来主要有以下几个方面：

（1）设计线的意义及其路网中的作用。首选应明确该线路在政治、经济和国防上的意义以及在路网中的作用。对于在国家交通运输大通道中担当客货运输主力、在路网中起重要骨干作用、以直通货运为主的干线铁路以及高速铁路，线路走向应力求顺直，以缩短客货运输的距离和时间。对于具有地区性质的铁路，则线路宜尽量经过或靠近经济控制点。

（2）设计线经济效益。选择线路走向应尽可能有利于该地区的经济发展和扩大客货流吸引范围，以增加运量和运输收入，提高铁路的经济效益。

（3）铁路与其他建设配合。选择线路走向应考虑与其他建设项目协调配合，还应考虑大陆桥运输和其他交通方式的联运；对于国防要求，必须给予满足。

（4）自然条件。地形、地质、水文、气象等自然条件对线路走向的选择有很大影响。

（5）主要技术标准和施工条件。主要技术标准包括牵引种类、机车类型、限制坡度最小曲线半径、机车交路、车站分布、到发线有效长度、闭塞类型、集中方式和信号制式。主要技术标准的高低决定设计线列车速度、密度和重量的大小，必须贯彻客货运输并重、数量与质量兼顾的原则。施工期限、施工技术水平等对困难地形路段的线路走向选择具有重大影响，有时甚至成为决定性的因素。

8.3.2.2　铁路线路平面

线路平面是指铁路中心线在水平面上的投影，它由直线段和曲线段组成。线路平面的最小半径受到铁路等级、行车速度和地形等条件的限制；线路平面设计的基本要求：（1）为了节省工程费用与运营成本，一般力求缩短线路长度；（2）为了保证行车安全与平顺，应尽量采用较长直线段和较大的圆曲线半径；（3）为列车平顺地从直线段驶入曲线段，一般在圆曲线的起点和终点处设置缓和曲线。缓和曲线的目的是使车辆的离心力缓慢增加，利于行车平稳，同时使得外轨超高，以增加向心力，使其与离心力的增加相配合。

线路平面由直线和曲线组成，而曲线包括圆曲线和缓和曲线。

设计线路时力争较长的直线段，减少交点，缩短路段长度，改善运营条件。曲线的设置主要用来绕避地面障碍物或地质不良地段，从而减少工程量，缩短工期，降低造价。为保证线路通过能力以及有一个良好的运营条件，《铁路线路设计规范》对区间最小曲线半径做了具体规定，如表8.6所示。

表8.6　最小曲线半径

路段旅客列车设计行车速度/km·h⁻¹			160	140	120	100	80
最小曲线半径/m	工程条件	一般地段	2000	1600	1200	800	600
		困难地段	1600	1200	800	600	500

在铁路线上，直线和圆曲线往往不宜直接相连，它们之间应加设一段缓和曲线。把直线、圆曲线和缓和曲线组成的线路中心线及两侧的地形地貌投影到水平面上，得到线路平面图。它是铁路勘测设计的重要设计文件，表明了线路中心线的曲直变化和里程，沿线车站、桥隧建筑物等的数量和位置，以及等高线表示的地形、地物等情况。

8.3.2.3　铁路纵断面

纵断面是指铁路中心线在立面上的投影，是由坡段及连接相邻坡段的竖曲线组成。而坡段的特征用坡段长度和坡度值表示。

线路纵断面设计主要包括确定最大坡度、坡段长度、坡段连接与坡度折减问题。

（1）坡度值和坡段长度。线路纵断面由平道和坡道组成。坡道用坡度值和坡段长度表示。坡度值是指坡道线路中心线与水平线夹角的正切值。铁路线路坡度的大小通常用千分率来表示。

（2）线路限制坡度及坡度折减。坡道给列车的运行造成不利影响。坡度过大，机车牵引力可能不足，造成速度降低，同时下坡时，为防止速度过快，必须频繁制动，容易导致刹车不灵等现象。所以，要求对坡度加以限制。限制坡度的确定和选择是由铁路等级、运输需求、牵引机车类型、地形条件等因素决定，不同限制坡度对输送能力、工程数量和运营费用具有不同程度的影响。

（3）坡段连接。在纵断面线上，平道和坡道、坡道和坡道的交点（边坡点）处的运行条件突然变化，容易导致车钩产生附加应力，坡度变化越大，越容易造成断钩事故。为保证安全和运行平顺，我国铁路规定，在Ⅰ、Ⅱ级线路上相邻坡段坡度代数差大于3‰，Ⅲ级线路上相邻路段坡度代表差大于4‰，应用竖曲线连接两个相邻坡段。

（4）纵断面图。纵断面图，横向表示线路的长度，竖向表示高程。在图中标明：连续里程、线路平面示意图、百米桩和加桩、地面高程、设计坡度、路肩设计高程、高程地质特征等。

8.3.2.4 坡度

铁路区段内在规定的行车速度下对机车牵引重量起限制作用的坡度，即一个一定类型的机车，牵引一定重量的列车在上坡道上能够以"计算速度"运行的最大坡度，称为该线的限制坡度。限制坡度对于线路走向、线路长度、车站分布、工程投资、输送能力和运营指标等都有决定性的影响，是关系线路全局的主要技术标准之一。因此，平道与坡道就成了线路纵断面的组成要素。坡道的陡与缓常用坡度来表示。

8.3.3 高速铁路

8.3.3.1 高速铁路概述

铁路现代化的一个重要标志是大幅度地提高列车的运行速度。高速铁路（High Speed Railway）是发达国家于20世纪60~70年代逐步发展起来的一种城市与城市之间的运输工具。高速铁路技术是当代世界铁路的一项重大技术成就、它集中反映了一个国家牵引动力、线路结构、列车运行控制、运输组织和经营管理等方面的技术进步，体现了一个国家的科技综合水平。世界上首条出现的高速铁路是日本的新干线，于1964年正式营运。20世纪90年代中期，世界经济繁华地区掀起了修建高速铁路的热潮，不仅西欧各国开始筹划联网，而且北美、东欧、大洋洲及东亚的一些国家和我国的台湾等也正积极推进高速铁路项目。

西欧把新建时速达到250~300km、旧线改造时速达到200km的称为高速铁路；1985年联合国欧洲经济委员会在日内瓦签署的国际铁路干线协议规定：新建客运列车专用型高速铁路时速为350km以上，新建客货运列车混用型高速铁路时速为250km。我国2014年1月1日起实施的《铁路安全管理条例》规定：高速铁路（简称高铁）是指设计开行时速250km以上（含预留），并且初期运营时速200km以上的客运列车专线铁路（简称客运专线）。

高速铁路、快速铁路、普速铁路是我国铁路三大档次。其中高速铁路是客运专线，快速铁路是设计时速为 160～250km 的客货兼运线路，普速铁路是设计时速低于 160km 的客货兼运线路。我国高速铁路的建设始于 2004 年的我国铁路长远规划，开通的第一条真正意义的高速铁路是 2008 年 8 月 1 日开通运营的 350km/h 的京津城际高速铁路。截至 2014 年 12 月 28 日，我国铁路营业里程突破 11.2 万千米，其中高速铁路运营里程达到 1.6 万千米，高铁成为铁路客运的主力军。我国高速铁路运营里程约占世界高铁运营里程的 50%，稳居世界高铁里程榜首。

8.3.3.2　高速铁路类型

高速铁路的建设管理模式，大致有四种类型：一是新建高速铁路双线，专门用于旅客快速运输，如日本新干线和法国高速铁路；二是新建高速铁路双线，实行客货共线运营，如意大利罗马—佛罗伦萨高速铁路；三是部分新建高速线与部分既有线混合运营，如德国柏林—汉诺威线，承担着客运和货运任务；四是在既有线上使用摆式列车运行，这在欧洲国家多见，在美国"东西走廊"行驶的摆式列车速度为 240km/h。

根据所采用的不同技术，高速铁路分为轮轨技术类型和磁悬浮技术类型。轮轨技术有非摆式车体和摆式车体两种；磁悬浮技术有超导排斥型和常导吸引型两种。

非摆式车体的轮轨技术是目前世界高速铁路的主流。目前轮轨技术高速铁路有下列四种模式（见图 8.8）。

日本子弹头 700 系高速列车

法国 TGV 的 4 代高速列车

德国 ICE3 高速列车

英国 APT 高速摆式列车

图 8.8　高速铁路主要模式

（1）日本新干线模式（Bullet Train）。非摆式车体轮轨技术；采用标准轨道、全部修建新线，旅客列车专用；日本运行的高速列车共有 11 种，是高速列车种类最多的国家。日本高速列车的特点是全部为动力分散型，即整个列车全部是动车（如 0 系和 500 系），或者一半或一半以上的车辆是动车（如 300 系和 700 系）。由于动轴多，列车总功率都很大，牵引力大、粘着性能好，所以列车的启动、加速快，制动性能也好，制动距离短。适合车站较多，起停频繁的线路。我国台湾高速铁路所用的高速列车就是以 700 系为蓝本而引进的技术。

（2）德国 ICE 模式（Intercity Express）。非摆式车体轮轨技术；采用标准轨道、全部修建新线，旅客列车及货物列车混用；高速列车都是 ICE 系列。ICE 试验型列车诞生于 1985 年，曾经于 1988 年 5 月达到 406.9km/h 的试验速度，是世界铁路上首次突破 400km/h 速度的高速列车。第三代 ICE3 高速列车则改为动力分散形式，最高运营速度也提高到 330km/h。牵引动力集中配置于两端。我国大陆高速铁路所用的高速列车是 ICE3 为蓝本而引进的技术。

（3）英国 APT 模式（Advanced Passenger Train）。摆式车体轮轨技术；既不修建新线，也不大量改造旧线，主要采用由摆式车体的车辆组成的动车组；旅客列车及货物列车混用。意大利、瑞典、加拿大、西班牙等国高速铁路采用摆式轮轨技术列车。摆式列车的原理是列车在通过曲线区段时，车体自动向曲线内侧倾斜，以补偿一部分欠超高，减少乘客的不舒适度，从而可以提高列车通过曲线的速度，进而提高列车的旅行速度。

（4）法国 TGV 模式（Train à Grande Vitesse）。非摆式车体轮轨技术；部分修建新线，部分旧线改造，旅客列车专用；高速列车主要有 5 种，其中，TGV-P 为第 1 代高速列车，TGV-A、TGV-R、EuroStar 等是第 2 代列车，TGV-D 双层列车是第 3 代列车。1989 年法国 TGV 创造了 515.3km/h 的世界铁路速度纪录。西班牙、韩国等都引进了 TGV 技术，牵引动力集中配置于一端。

磁悬浮铁路上运行的列车，是利用电磁系统产生的吸引力和排斥力将车辆托起，使整个列车悬浮在线路上，利用电磁力进行导向，并利用直流电机将电能直接转换成推进力来推动列车前进。根据吸引力和排斥力的基本原理，国际上磁悬浮列车技术有两个发展方向：一个是以德国为代表的常规磁铁吸引式悬浮系统（EMS），利用常规的电磁铁与一般铁性物质相吸引的基本原理，把列车吸引上来，悬空运行，悬浮的气隙较小，一般为 0.01m 左右。常导型高速磁悬浮列车的速度可达每小时 400 ~ 500km，适合于城市间的长距离快速运输；另一个是以日本为代表的排斥式悬浮系统（EDS），它使用超导的磁悬浮原理，使车轮和钢轨之间产生排斥力，使列车悬空运行，这种磁悬浮列车的悬浮气隙较大，一般为 0.1m 左右，速度可达每小时 500km 以上。磁悬浮列车主要由悬浮系统、推进系统和导向系统三大部分组成。与传统铁路相比，磁悬浮铁路由于消除了轮轨之间的接触，因而无摩擦阻力，线路垂直荷载小，时速高达 500km 以上，目前最高试验时速为 552km。磁悬浮技术成熟，但应用较少。如我国上海虹桥机场快铁的磁悬浮列车（见图 8.9），沈阳—山海关采用中原之星磁悬浮列车。德国政府正在汉堡至柏林之间修建一条 292km 长的磁悬浮铁路。

德国的磁悬浮列车   上海的磁悬浮列车

图 8.9   磁悬浮列车

8.3.3.3 高速铁路设计

高速铁路主要技术标准是根据其在铁路网中的作用、沿线地形、地质条件、输送能力和运输要求等，在设计中按系统优化的原则经综合比选确定。高速铁路设计的主要技术标准包括设计速度、正线线间距、最小平面曲线半径、最大坡度、到发线有效长度、动车组类型、列车运行控制方式、行车指挥方式、最小行车间隔等。高速铁路采用系统集成设计，系统由土建工程、牵引供电、列车运行控制、高速列车、运营调度、客运服务等子系统构成。

根据项目在铁路快速客运网中的作用、运输需求、工程条件，进行综合技术经济比较确定设计速度，并符合旅行时间目标值的要求；按一次建成双线电气化铁路设计，正线按双方向行车设计。动车组类型应与旅客列车行车速度相适应。运行控制方式应采用基于轨道电路传输的 CTCS-2 级列控系统，或基于 GSM-R 无线通信传输的 CTCS-3 级列控系统；采用调度集中控制系统进行行车指挥。

高速列车的牵引动力是实现高速行车的重要关键技术之一：一是要实现比现有机车更大的牵引功率及牵引力的新型动力装置和传动装置；二是牵引动力的配置不同于传统的机车牵引方式，采用分散的或相对集中的动车组方式；三是高速条件下新的制动技术和高速电力牵引时的受电技术；四是适应高速行车要求的车体及走行部的结构以及减少空气阻力的新的外形设计等等。目前牵引动力的形式有电力牵引和内燃电传动牵引两类，电力牵引是高速铁路的主流选择。电力牵引可以采用传统的电机车牵引形式，也可采用动车组牵引形式，因此目前世界上大部分高速列车采用三相交流异步牵引电动机驱动的动车组牵引形式。

高速铁路的信号与控制系统是高速列车安全、高密度运行的基本保证。它是集微机控制与数据传输于一体的综合控制与管理系统，也是铁路适应高速运营、控制与管理而采用的最新综合性高技术，一般统称为先进列车控制系统（Advanced Train Control Systems）。如列车自动防护系统、卫星定位系统、车载智能控制系统、列车调度决策支持系统、列车微机自动监测与诊断系统等。

高速铁路多采用无砟形式轨道，轨道目前已实现了长轨，这样减少了列车在行驶中由于轨道接口引起的冲击和振动，提高列车行驶的平顺性和舒适性。

8.3.3.4 高速铁路路基

路基作为轨道的基础，必须具有变形小、强度高、刚度大且纵向变化均匀、长期稳定和耐久等特性，以确保列车高速、安全、舒适、平顺运行并最大程度减少维修工作量。路基主体工程应按土工结构物进行设计，设计使用年限为 100 年。路基排水设施结构设计使用年限为 30 年，路基边坡防护结构设计使用年限为 60 年。

路基工程应加强地质测绘和勘探、试验工作，查明基底、路堑边坡、支挡结构基础等的岩土结构及其物理力学性质，查明不良地质情况、填料性质和分布等，在取得可靠的地质资料基础上开展设计。路基设计应符合防灾减灾要求，提高路基抵抗连续强降雨、洪水及地震等自然灾害的能力。一般高速铁路路基强度可以得到保证，因此控制路基变形是主要的任务。当天然地基不能满足路基工程稳定或变形控制要求时，需要对天然地基进行处理。

高速铁路路基关键技术包括路基结构、路基变形控制、路基填料、地基处理技术、过渡段、路基排水、防护、支挡工程以及路基接口设计等。

8.3.4 城市轨道交通

8.3.4.1 城市轨道交通系统

城市轨道交通（Urban Rail Transit）是指采用专用轨道导向运行的城市公共客运交通系统，包括地铁系统、轻轨系统、单轨系统、有轨电车、磁浮系统、自动导向轨道系统、市域快速轨道系统（城市轨道交通运营管理规范（GB/T 30012—2013）），具有运量大、速度快、安全、准点、保护环境、节约能源和用地等特点。通常由轨道、路线、车站、车辆与车辆段、限界、车站建筑、结构工程、给水与排水、维护检修基地、供变电、通信信号、指挥控制中心等组成。

轨道交通系统中，采用了以电子计算机处理技术为核心的各种自动化设备，从而代替人工的、机械的、电气的行车组织、设备运行和安全保证系统。如 ATC（列车自动控制）系统可以实现列车自动驾驶、自动跟踪、自动调度；SCADA（供电系统管理自动化）系统可以实现主变电所、牵引变电所、降压变电所设备系统的遥控、遥信、遥测和遥调；BAS（环境监控系统）和 FAS（火灾报警系统）可以实现车站环境控制的自动化和消防、报警系统的自动化；AFC（自动售检票系统）可以实现自动售票、检票、分类等功能。这些系统全线各自形成网络，均在 OCC（控制中心）设中心计算机，实现统一指挥，分级控制。

城市轨道交通具有以下特点：

（1）运输能力大。城市轨道交通由于高密度运转，列车行车时间间隔短，行车速度高，列车编组辆数多而具有较大的运输能力。单向高峰每小时的运输能力最大可达到 6 万 ~ 8 万人次（市郊铁道）；地铁达到 2.5 万 ~7 万人次，甚至达到 8 万人次；轻轨 1.5 万 ~3 万人次，有轨电车能达到 1 万人次，城市轨道交通的运输能力远远超过公共汽车。

（2）准时性。城市轨道交通由于在专用行车道上运行，不受其他交通工具干扰，不产生线路堵塞现象并且不受气候影响，是全天候的交通工具，列车能按运行图运行，具有可信赖的准时性。

（3）速达性。与常规公共交通相比，城市轨道交通由于运行在专用行车道上，不受其他交通工具干扰，车辆有较高的运行速度，有较高的启、制动加速度，多数采用高站台，列车停站时间短，上下车迅速方便，而且换乘方便，从而可以使乘客较快地到达目的地，缩短出行时间。

（4）舒适性。与常规公共交通相比，城市轨道交通由于运行在不受其他交通工具干扰的线路上，城市轨道车辆具有较好的运行特性，车辆、车站等装有空调、引导装置、自动售票等直接为乘客服务的设备，城市轨道交通具有较好的乘车条件，其舒适性优于公共电车、公共汽车。

（5）安全性。城市轨道交通由于运行在专用轨道上，没有平交道口，不受其他交通工具干扰，并且有先进的通讯信号设备，极少发生交通事故。

（6）充分利用空间。大城市地面拥挤、土地费用昂贵。城市轨道交通由于充分利用了地下和地上空间的开发，不占用地面街道，能有效缓解由于汽车大量发展而造成道路拥挤、堵塞，有利于城市空间合理利用，特别有利于缓解大城市中心区过于拥挤的状态，提高了土地利用价值，并能改善城市景观。

（7）运营费用较低。城市轨道交通由于主要采用电气牵引，而且轮轨摩擦阻力较小，与公共电车、公共汽车相比节省能源，运营费用较低。

（8）环境污染低。城市轨道交通由于采用电气牵引，与公共汽车相比不产生废气污染。由于城市轨道交通的发展，还能减少公共汽车的数量，进一步减少了汽车的废气污染。由于在线路和车辆上采用了各种降噪措施，一般不会对城市环境产生严重的噪声污染。

城市轨道交通系统通常由轨道线路、车辆、通讯信号、供变电、车站、维护检修基地、指挥控制中心等组成（见图 8.10）。

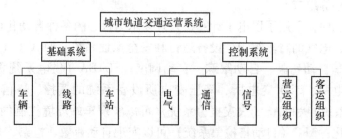

图 8.10　城市轨道交通构成

车辆是直接为乘客提供服务的设备。现代城轨车辆大多按动车组设计。车辆可按有无动力分为动车、拖车两类，也可按有无驾驶室分为带可机室和不带可机室车辆两类。车辆段是城市轨道交通系统中对车辆进行运营管理、停放及维修保养的场所。

线路是城市轨道交通的基础组成部分，其走向一般选择易于施工和客流相对比较集中的地区。轨道交通线路按其在运营中的地位和作用分为正线、辅助线和车场线。正线是贯穿所有车站、区间，供车辆载客运营的线路。轨道一般由钢轨、扣件、轨枕、道床、道岔及附属设施等组成。轨道以连接件和扣件固定在轨枕上，轨枕埋设在道床内，道床直接铺设在路基上。轨道承受列车传递的复杂多变的静、动力荷载。

车站是供使用轨道交通的乘客候车、上下车以及换乘的场所。车站站台长度较长（与列车编组长度相匹配），并且采用高地板站台。对应地下线、地面线、高架线，车站分为地下站、地面站和高架站几种形式。按站台形式，可分为岛式站台、侧式站台和岛侧混台站台。

供电系统负责提供车辆及设备运行的动力能源，一般包括高压供电系统、牵引供电系统和动力照明供电系统。

通信系统是指挥列车运行、组织运输生产及进行公务联络的重要手段。轨道交通的特点是客流密集、运输繁忙，为了保证行车安全和实现快速、高效、准时的优质服务，必须设置功能完善、可靠的内部专用通信系统。调度指挥通信系统包括有线调度电话、站间行车电话、区间电话。无线通信系统包括运行线上的调度无线通信系统、车辆段内的无线通信系统、公务通信系统、广播系统、电视监视系统。

信号系统的作用是确保行车安全，提高运输效率，改善行车有关人员的劳动条件。空间间隔法是现代铁路信号实践的基础，该间隔又称为闭塞区间（Block Section）。

8.3.4.2　城市轻轨

轻轨（Light Rail Transit，简称LRT），是在有轨电车的基础上改造发展起来的城市轨道交通系统。我国应用城市包括北京、上海、武汉、重庆等。轻轨是指作用于轨道上的荷载相对于铁路和地铁的荷载较轻的一种交通系统，公共交通国际联会（UITP）关于轻轨运营系统的解释文件中提到：轻轨是一种使用电力牵引、介于标准有轨电车和快运交通系统（包括地铁和城市铁路），用于城市旅客运输的轨道交通系统。

城市轻轨与原有的有轨电车交通系统不同。它一般有较大比例的专用道，大多采用浅埋隧道或高架桥的方式，车辆和通信信号设备也是专门化的，克服了有轨电车运行速度慢，正点率低，噪声大的缺点。与公共汽车相比，城市轻轨具有运量大、速度快、污染小、能耗少、准点运行、安全性高等优点。

轻轨的机车重量和载客量要比一般列车小，所使用的铁轨质量轻，一般50kg/m，因此叫做"轻轨"。现代意义上的轻轨，以客运量或车辆轴重的大小来区分地铁和轻轨，轻轨运量或车辆轴重稍小于地铁。我国《城市轨道交通工程项目建设标准》（建标104-2008）中，把每小时单向客流量为0.6万～3万人次的轨道交通定义为中运量轨道交通，即轻轨。

轻轨一般采用地面和高架相结合的方法建设，路线可以从市区通往近郊。列车编组采用3～6辆，铰接式车体。由于轻轨采用了线路隔离、自动化信号、调度指挥系统和高新技术车辆等措施，最高速度可达60km/h，克服了有轨电车运能低、噪声大等问题。

由于轻轨具有投资少（每公里造价在0.6亿～1.8亿元人民币）、建设周期短、运能高、灵活等优点，因此发展很快。轻轨大致有以下三类发展模式：一是改造旧式有轨电车为现代化的轻轨，这种模式以德国、前苏联及东欧各国为典型代表；二是利用废弃铁路线路改建成轻轨路线，这种方式以美国圣迭戈轻轨为代表，欧洲也有类似的情况，如瑞典的哥德堡、德国的卡尔·马克思州也都采用这一方式。我国上海五号线、武汉轨道交通1号线一期工程也属于这种方式；三是建设轻轨新线路的方式，对有些城市而言，修建轻轨比修建地铁更经济实惠，因此，诸如马尼拉、鹿特丹、我国香港等城市都相继新修了轻轨线路。

经过100多年的发展，轻轨已形成三种主要类型：钢轮钢轨系统、线性电机牵引系统和橡胶轮轻轨系统。

（1）钢轮钢轨系统，即新型有轨电车；是应用地铁先进技术对老式有轨电车进行改造的成果。

（2）线性电机牵引系统。是曲线性电机牵引、轮轨导向、车辆编组运行在小断面隧道及地面和高架专用线路上的中运量轨道交通系统。20世纪80年代，加拿大成功地开发了线性电机驱动的新型轨道交通车辆。它采用线性电机牵引、径向转向架和自动控制等高新技术，综合造价节约近20%。由于线性电机列车具有车身矮、重量轻、噪声低、通过小半径曲线和爬坡能力强等优点，可以轻便地钻入地下，爬上高架，是地下与高架接轨的理想车型。以线性电机作动力，其意义还在于它引起了轨道车辆牵引动力的变革。

（3）橡胶轮轻轨系统采用全高架运行，不占用地面道路，具有振动小、噪声低、爬坡能力强、转弯半径小、投资较少等优点。

轻轨运输列车比重铁列车更灵活，能行走更陡斜的坡道或一些设在路口的急弯。这些系统一般设在市区，以单节车厢或较小型的列车提供频密的班次。轻轨系统基本上皆已电气化，多数采用高架电缆，造价比重铁为低，施工规模亦较小。

8.3.4.3 地下铁道

地下铁道简称地铁（Metro 或 Underground Railway 或 Subway 或 Tube），是城市快速轨道交通的先驱。地铁是由电力牵引、轮轨导向、轴重相对较重、具有一定规模运量、按运行图行车、车辆编组运行在地下隧道内，或根据城市的具体条件，运行在地面或高架线路上的快速轨道交通系统。驱动方式有直流电机、交流电机、直线电机等。地铁造价昂贵，每公里投资在3亿元~6亿元人民币。地铁有建设成本高，建设周期长的弊端，但同时又具有运量大、建设快、安全、准时、节省能源、不污染环境、节省城市用地的优点。地铁适用于出行距离较长、客运量需求大的城市中心区域。

世界上第一条载客的地下铁路是1863年首先通车的伦敦地铁。早期的地铁是蒸汽火车，轨道离地面不远。它是在街道下面先挖一条条的深沟，然后在两边砌上墙壁，下面铺上铁路，最后才在上面加顶。第一条使用电动火车而且真正深入地下的铁路直到1890年才建成。这种新型且清洁的电动火车改进了以往蒸汽火车的很多缺点。

地铁的运能，单向在3万人次/小时，最高可达6万~8万人次/小时。最高速度可达120km/h，旅行速度可达40km/h以上，可4~10辆编组，车辆运行最小间隔可低于1.5min。

我国地铁应用城市包括北京、上海、广州、深圳、南京、西安、合肥等20多个。

地铁线路由区间隧道、车站和附属建筑物三部分组成。

相比其他公共运输方式，地铁具有无可替代的优势：

（1）节省土地。由于一般大都市的市区地皮价值高昂，将铁路建于地底，可以节省地面空间，令地面地皮可以作其他用途。

（2）减少噪声。铁路建于地底，可以减少地面的噪音。线路多经过居民区，对噪声和振动的控制较严，除了对车辆结构采取减震措施及修筑声障屏以外，对轨道结构也要求采取相应的措施。

（3）减少干扰。由于地铁的行驶路线不与其他运输系统（如地面道路）重叠、交叉，因此行车受到的交通干扰较少，可节省大量通勤时间。

（4）节约能源。在全球暖化问题下，地铁是最佳大众交通运输工具。由于地铁行车速度稳定，大量节省通勤时间，使民众乐于搭乘，也取代了许多开车所消耗的能源。

（5）减少污染。一般的汽车使用汽油或石油作为能源，而地铁使用电能，没有尾气的排放，不会污染环境。一般采用直流电机牵引，以轨道作为供电回路。

（6）其他优点。地铁与城市中其他交通工具相比，除了能避免城市地面拥挤和充分利用空间外，还有很多优点。

1）运量大。地铁的运输能力要比地面公共汽车大 7~10 倍，是任何城市交通工具所不能比拟的。

2）速度快。地铁列车在地下隧道内风驰电掣地行进，行驶的时速可超过 100km。

同样，地铁也有不可避免的缺点：

（1）建造成本高。由于要钻挖地底，地下建造成本比建于地面高。行车密度大，运营时间长，曲线段占的比例大；

（2）前期时间长。建设地铁的前期时间较长，由于需要规划和政府审批，甚至还需要试验。从开始酝酿到付诸行动破土动工需要非常长的时间，短则几年，长则十几年也是有可能的；

（3）安全性较弱。可以导致行进中的车辆出轨，因此地铁都设计有遇到地震立即停驶的功能。为防止地铁地道坍塌，处于地震地带的地铁结构必须特别坚固。同样地铁对水灾、火灾和恐怖主义等抵御能力也很弱。自地铁出现以来，工程师们就不断持续研究如何提高地铁的安全性。

2003 年 2 月 28 日，韩国大邱广域市的地铁车站因为人为纵火而产生火灾，13 辆车厢被烧毁，192 人死亡，148 人受伤。这次火灾产生如此严重死伤的原因除了车厢内部装潢采用可燃材料之外，车站区域内排烟设施不完善也是重要因素，加上车辆材质燃烧时产生了大量的一氧化碳等有害物质，而导致不少人中毒死亡。消防部门表示，地铁火灾具有燃烧蔓延速度快，高温、浓烟危害严重，人员比较集中、疏散救援难度大等特点。

8.4 机场工程

自古以来，人们就羡慕鸟类在天空自由飞翔的本领，人们也一直努力不懈地探索飞上蓝天的奥秘。美国莱特兄弟制造双翼飞机，1903 年 12 月 17 日在北卡罗来纳州的基蒂霍克附近飞行了 36.38m，这是人类首次飞机飞行。航空工业的发展已是 20 世纪中重要的科技进步之一。随着我国经济迅速发展，航空运输量迅猛增长，需要修建的机场很多。随之而来，机场规划、跑道设计方案、航站区规划、机场维护及机场的环境保护等已日益成为人们关注的问题。

8.4.1 机场规划

机场是用于飞机起飞、着陆、停放、维护和组织安全飞行的场所。机场分为军用和民用两种，大型民用机场又称为空港。空港是城市的交通中心之一，而且有严格的时间要求，因而从城市进出空港的通道是城市规划的一个重要部分。大型城市为了保证空港交通的通畅都修建了市区到空港的专用公路或高速公路。

民航机场的创建初期，场地小且设备很不完善，不能保证飞行，如以碎石沥青铺就的跑道等。客观原因是由于当时的飞机对净空要求不高而噪声不大，且机场距城市都较近。

在民航发展期（1950 年开始），机场发生质的变化，尤其是 20 世纪 70 年代出现的大型宽体客机和运输量的增加，使机场向大型化和现代化迈进。其主要特点为：

（1）飞行区不断扩大和完善，可以保证运输机在各种气象条件下都能安全起飞着陆。如水泥混凝土或沥青混凝土跑道，以适应飞机喷出的高温高速气流；跑道距离增长，以满足大型客机由于质量增大对跑道长度的要求；跑道两侧设置了日益完善的助航灯光及无线电导航设备等。

（2）航站楼日益增大和现代化，可以保证大量旅客迅速出入。目前大型机场的航站楼面积为数万平方米，有的达数十万平方米。候机楼设置相当完善。

（3）机场旅客设施日益完善，机场内有宾馆、餐厅、邮局、银行、各种商店，旅客在机场内就和在城市一样方便。

（4）机场距城市有一定距离，有先进的客运手段与城市联系。因为先进的喷气式客机对机场的净空要求较严，且噪声也大，因此机场一般必须离开城市一定的距离。

民航机场主要由飞行区、旅客航站区、货运区、机务维修设施、供油设施、空中交通管制设施、安全保卫设施、救援和消防设施、行政办公区。生活区、生成辅助设施、后勤保障设施、地面交通设施及机场空域等组成。

民用机场飞行区由跑道、滑行道、停机坪、候机楼、塔台、停车场、进出机场道路、导航设施、维修厂区等构成。

机场的规划建设要考虑地形、地势、土壤结构、常年风向、气候条件、城市建设环境等因素。

为了使机场各种设施的技术要求与运行的飞机性能相适应，机场等级由第一要素的代码和第二要素的代号所组成的基准代号来划分，如表 8.7 所示。第一要素是根据飞机起飞着陆性能来划分机场等级的要素，第二要素是根据飞机主要尺寸划分机场等级的要素。如B757-200 飞机需要的机场区等级为 4D。

表 8.7 机场等级

数　字	第一位　数字		字　母	第二位　字母	
	飞机场地长度/m			翼展/m	轮距/m
1	< 800		A	< 5	< 4.5
2	800 ~ 1200		B	5 ~ 24	4.5 ~ 6
3	1200 ~ 1800		C	24 ~ 36	6 ~ 9
4	1800 以上		D	36 ~ 52	9 ~ 14
			E	52 ~ 60	9 ~ 14

8.4.2 跑道方案

机场的跑道直接供飞机起飞滑跑和着陆滑跑之用。飞机在起飞时，必须先在跑道上进行起飞滑跑，边跑边加速，一直加速到机翼上的升力大于飞机的重量，飞机才能逐渐离开地面。飞机降落时速度很大，必须在跑道上边滑跑边减速才能逐渐停下来。因此跑道是飞机起飞和降落的通道，是机场最核心的功能设施。

我国民航机场的跑道通常用水泥混凝土筑成，也有用沥青混凝土筑成的。一般民航机场只设一条跑道，有的运输量大的机场设置两条或更多的跑道。

8.4.2.1 跑道的分类

跑道按其作用可分为：主要跑道、辅助跑道、起飞跑道等三种。

（1）主要跑道是指在条件许可时比其他跑道优先使用的跑道，按使用该机场最大机型的要求修建，长度较长，承载力也较高；

（2）辅助跑道也称次要跑道，是指因受侧风影响，飞机不能在主跑道上起飞着陆时，供辅助起降用的跑道，由于飞机在辅助跑道上起降都有逆风影响，故其长度比主要跑道短些；

（3）起飞跑道是指只供起飞用的跑道。

机场跑道又根据其配置的无线电导航设备情况分为非仪表和仪表跑道。非仪表跑道是指只能供飞机用目视进近程序飞行的跑道，代字为 V。而仪表跑道是指可供飞机用仪表进近程序飞行的跑道，仪表跑道又可分为：非精密进近跑道和精密进近跑道，后者有 I、II 和 III 类，装有仪表着陆系统，能把飞机引导至跑道上着陆和滑行。

8.4.2.2 跑道的组成

（1）跑道道肩。其是作为跑道和土质地面之间过渡用，以减少飞机一旦冲出或偏离跑道时有损坏的危险，也减少雨水从邻近土质地面渗入跑道下的土基基础的作用，确保土基强度。道肩一般用水泥混凝土或沥青混凝土筑成，由于飞机一般不在道肩上滑行，所以道肩的厚度比跑道要薄一些。

（2）停止道。停止道设在跑道端部，供飞机中断起飞时能在上面安全停住用。设置停止道可以缩短跑道长度。

（3）机场升降带土质地区。跑道两侧的升降带土质地区，主要保障飞机在起飞着陆滑跑过程中一旦偏出跑道时的安全用，不允许有危及飞机安全的障碍物。

（4）跑道端的安全区。其设置在升降区两端，用来减少起飞着陆的飞机偶尔冲出跑道以及提前接地时的安全用。

（5）净空道。机场设置净空道，是确保飞机完成初始爬升（10.7m 高）之用。净空道设在跑道两端，其土地由机场当局管理，以确保不会出现危及飞机安全的障碍物。

（6）滑行道。其主要供飞机从飞行区的一部分通往其他部分用。

8.4.2.3 跑道构形

跑道构形是指跑道数量、位置、方向和使用方式，它取决于交通量需求，还受气象条件、地形、周围环境等影响。一般跑道构形有如下五种：

（1）单条跑道。其是大多数机场跑道构形的基本形式。

（2）两条平行跑道。两条跑道中心线间距根据所需保障的起降能力确定，如有条件，其间距宜不大于 1525m，以便较好地保障同时精密进近。

（3）两条不平行或交叉的跑道。下列情况时需要设置两条不平行或交叉的跑道：需要设置两条跑道，但是地形条件或其他原因无法设置平行跑道；当地风向较分散，单条跑道不能保障风力负荷大于 95% 时。

（4）多条平行跑道。

（5）多条平行及不平行或交叉跑道。

飞机场的机坪主要有等待坪和掉头坪。前者供飞机等待起飞或让路而临时停放用，通常设在跑道端附近的平行滑行道旁边。后者则供飞机掉头用，当飞行区不设平行滑行道时，应在跑道端部设掉头坪。

机场净空区是指飞机起飞着陆涉及的范围，沿着机场周围要有一个没有影响飞行安全的障碍物的区域。为了确保飞机安全，对这范围的地形地物高度必须严格控制，不许有危及飞行安全的障碍物。对净空区的规定，受到飞机起落性能、气象条件、导航设备、飞行程序等因素的控制。国际民航组织对机场的净空区专门的要求。

8.4.3　航站区规划设计与运营管理

旅客航站区的规划与设计是机场工程的又一重要方面。旅客航站区主要由航站楼、站坪及停车场所组成。航站楼的设计涉及位置、形式、建筑面积等要素。航站楼（候机楼）区是旅客办理相关手续、等待登机的区域。它是地面交通和空中交通的结合部，是空港对旅客服务的中心地区。

8.4.3.1　航站楼

航站楼供旅客完成从地面到空中或从空中到地面转换交通方式之用。是机场的主要建筑。通常航站楼由以下五项设施组成：

（1）接地面交通的设施：有上下汽车的车边道及公共汽车站等；

（2）办理各种手续的设施：有旅客办票、安排座位、托运行李的柜台以及安全检查和行李提取等设施。国际航线还有海关、边检（移民）柜台等；

（3）联接飞机的设施：候机室、登机设施等；

（4）航空公司营运和机场必要的管理办公室与设备等；

（5）服务设施：如餐厅、商店等。

航站楼通常设置在飞行区中部。为了减少飞机的滑行距离，航站楼应尽量靠近平行滑行道。当飞行区只有一条跑道，为了便于旅客与城市联系，航站楼应设在靠近城市的跑道一侧，不宜设在远离城市的跑道一侧。当飞行区有两条跑道时，航站楼宜设在两条跑道之间，以便飞机来往于跑道和站坪且充分利用机场用地。大型机场的航站楼和站坪都比较大，为了便于航站楼布局和站坪排水，航站楼应设置在既平坦又较高的地方。同时航站楼应离开其他建筑物足够的距离，为将来发展留有余地。

航站楼的形式一般有一层式、一层半式、二层式三种。一层式航站楼的离港和到港活动都在同一层平面内，适用于客运量较小的机场。一层半式的航站楼是两层，楼前车道是一层。通常第一层供到港旅客用，第二层供离港旅客用，适用于客运量中等的机场。二层式是航站楼与楼前车道都是二层。通常第一层供到港旅客用，第二层供离港旅客用，适用于客运量大的机场。

航站楼及站坪的平面形式有单线式、指廊式（上海浦东国际机场）、卫星式（原北京国际机场）、车辆运送式四种，如图 8.11 所示。

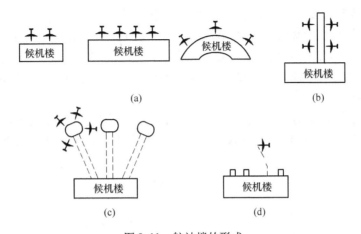

图 8.11　航站楼的形式

（a）单线式；（b）指廊式；（c）卫星式；（d）车辆运送式

　　航站楼的建筑面积根据高峰小时客运量确定。面积配置标准与机场性质、规模及经济条件有关。目前我国可考虑采用的国内航班为 $14\sim26m^2/人$，国际航班为 $28\sim40m^2/人$。

8.4.3.2　候机楼的组成

　　候机楼由旅客服务区域、信息服务设施、旅客饮食区域、公共服务区域、商业服务区域等组成。候机楼的旅客都是按照到达和离港有目的的流动的，在设计候机楼时必须很好的安排旅客流通的方向和空间，这样才能充分利用空间，使旅客顺利的到达要去的地方，不致造成拥挤和混乱。

　　安全检查事关旅客人身安全，所以旅客都必须无一例外地经过检查后，才能允许登机。安全检查必须在旅客登机前进行，主要是检查旅客及其行李物品中是否携带枪支、弹药、易爆、腐蚀、有毒放射性等危险物品，以确保航空器及乘客的安全。一般有四种检查方法：一是 X 射线安检设备，主要用于检查旅客的行李物品。通过检查后，行李可随身携带登机；二是探测检查门，用于对旅客的身体检查，主要检查旅客是否携带禁带物品；三是磁性探测器，也叫手提式探测器，主要用于对旅客进行近身检查；四是人工检查，即由安检工作人员对旅客行李手工翻查和男女检查员分别进行搜身检查等。

8.4.3.3　站坪、机场停车区

　　站坪或称客机坪，是设在航站楼前的机坪。供客机停放、上下旅客、完成起飞前的准备和到达后各项作业用。

　　机场停车场设在机场的航站楼附近，停放车辆很多且土地紧张时宜用多层车库。停车场建筑面积主要根据高峰小时车流量、停车比例及平均每辆车所需面积确定。

　　机场货运区供货运办理手续、装上飞机以及飞机卸货、临时储存、交货等用。主要由业务楼、货运库、装卸场及停车场组成。货运手段由客机带运和货机载运两种。

8.4.3.4　机场的管理体制

　　空港管理体制分为国家管理、城市政府管理和私人企业管理三种：

　　（1）国家管理。这种管理方式在一些非市场经济国家比较流行，我国在民航体制改革前全部的空港都采用这种方式；

（2）城市政府管理。目前世界上的大部分空港都采取这种形式。当地政府管理能把地方社会经济发展的要求和机场统一协调起来，也调动了地方投资的积极性；

（3）私人企业管理。这种模式主要的目标是企业的利润和效益，带来的优点是经营的效率很高。但是缺点也很明显，那就是必须由政府来控制和协调它的经营的波动性和忽视社会效益的倾向。

我国的机场管理体制经历了由军事管理转变为中国民航总局直接管理，航空公司、机场、油料、省民航管理局合一，到逐步分开，机场作为企业下放由地方政府管理，如图8.12所示。

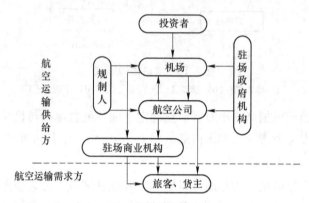

图 8.12   我国机场的管理模式

8.4.3.5   机场的运营

要确保机场的安全运行，机场管理要进行大量的维护检查工作，任何疏忽都会导致事故的发生。

（1）道面的维护。道面包括跑道、滑行道和停机坪的道面，其中最重要的是跑道道面。飞机在跑道上高速运动，任何小的裂缝或隆起都会有可能造成爆胎或对起落架的损害，从而引发大事故。道面应具有一定的强度、平坦度、粗糙度。

（2）除雪和除冰。在中高纬度地区的机场，除雪和除冰是保证机场运行的重要工作。除雪的方法分两种：机械的和化学的。跑道结冰对飞机来说比积雪更危险，但除冰有时比除雪还难。

（3）鸟害。飞机起飞或降落如果把鸟吸入发动机或与鸟相撞都会造成一定的危险。

（4）飞机救援、消防。航空事故的70%发生在起飞和降落的时候，这种事故发生的地点都在机场及其附近地区，伴随着失火和伤员。因而机场要有一支训练有素、装备精良的救援队伍随时准备出动。

（5）安全保卫。机场安全保卫主要是针对地面和空中的犯罪行为。空中犯罪行为包括：爆炸、劫机和走私。地面上的保卫工作：防止偷盗和抢劫。

（6）地面勤务与设备。地面勤务是一系列的地面车辆和设施为飞机的出港、进港、经停服务。

（7）机场总体安全检查。机场应该有一个总体安全检查计划并且定期的或随即的进行检查，从而建立起安全制度和体系。重点的检查区域有机坪和停机坪、滑行道、跑道、加油设施以及机库和维修车间等。

8.4.3.6 机场维护区

机场维护区是飞机维修、供油设施、空中交通管制设施、安全保卫设施、救援和消防设施、行政办公区等设置的地方。

飞机维修区是承担航线飞机维护工作，即对飞机在过站、过夜或飞行前进行例行检查、保养和排除简单故障。一般设一些车间和车库，有些机场设停机坪以供停航时间较长的飞机停放。有的机场还设隔离坪，供专机或其他原因需要与正常活动场所相隔离的飞机停放之用。

少数机场承担飞机结构、发动机、设备及附件等修理和翻修工作，其规模较大，设有飞机库、修机坪、各种车间、车库和航材库等。

供油设施供飞机加油，大型机场还有储油库及配套的各种设施。

空中交通管理设施有航管、通信、导航和气象设施等。

安全保卫设施主要有飞行区和站坪周边的围栏及巡逻道路。

救援与消防设施主要有消防站、消防供水设施、应急指挥中心及救援设施等。

行政办公区供机场当局、航空公司、联检等行政单位办公用，可能还设有区管理局或省市管理局等单位。

8.4.4 机场环境问题

环境问题是当今世界上人类面临的重要问题之一。机场占地多，影响范围广，且营运时对周边环境要求很高。机场环境分为两个方面：一是机场周围环境的保护，使得机场建设和营运不至于对周围环境造成不良影响；二是做好机场营运环境的保护，使航空运输安全、舒适、高效进行。

8.4.4.1 机场周围环境的保护

环境污染防治：主要有声环境、空气环境和水环境的污染与防治，固体废弃物的处理，其中声环境防治最为主要。

（1）声环境污染防治。声环境中有机场噪声污染，主要来自飞机起降和进场的汽车所产生的噪声。防治办法有：用低噪声的飞机取代高噪声飞机，例如：B747 飞机，1970 年时噪声为 105.4dB（分贝），而到 1989 年为 99.7dB。夜间不飞或少飞；提高飞机的上升率或减小油门，使飞机较高地飞越噪声敏感区等等。汽车噪声的防治办法有利用地形作屏障、设置声屏障、建筑隔声、植树造林、加强管理等。

（2）空气环境污染防治。飞机主要在起飞滑跑和初始爬升阶段，排出氮氧化物而污染空气。进场汽车流量大，也造成空气污染。防治措施有：邻近飞行区一侧植树，树的高度符合机场净空要求，树的种类应不会招引鸟类。

（3）水环境污染防治。机场飞行区雨水直接排入当地污水域，候机楼等生活污水，经处理达标后，宜排入当地污水系统等等。

固体废弃物主要来自飞机上清扫下来的垃圾、办公楼等各楼的生活垃圾等。按照城市垃圾的处理办法进行处置。

8.4.4.2 机场营运环境保护

（1）机场的净空环境保护。随着机场的通航，附近城市的发展，高层建筑会对机场的净空发生威胁。机场管理部门应该与当地政府或城建部门密切配合，按照标准的机场发展终端净空图，严格控制净空。

（2）电磁环境保护。机场附近的无线电设备、高压输电线、电气化铁路、通讯设备等也会对机场的导航与通信造成有害影响。因此机场周边的电磁环境应该符合国家对机场周围环境的要求，严格控制各个无线电导航站周围的建设，使得机场的电磁环境不受破坏。

（3）预防鸟击飞机。飞机极易遭受鸟类的袭击，轻则受伤，重则机毁人亡。根据国际民航组织统计，1986～1990年鸟击飞机事件，在欧洲就达9980次，在非洲也有877次。措施有：机场位置和飞机起降避开鸟类迁移路线和吸引鸟类的地方；机场安装驱鸟与监视装置；严格管理场内环境，使鸟不宜生存等等。

8.4.4.3　机场内部环境保护

机场的内部环境保护重点是声环境。事实上飞机噪声对机场内部的危害也很大，因此机场建筑物要进行合理的声学设计，将其设置在符合声环境要求的地方，对航站楼进行必要的建筑隔声，合理安排飞行活动，植树造林等均是机场内部环境保护的有力措施。

8.5　水运工程

8.5.1　水上运输概述

水运包括船舶、港口和航道。船舶是供运输客货的各种类型的水上运载工具。港口是供船舶安全系泊、货物装卸、旅客上下、燃物料供应等作业地点。航道是具有一定水深、助航设备、过船建筑物等船舶可以安全航行的自然或人工水道。

水上运输与铁路和公路相比，水上运输运量大、运费低、省能源、占地少、投资少、见效快。水运主要利用江、河、湖泊和海洋的"天然航道"来进行，水上航道四通八达，通航能力几乎不受限制，而且投资省。水上运输可以利用天然的有利条件，实现大吨位、长距离的运输。因此，水运的主要特点是运量大，成本低，非常适合于大宗货物的运输。水运不仅是交通运输的重要组成部分，也是发展国际贸易的重要环节。

水上运输受自然条件的限制与影响大，即受海洋与河流的地理分布及其地质、地貌、水文与气象等条件和因素的明显制约与影响，而且对综合运输的依赖性较大。河流与海洋的地理分布有相当大的局限性，水运航线无法在广大陆地上任意延伸。

水路运输系统包括沿海运输、远洋运输和内河运输。沿海运输是指利用船舶在我国沿海区域各地之间的运输。远洋运输通常是指除沿海运输以外所有的海上运输。内河运输是指利用船舶、排筏和其他浮运工具，在江河、湖泊、水库及人工水道上从事的运输。

（1）内河航运。内河航运有天然水道（河流、湖泊等）和人工水道（运河、河网、水库、闸化河流等）两种。我国有大小天然河流5800多条，总长40多万公里，现已辟为航道的里程约10万多公里，其中7万多公里可通航机动船只，另有可通航的大小湖泊900多个（不包括台湾省）。长江是中国"黄金水道"，干支流通航里程达7万公里，是我国全年昼夜通航最长的深水干线内河航道。黄河、淮河、珠江、黑龙江、松花江等大江大河是我国主要的内河航道；京杭运河、灵渠等人工运河在一定程度上弥补了中国缺少南北纵向天然航道之不足，对沟通中国南北物资交流有重要作用。我国主要通航河流大都分布在经济发达、人口稠密的地区，且都由西向东流入大海，极利于实行河海联运。

（2）沿海运输。沿海运输是指本国沿海各港口间的海上运输。从事沿海运输的航船一部分为内航船舶，另一部分为进出境船舶，如港澳航线的小型船舶。

我国又是世界海洋国家之一，有漫长的海岸线，港湾众多，尤其是横贯东西的大河入海口，极有利于建立富于经济价值的河口港。沿海海上运输习惯上以温州为界，划分为北方沿海和南方沿海两个航区。北方沿海航区指温州以北至丹东的海域，它以上海、大连为中心。南方沿海航区指温州至北部湾的海域，以广州为中心。

（3）远洋航运。远洋航运作为当今国际贸易中最重要的运输方式，具有货运量大、运费低、航道四通八达的特点。目前我国已开辟 90 多条通往亚、非、欧、美、大洋洲 150 多个国家和地区的 600 多个港口的远洋航线。这些航线大都以上海、大连、天津、秦皇岛、广州、湛江等港口为起点，包括东、西、南、北 4 条主要远洋航线：1）西行线：由中国沿海各大港经新加坡和马六甲海峡，西行印度洋入红海，出苏伊士运河，过地中海进入大西洋，沿途抵达欧、非各国港口。2）南行线：由中国沿海各大港南行，通往东南亚、澳洲等地。3）东行线：从中国沿海各大港出发，东行抵达日本，横渡太平洋则可抵美国、加拿大和南美各国。4）北行线：由中国沿海各港北行，可抵朝鲜和俄罗斯东部各个海港。

8.5.2 海运的装载方式

（1）散装。散装属非主流的运输方式，不过利润却很大，它主要涉及都是低值品，进口的商品主要有：煤炭、矿砂、谷物、化肥、饲料、大麦等产品，出口有焦炭、矾土等产品。通常都用散装船运输。

（2）集装箱运输。集装箱的出现是海运发展史上的里程碑。它改变了世界的贸易格局。其规格主要有 20GP、40GP、40HC（40 尺高柜）；此外还有冷冻、框架、开顶、油箱。20GP 也即一个标准箱，即 20 尺小柜（内部尺寸为 $5.89m \times 2.33m \times 2.38m$，约 $30m^3$），用 TEU 来表示。每个集装箱都会有一个箱号，前 4 位字母后 7 位阿拉伯数字，例如，AMSU4567898。当集装箱装货完毕后，会用船公司提供的铅封锁上，每个铅封都有号码。一旦开箱铅封就会损坏，很容易分清货物损失的责任。船公司只要把重箱运到指定地，保证铅封完好，就算完成了承运任务。

集装箱装载需用专门的集装箱船运输，母船的运载量一般为 2000~6000 个标准集装箱，驳船的一般为 200~400 个标准集装箱。每条船都有具体的船名，另外还有航次号。

思 考 题

8-1 什么是交通工程学，交通工程学要解决哪四大问题？

8-2 公路运输具有哪些特点？

8-3 公路路基有哪些类型，什么是路基三要素？

8-4 铁路选线设计是整个铁路工程设计的核心内容之一，影响线路走向选择的因素有哪些？

8-5 高速铁路、城市轨道交通各具有哪些特点？

8-6 空港管理体制是如何进行分类的？

8-7 水路运输系统包括沿海运输、远洋运输和内河运输，各有哪些特点？

9 水利水电工程

9.1 概述

水利水电工程主要是对水的物理控制与利用，诸如预防洪水灾害、提供城市用水和灌溉用水、管控河流和水流物、维护河滩及其他滨水设施，设计和维护海港、运河与水闸、建造水利大坝、围堰以及海上结构等。

9.1.1 水资源及其利用

水是维系生命与健康的基本需求，是人类及一切生物赖以生存的必不可少的重要物质，是工农业生产、经济发展和环境改善不可替代的极为宝贵的自然资源。保护水资源是人类最伟大、最神圣的天职。

水资源，从广义来说是指水圈内水量的总体。包括经人类控制并直接可供灌溉、发电、给水、航运、养殖等用途的地表水和地下水，以及江河、湖泊、井、泉、潮汐、港湾和养殖水域等。从狭义上来说是指逐年可以恢复和更新的淡水量。水资源具有再生性、兴利和水害的两重性、耗水和用水综合性、水流的随机可变性、水资源的地区性和整体性、某种意义的不可取代性等特点。

当前我国对水资源的利用集中在四大领域：一是以农田浇灌为主的水库水渠灌溉工程；二是以水力发电为主的水电工程；三是以治理水污染、建设湿地等水生态为主的水环境工程；四是以满足城市及工业用水为主的引水、调水工程。

水利工程，是指对自然界的地表水和地下水进行控制和调配，以达到除害兴利目的而修建的工程。水利工程范围很广，按功能可分为防洪工程、农田水利工程、水力发电工程、供水排水工程、航运工程以及环境水利工程。

（1）河道整治与防洪工程。河道整治主要是通过整治建筑物和其他措施，防止河道冲蚀、改道和淤积，使河流的外形和演变过程都能满足防洪与兴利等各方面的要求。防洪工程是控制、防御洪水以减免洪灾损失所修建的工程。主要有堤、河道整治工程、分洪工程和水库等。按功能和兴建目的可分为挡、泄（排）和蓄（滞）几类。

（2）农田水利工程。农田水利是人类与旱涝灾害做斗争、发展农业生产的重要措施。在我国的总用水量中，80%以上的用水量是农村生活用水和农业灌溉用水。良好的排灌水利设施是保证农业丰收的主要措施；修建水库、堰塘、渠道、泵站等水利设施，提高农作物的收成，是水利事业中的重要内容。

（3）水力发电工程。水力发电就是利用水力推动水力机械（如水轮机）转动，将水能转变为电能。水库的高水位水经引水系统流入厂房推动水轮发电机组发出电能，再经升压变压器、开关站和输电线路输入电网。

（4）供水排水工程。供水工程指将水从江河、湖泊等天然水源中取出，经过净化、加压，用管网供给城市、工矿企业等用水部门，以满足工业生产及城市生活用水需求的工程体系，主要包括引水枢纽和输水建筑物。

排水工程，主要是挖河疏浚排水以及排除工矿企业及城市废水、污水和地面雨水。排水必须符合国家规定的污水排放标准。

（5）航运工程。航运是指使用船舶通过水上运输在不同国家、地区的港口之间运送货物的一种方式；是水上运输事业的统称，分内河航运、沿海航运和远洋航运。

（6）环境水利工程。水利建设的根本任务就是减免水旱灾害，开发利用水资源，改善人们赖以生产和生活的环境条件。如处置不当，水利工程也会对环境产生不利的后果。如平原地区盲目蓄水，灌区只灌不排，会造成土地盐渍化、沼泽化；闸坝等拦河建筑物截断航道和鱼类洄游通道，会影响航运和水生物的繁衍。环境水利工程主要有水资源保护、水土保持、水利工程对环境的影响、流域或区域治理开发的环境问题等。

水利工程受水的作用，除了工程量大、投资多、工期长之外，还有以下几个方面的特点：

1）工作条件复杂。地形、地质、水文、施工等条件对坝址选择、枢纽布置和水工建筑物形式选择关系极大。水工建筑物的地基，可以是岩基，有时是土基；岩基中经常遇到节理、裂隙、断层、碎裂带、软弱夹层等地质构造；土基中可能遇到压缩性大的土层或流动性较大的细砂层。水文条件变化多样，坝基和坝体渗透压力较大，降低了大坝的稳定性。

2）受自然条件制约，施工难度大。施工导流、截流、施工技术复杂、水下地下工程量大、交通运输困难。水利工程承担挡水、蓄水和泄水的任务，因而对稳定、承压、防渗、抗冲、耐磨、抗冻、抗裂等性能都有特殊要求，需按照水利工程的技术规范，采取专门的施工方法和措施，确保工程质量。水利工程对地基的要求比较严格，工程又常处于地质条件比较复杂的地区和部位，地基处理不好就会留下隐患，事后难以补救，需要采取专门的措施。

3）经济和社会效益显著，如防洪、发电、灌溉、养殖、航运等；同时对附近地区环境和自然影响也大，如库区淹没、地下水位升高、水质水文变化、诱发地震等。

4）工程失事后果严重。大型蓄水工程，一般是库大、坝高，作为枢纽中关键工程的大坝，一旦失事，将会给下游人民的生命财产和国家建设带来巨大灾难。

9.1.2 水工建筑物

为了满足防洪要求，获得发电，灌溉、供水等方面的效益，在河流的适宜河段修建不同类型的建筑物，用来控制和支配水流，这些建筑物通称为水工建筑物。

水工建筑物按其用途可分为一般性建筑物与专门性建筑物。

（1）一般性建筑物。不只为某一项水利事业服务的水工建筑物称为一般性建筑物。根据它们的功能、以其在枢纽中所起的作用又可分为如下几种：

1）挡水建筑物。用以拦截河流，形成水库或壅高水位；阻挡或拦束水流，壅高或调解上游水位；以水坝和河堤为代表。坝的类型有土石坝、混凝土重力坝、混凝土拱坝等。

2）泄水建筑物。用以在供水期间或其他情况下宣泄水库（或渠道）的多余水量，排放泥沙和冰凌，或为人防、检修而放空水库等，以保证坝（或渠道）安全的建筑物。如各种溢流坝、溢洪道、泄洪隧洞和泄洪涵管等。

3）输水建筑物。为灌溉、发电和供水的需要，从上游水库（或河道）向库外（或下游）输水用的建筑物，如引水隧洞、引水涵管、渠道、渡槽和倒虹吸等。

4）取水建筑物。是输水建筑物的首部建筑，如引水隧洞的进口段、灌溉渠首和供水用的进水闸、扬水站等。

5）整治建筑物。用以改善河流的水流条件、调整水流对河床及河岸的作用，以及为防护水库、湖泊波浪和水流对岸坡的冲刷而修筑的建筑物，如丁坝、导流堤、护底护岸等。

（2）专门性建筑物。专门为一项水利事业服务的水工建筑物称为专门性建筑物，根据其服务的对象，分为如下几种：

1）水电站建筑物。如水电站的压力管道、压力前池、调压塔和电站厂房等。

2）灌溉、排水建筑物。如灌溉渠道上的节制闸、分水闸和渠道上的建筑物等。

3）水运建筑物。如船闸、开船机和码头。

4）给、排水建筑物。如自来水厂抽水站、滤水池和水塔，以及排除污水的下水道等。

5）渔业建筑物。为了使河流中的鱼类通过闸、坝而修建的鱼道、开鱼机等。

6）过坝建筑物。如船闸、升船机、鱼道等。

应当指出，有些水工建筑物在枢纽中所起的作用并不是单一的。例如，各种溢流坝既是挡水建筑物又是泄水建筑物；水闸既可挡水，又可泄水还能作为灌溉、发电及供水用的取水建筑物。

9.1.3　水利枢纽

为控制和支配水流，以满足防洪、发电、灌溉、供水等方面的效益，在河流的适宜河段修建不同类型的水工建筑物，而由这些不同类型的水工建筑物组成综合体，称为水利枢纽。如图9.1所示，挡水建筑物、泄水建筑物和引水建筑物统称为水利枢纽"三大件"。电站厂房则是水电站的核心。

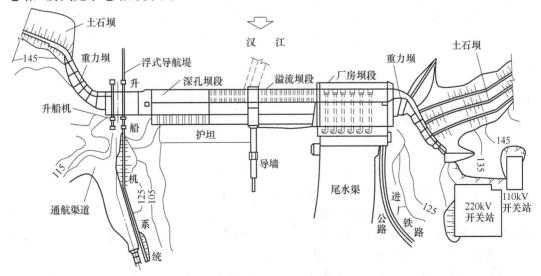

图9.1　丹江口水利枢纽示意图

水利枢纽按其所在地区的地貌形态可分为平原地区水利枢纽和山区（包括丘陵地区）水利枢纽；也可按承受水头大小，分为高水头、中水头、低水头水利枢纽。按水利枢纽的作用，可分为蓄水枢纽、取水枢纽等。

水利水电枢纽工程首先按水利枢纽工程的规模分为大型、中型和小型三等，然后再对各组成建筑物按其所属枢纽的等别、效益及其在枢纽中所起的作用和重要性进行分级，共分五级（见表9.1）。

表 9.1　水利水电枢纽工程的分等指标

工程等级	工程规模	水库总库容 /×10⁹m³	防洪		灌溉面积 /万亩	装机容量 /×10⁶kW
			保护城镇及工矿区	保护农田面积/万亩		
一	大（1）型	>10	特别重要城市、工矿区	>500	>150	>75
二	大（2）型	10～1	重要城市、工矿区	500～100	150～50	75～25
三	中　型	1～0.1	中等城市、工矿区	100～30	50～5	25～2.5
四	小（1）型	0.1～0.01	一般城镇、工矿区	<30	5～0.5	2.5～0.05
五	小（2）型	0.01～0.001			<0.5	<0.05

9.1.4　水力发电

1878 年法国建成世界第一座水电站。世界上已建最大水电站为在巴西和巴拉圭两国界河巴拉那河上的伊泰普水电站（1260 万 kW）。我国大陆第一座水电站为建于云南省螳螂川上的石龙坝水电站。根据我国对国际社会做出的"2020 年非石化能源将达到能源总量15%"承诺，我国水电行业 2020 年装机容量须达到 3.8 亿 kW。

9.1.4.1　水力发电的基本条件

水力发电（Hydroelectric power）是研究将水能转换为电能的工程建设和生产运行等技术经济问题的科学技术。水力发电的基本原理是利用河流、湖泊等位于高处具有势能的水流至低处，将其中所含势能转换成水轮机之动能，再借水轮机为原动力，推动发电机产生电能。

水力发电必须满足一定的技术条件，首先河流有一定的流量，满足发电所需的水源；其次有合适的地形条件满足集中落差（水头）；核心条件是必须有适宜的地形地质条件以修建水利大坝等水工建筑物。

9.1.4.2　水力发电的特点

（1）能源的再生性。由于水流按照一定的水文周期不断水力发电循环，从不间断，因此水力资源是一种再生能源。所以水力发电的能源供应只有丰水年份和枯水年份的差别。

（2）发电成本低。水力发电只是利用水流所携带的能量，无需再消耗其他动力资源。而且上一级电站使用过的水流仍可为下一级电站利用。另外，由于水电站的设备比较简单，其检修、维护费用也较同容量的火电厂低得多。

（3）高效而灵活。水力发电主要动力设备的水轮发电机组，不仅效率较高而且启动、操作灵活，而且不会造成能源损失。因此，利用水电承担电力系统的调峰、调频、负荷备用和事故备用等任务，可以提高整个系统的经济效益。

（4）工程效益的综合性。由于筑坝拦水形成了水面辽阔的人工湖泊，控制了水流，因此兴建水电站一般都兼有防洪、灌溉、航运、给水以及旅游等多种效益。

（5）一次性投资大。兴建水电站土石方和混凝土工程巨大；而且会造成相当大的淹没损失，须支付巨额移民安置费用；工期长，影响建设资金周转。

9.1.4.3　水力发电的开发方式

坝式和引水式是水电站最基本的开发方式。

（1）坝式开发。坝式开发主要是用大坝来集中落差。大坝不仅可以集中落差，而且还可以利用坝所形成的水库，调节流量。坝式开发方式需要修建工程量庞大的水库。根据坝式开发方式的水电站厂房与拦河坝或溢流坝的相对位置，可分为河床式、坝后式以及混合式等水电站厂房。

1）河床式水电站厂房。其特点是厂房作为挡水建筑物的一部分，厂房的高度受水头所限，如新丰江水电站、西津水电站等，一般见于河流中、下游，水头较低，流量较大。

2）坝后式水电站厂房。坝后式水电站靠坝来集中水头；水电站厂房位于非溢流坝坝趾处。特点是厂房布置在坝后或其邻近。因此厂房结构不受水头所限，水头取决于坝高。在落差 $H > 25m$ 的河流的中、上游较普遍采用，例如，黄河上的刘家峡和三门峡水电站厂房、湖北丹江口水电站、三峡水电站等。

3）混合式厂房。亦称为泄水式厂房，泄水式厂房按泄水孔的位置不同分为两类：在尾水管上泄洪和在蜗壳上泄洪。目前采用的多是尾水管上泄水形式，如葛洲坝水电站厂房。

（2）引水式开发。引水式电站采用坡度较缓的明渠或隧洞等引水道，将水引至其末端形成集中落差，可分为无压引水式、有压隧洞的引水道和混合式开发水电站三大类。

引水式水电站的建筑物一般包括三部分：1）首部枢纽。其包括拦河坝、泄水建筑物及水电站、进水建筑物等。2）引水建筑物。其包括引水道、压力前池、调压井、平水建筑物及压力钢管等。3）厂房枢纽。其包括厂房、变电及配电建筑物和尾水建筑物等。利用纵降比较小的人工引水工程从纵降比较大的天然河道中引水，在引水系统的末端与下游河水位间形成落差，获得水头。引水式水电站中，愈来愈多地兴建地下水电站厂房。

（3）抽水蓄能电站。抽水蓄能电站是在时间上把能量重新分配，一般在后半夜当电力系统负荷处于低谷时，利用火电站，特别是原子能电站富裕（多余）的电能，以抽水蓄能的方式把能量蓄存在水库中，即机组以水泵方式运行，将水自下游抽入水库。在电力系统高峰负荷时将蓄存的水量进行发电，即机组以水轮机方式运行，将蓄存的水能转化为电能。

抽水蓄能电站建筑物组成包括上下两个水库，用引水建筑物相连，蓄能电站厂房建在下水库处，采用双向机组（可逆式）。

（4）潮汐电站。潮汐电站利用涨潮落潮时的潮位差（水头）进行发电。这种潮汐电站都是河床式或贯流式机组的厂房；厂房作为挡水建筑物的一部分，与闸坝共同把海湾隔开，利用涨潮和落潮时的水位差来发电，即把海水涨、落潮的能量变为机械能，再把机械能转变为电能（发电）的过程。

（5）阶梯开发。自河流的上游起，由上而下地拟定一个河段接一个河段的水利枢纽系列、呈阶梯状的分布形式，这样的开发方式称为梯级开发；通过梯级开发方式所建成的一连串的水电站，称为梯级式水电站。实际生活中常说的梯级水电站，着重是指水能资源开发中，相邻联系比较紧密、互相影响比较显著、地理位置相对比较靠近的水电站群。如图9.2是金沙江下游段和长江上游段干流梯级电站剖面示意图。

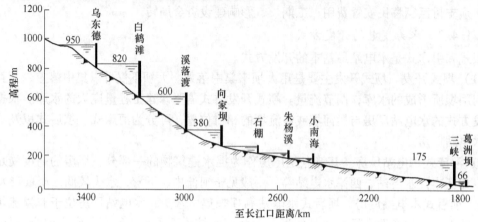

图9.2　金沙江下游段和长江上游段干流梯级电站剖面示意图

9.2　水库工程

　　水库（Reservoir）作为一种蓄水工程，在汛期可以拦蓄洪水，削减洪峰，保护下游地区安全，拦蓄的水流由于下游水位抬高可以用来满足灌溉、发电、航运、供水和淡水养殖的需要。

9.2.1　概述

　　（1）水库的作用。水库是在河流的适当位置人工采取工程措施拦蓄河川水流的各种挡水建筑物和构筑物。

　　水库的作用有三个方面：拦蓄洪水以防止水涝灾害；按用水部门需要，有计划地分配径流；抬高水位，为有关部门（发电、航运、灌溉）服务。水库的总库容是划分水利枢纽工程等次的最重要指标。

　　（2）水库的分类。

　　1）根据水库库容调节周期，可将水库分为三类：

　　①日（周）调节水库。指在一日之内或一周之内按用水量调节一次的水库。

　　②年调节水库。由于不同季节河川泥量变化较大，通常水库在汛前空到一定高程，汛期蓄存一部分洪水或者多余水量，以提高同年枯水期的河川流量，进行一年内的水量重新分配。大多数中、小型水库均属于此种类型。

　　③多年调节水库。这类水库库容一般都很大，它是将丰水年的多余水量蓄存起来，以补枯水年水量的不足，进行多年内的水量重新分配的水库。例如，三峡水库、官厅水库、丹江口水库等均为多年调节水库。

　　2）根据水库所在地区的地貌、库床及水面的形态，可将水库分为四类：

　　①平原湖泊型水库。指在平原、高原台地或低洼区修建的水库，形状与生态环境都类

似于浅水湖泊。其形态特征是水面开阔，岸线较平直，库弯少，底部平坦，岸线斜缓，水深一般在 10m 以内。如山东省的峡山水库、河南省的宿鸭湖水库。

②山谷河流水库。指建造在山谷河流间的河道型水库。其形态特征是库岸陡峭，水面呈狭长形，水体较深但不同部位差异极大，上下游落差大，夏季常出现温跃层。如重庆市的长寿湖水库、浙江省的新安江水库等。

③丘陵湖泊型水库。指在丘陵地区河流上建造的湖泊型水库。其形态特征是介于以上两种水库之间，库岸线较复杂，水面分支很多，库弯多。库床较复杂，渔业性能良好。如浙江省的青山水库、陕西省的南沙河水库等。

④山塘型水库。指在小溪或洼地上建造的微型水库，主要用于农田灌溉，水位变动很大。如江苏省溧阳市山区塘马水库、宋前水库、句容的白马水库等。

根据水质富含营养程度可将水库分为贫瘠型、中营养型和富营养型三类。

9.2.2 水库工程设计

水库工程是根据水库在流域中的规划等级、分配水量等进行规划，对水库特征水位和库容综合确定，设计蓄水大坝，从而建设水库。因此水库工程设计的核心就是确定水库的特征水位。

（1）水库设计低水位的选择。设计低水位，即死水位，应考虑的主要因素是：1）保证水库有足够的、发挥正常效用的使用年限（俗称水库寿命）。主要是考虑部分库容供泥沙淤积的需要。2）保证水电站所需要的最底水头和自流灌溉必要的引水高程。3）库区航深和渔业的需要。死水位的具体选定，对于大型水库，常须通过几个方案的经济比较。

（2）水库兴利库容与正常高水位的确定。水库的正常高水位是一项重要的设计指标，它关系到水库的效益、淹没范围和投资多少及其他工作指标。

具体的计算多采用列表法。首先以一年为计算时间，分别按上述原则求出天然河道来水量和用水量过程线，再计算各月的来水量与用水量之差，对余水量和缺水量分栏填写；求出连续缺水月份的缺水量之和以及单个月的缺水量，其中最大的缺水量即为水库应蓄的水量，以此水量作为兴利库容。按库容与水位的关系曲线，即可定出正常高水位（设计蓄水位）。多余的来水作为弃水下泄。表9.2是某水库考虑损失水量后的年调节水库计算表。

表9.2　考虑损失的年调节水库计算表　　　　　　　　　$(10^4 m^3)$

月份	来水量	用水量					水量差额		月末库容	弃水量
		灌溉	发电	给水	渗漏及蒸发	合计	盈余	不足		
1	213	—	509	13	25	547		334	1730	
2	205	140	461	13	27	641		436	1294	
3	161	—	509	13	40	562		401	893	
4	249	379	493	13	47	932		683	210	
5	599	246	509	13	41	809		210	0	
6	1520	128	495	13	58	694	826			826
7	1645	131	508	13	59	711	934		1760	

月份	来水量	用水量					水量差额		月末库容	弃水量
		灌溉	发电	给水	渗漏及蒸发	合计	盈余	不足		
8	1420	112	509	13	49	683	737		2497	
9	773	14	495	13	42	564	209		2627	79
10	600	—	510	13	32	555	45		2627	45
11	345	—	493	13	25	531		185	2442	
12	309	140	509	13	25	637		378	2064	
合计	8040	1270	6000	156	470	7916	2751	2627		124

注：水库建成蓄水后，因改变河流天然状况及库内外水力条件而引起额外的水量损失，主要包括蒸发损失和渗透损失，在寒冷地区还有可能有结冰损失。

（3）调节库容与设计洪水位的选择。设计洪水的分析计算主要有三个问题，即洪峰流量的大小、洪水流量适时变化情况（简称洪水过程线）及一定时段内的洪水总量，统称设计洪水三要素。通常应根据洪水特性和水文预报条件，尽可能把汛期防洪限制水位定在正常蓄水位之下，使调洪库容部分地和兴利库容结合，以减小专用的调洪库容。

设计洪水的推算方法随实测资料情况而异，主要是两大类：一是由实测流量资料推求；二是由暴雨资料推求，也可采用经验公式或利用各地水文手册中有关图表和等值线图进行估算。据此来选择适宜的设计洪水位、防洪限制水位和校核洪水位。显然，校核洪水位比设计洪水位要高。防洪限制水位至校核洪水位之间的水库库容，总称为调洪库容。

9.2.3 水库工程与环境

（1）水库引起的环境变化。水库蓄水后对地面、地下等周边环境都可能引起变化，主要表现在如下几个方面：

1）库区环境变化主要表现为以下几类：

①淹没。水库蓄水后，水位迅速上升，水边线向外推移，水体范围扩大，壅高回水淹没库内一些城区和居民点、古迹、文物、工矿企业、矿藏、铁路、公路和其他一些重要建筑物以及大片农田、森林等。

②滑坡、崩塌。在库水与库岸相互作用下，在风的作用下库水面倾斜，生成波浪。上升的库水位抬高岸边地下水水位，使岸坡岩土失去平衡，引起岸壁坍落（或滑坡）。

③水库淤积。河水流入水库后流速顿减，水流搬运能力下降，所挟带的泥砂就沉积下来，堆于库底，形成水库淤积。淤积的粗粒部分堆于上游，细粒部分堆于下游，随着时间的推延，淤积物逐渐向坝前推移。

④水文变化。河流中原本流动的水在水库里停滞后便会发生一些变化，如对航运的影响、蒸发量的增加、地下水位抬高、沼泽化、盐渍化、土地荒芜、工矿企业排水困难、地下水淹没等。

⑤水质变化。水库中的水质现象，大致分为水温变化、浑水长期化及富营养化三大类。而每个现象基本上都是由于河水在水库内长期滞留的结果。

⑥气象变化。修建大中型水库及灌溉工程后，原先的陆地变成了水体或湿地，使局部地表空气变得较湿润，对局部小气候会产生一定的影响，主要表现在对降雨、气温等气象

因子的影响。

⑦诱发地震。水库蓄水后,改变了库区的水文地质条件和天然应力场,使库区及其邻近地带的地震活动性明显增强。一般震级小,但震中烈度大,破坏性强。

⑧卫生条件。库内大体积水体流速慢,滞留时间长,有利于悬浮物的沉降,可使水体的浊度、色度降低;库内流速慢,藻类活动频繁,降低了水库水体自净能力。若含有有毒物质或难降解的重金属,可形成次生污染源。

2)水库下游环境变化主要表现为以下几类:

①河道冲刷。在坝下游,由于清水下泄,冲刷作用增强,底蚀显著,河道下切,河流变直,可导致部分河段岸坡稳定性下降,出现裂缝、坍塌等现象,河道还可能出现负比降,影响汛期行洪等。

②河道水量变化。水库修建后改变了下游河道的流量过程,从而对周围环境造成影响。水库不仅存蓄了汛期洪水,而且还截流了非汛期的基流,往往会使下游河道水位大幅度下降甚至断流,并引起周围地下水位下降,从而带来一系列的环境生态问题。

③河道水文。有些河流的泥沙中挟带肥料和营养物较多,建坝后泥沙被截留库中,又由于上游大量取水,使建库后下泄水量减少,致使下游发生许多新问题。如下游水量分配发生很大变化、供水能力减小、水环境容量减小等。

④河道水质。当水库库容大,调节程度高,水库的水温结构呈分层型,对农业生产、鱼类的生存就有明显的影响。

(2)水库垮坝。水库垮坝后果严重。各种不同规模的坝工失事后造成的灾难随大坝和水库的规模而异,一般包括下游大面积的淹没、财产的损失、生命的伤亡以及疾病的传播等。大坝和水库的规模愈大,其失事造成的灾难也愈大。因此,设计和施工要确保大坝安全,并应该经常检查和制定一些安全措施。

由于工程的特点,失事的主要原因不尽相同。垮坝的主要原因有三个方面:(1)自然灾害。如大洪水、地震、滑坡、泥石流、雪崩等。(2)工程及设备老化。建筑物材料老化(开裂、冲蚀、腐蚀、风化等),由于时间推移地基失效坡损坏、坡面失稳、设备失灵。(3)人为原因。如水库设计、施工错误,运行维护中失误,人为破坏等。

9.3 水利水电工程大坝

拦水坝主要有土石坝、重力坝、拱坝、支墩坝和橡胶坝等。目前水利水电工程上常用的大坝类型是重力坝、拱坝和土石坝三类。其中土石坝又可分为心墙坝、斜墙坝、堆石坝、均质坝等。

9.3.1 岩基上的重力坝

9.3.1.1 重力坝的定义

重力坝(Gravity Dam)是指主要依靠坝体自重所产生的抗滑力以保持、维持稳定的挡水建筑物。在世界坝工史上是最古老、也是采用最多的坝型之一,公元前2900多年时的埃及已建高15m顶宽240m的挡水坝。图9.3是重力坝示意图,垂直坝轴线的横剖面基本上是呈三角形的,结构受力形式为固接于坝基上的悬臂梁,坝基要求布置防渗排水设施。

重力坝的坝高是指坝顶与坝基开挖面的最低点之间的高程差。壅水高度或坝的挡水高度指坝轴线上原河床最低点与最高控制水位之间的高程差。坝长系指在坝顶沿坝轴线量取的从一边坝头接触面至另一边坝头接触面的距离，不包括岸边溢洪道的长度；如果溢洪道完全布置在坝上，则坝长包括溢流坝段。混凝土重力坝的体积应包括主坝以及未用施工缝或收缩缝与主坝分开的所有大体积混凝土附属建筑物。

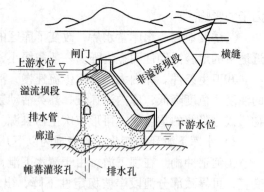

图 9.3　重力坝示意图

我国已建成的重力坝有刘家峡、新安江、三门峡、丹江口、三峡和龙滩等。

9.3.1.2　重力坝的特点

（1）分段组成。重力坝坝轴线一般为直线，垂直坝轴线方向设横缝，将坝体分成若干个独立工作的坝段，每个坝段长为15~20m，以免因坝基发生不均匀沉陷或温度变化而引起坝体开裂；坝段之间留有10~20mm的间隙，充填柔性防水材料，目的是为了在气温发生变化时，不致因为坝体胀缩而发生裂缝，故称为伸缩缝；为了防止漏水，在缝内设多道止水。实际上，每个坝段都要在工程荷载作用下安全可靠。

（2）安全可靠。工作安全，运行可靠。重力坝剖面尺寸大，坝内应力较小，筑坝材料强度较高，耐久性好。因此，抵抗洪水漫顶、渗漏、侵蚀、地震和战争等破坏的能力都比较强。据统计，在各种坝型中，重力坝失事率相对较低。

（3）技术相对简单。重力坝沿坝轴线用横缝分成若干坝段，各坝段独立工作，结构简单，受力明确，稳定和应力计算都比较简单，施工技术容易控制；既可以采用机械化施工，也可以合理使用人工劳动力施工。

（4）对地形和地质条件的适应性较好。重力坝对地基质量的要求不高，对地形、地质条件适应性强，能较好地适应岩石物理性质的变化和各种非均质地基。

（5）施工导流和永久性泄洪问题容易解决。大体积混凝土，可以采用机械化施工，在放样、立模和混凝土浇筑等环节都比较方便。在后期维护、扩建、补强、修复等方面也比较简单。可采用坝顶溢流，也可在坝内设泄水孔，不需设置溢洪道和泄水隧洞，枢纽布置紧凑；在施工期可以利用坝体导流，不需另设导流隧洞；泄洪方便，导流容易。

（6）缺点：重力坝坝体剖面尺寸大，材料用量多，材料的强度不能得到充分发挥；坝体与坝基接触面积大，坝底扬压力大，对坝体稳定不利；坝体体积大，混凝土在凝结过程中产生大量水化热和硬化收缩，将引起不利的温度应力和收缩应力。

9.3.1.3　坝址选择影响因素

坝址选择影响因素很多，有关坝址选择的两个最主要问题是：该坝址必须是能支承坝体及其附属建筑物（地质、岩体结构方面）；坝址以上地区要有形成水库的合适条件（地形、水文方面）。选择坝址时应考虑重点以下几个方面：

（1）地形。坝址狭窄，建坝的用料最少，因而可节省投资。这种坝址可能适合作拱坝，应研究这一可能性。

（2）地质。坝基应没有大的断层和剪切带。如果坝基有断层和剪切带，则为了保证坝基的可靠比可能需要进行昂贵的坝基处理。

（3）附属建筑物。虽然附属建筑物的投资常比坝的投资少，但在选择坝址时仍应考虑附属建筑物的影响，以得出投资最少的方案。

（4）当地情况。有一些坝址需要将原有的道路、铁路、筋电线和渠道改线，这将会增加工程的总投资。

（5）交通。坝址的交通条件对于工程总投资有很明显的影响，交通困难的地方，道路修建费用昂贵。坝址附近有适合布置施工附属企业和放置设备的场地时，可以降低施工费用。

9.3.1.4　重力坝的构造要求

重力坝的主要构造是分缝、排水和廊道。

为了满足运用和施工的要求，防止温度变化和地基不均匀沉降导致坝体开裂，需要合理分缝。

在坝体各种接缝面设置的止水系统，难以完全防止渗水。为了减小渗水的有害影响，还须设置竖向的排水管道系统（见图9.4）。将坝体和坝基的渗水由埋没在坝体中的竖向排水管道排入坝体内预留的廊道，用抽水机排到下游。靠近上游坝面设置排水管幕，以减小坝体渗透压力。排水管幕沿坝轴线一字排列，管孔铅直，与纵向排水、检查廊道相通，上下端与坝顶和廊道直通，便于清洗、检查和排水。

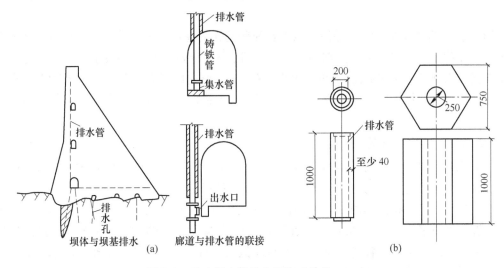

图9.4　重力坝内部排水构造（单位：mm）
(a) 坝内排水；(b) 排水管

在混凝土坝中，为了灌浆、排水、观测、检查及交通等的需要，必须在坝内设置各种廊道，这些廊道在坝内互相连通，构成廊道系统。

9.3.1.5　重力坝的地基处理

坝区天然基岩，不同程度地存在风化、节理、裂隙，甚至断层、破碎带和软弱夹层等缺陷，对这些不利的地质条件必须采取适当的处理措施。处理后的地基应满足下列要求：应具有足够的抗压和抗剪强度，以承受坝体的压力；应具有良好的整体性和均匀性，以满足坝基的抗滑稳定要求和减少不均匀沉降；应具有足够的抗渗性和耐久性，以满足渗透稳定的要求和防止渗水作用下岩体变质恶化。统计资料表明：重力坝的失事有40%是因为地基问题造成的。地基处理方法包括开挖清理、灌浆、排水以及特殊软弱地层的处理等。

9.3.2　岩基上的拱坝

9.3.2.1　概述

拱坝（Arch Dam）是突向上游水库的空间壳体结构。坝体结构可近似看作由一系列凸向上游的水平拱圈和一系列竖向悬臂梁所组成。坝体结构既有拱作用又有梁作用。其所承受的水平荷载一部分由拱的作用传至两岸岩体，另一部分通过竖直梁的作用传到坝底基岩。拱坝两岸的岩体部分称作拱座或坝肩；位于水平拱圈拱顶处的悬臂梁称作拱冠梁，一般位于河谷的最深处。

9.3.2.2　拱坝的特点

（1）拱坝都建造于河川上游的狭谷地带，要求坝体座露在基岩上。

（2）作用于坝身的上游水压力，大部分是通过拱的作用，由拱坝的坝端传向河谷两岸的基岩；另一部分经拱坝的底部传向河底的基岩。

（3）拱坝的厚度远小于同一坝址同一坝高的重力坝的坝体厚度。拱坝坝身单薄，体形复杂，设计和施工的难度较大，因而对筑坝材料强度、施工质量、施工技术以及施工进度等方面要求较高。

（4）拱坝的整体稳定性要靠河谷两岸及河底基岩的稳定性来支持。拱结构是一种推力结构，在外荷作用下内力主要为轴向压力，有利于发挥筑坝材料（混凝土或浆砌块石）的抗压强度。拱坝是高次超静定结构，当坝体某一部位产生局部裂缝时，坝体的梁作用和拱作用将自行调整，坝体应力将重新分配。所以，只要拱座稳定可靠，拱坝的超载能力是很高的。

9.3.2.3　修建拱坝的条件

（1）对地形的要求。左右两岸对称，岸坡平顺无突变，在平面上向下游收缩的峡谷段。坝端下游侧要有足够的岩体支承，以保证坝体的稳定。

坝址处河谷形状特征用河谷"宽高比"L/H及河谷的断面形状两个指标来表示。L/H值小，说明河谷窄深，拱的刚度大，梁的刚度小，坝体所承受的荷载大部分是通过拱的作用传给两岸，因而坝体可较薄。反之，当L/H值很大时，河谷宽浅，拱作用较小，荷载大部分通过梁的作用传给地基，坝断面较厚。

当河谷的宽高比$L/H < 2$的窄深河谷中，可修建薄拱坝；

当河谷的宽高比$L/H < 2 \sim 3$时，最适于设计建造拱坝；

在河谷的宽高比$L/H = 3.0 \sim 4.5$的河谷，一般要修重力拱坝，即兼有重力坝和拱坝两种特性的中间坝型；

在河谷的宽高比$L/H > 4.5$的宽浅河谷，一般认为修建拱坝就没有意义了。

（2）对地质的要求。基岩均匀单一、完整稳定、强度高、刚度大、透水性小和耐风化等。两岸坝肩的基岩必须能承受由拱端传来的巨大推力、保持稳定并不产生较大的变形。

（3）拱坝的布置。拱坝布置的原则是：在满足稳定和建筑物运用的要求下，通过调整拱坝的外形尺寸，使坝体材料的强度得到充分发挥，控制拉应力在允许范围之内，而坝的工程量最省。拱坝布置复杂，需结合地形地质条件，反复修订，作多方案比较，最后定出布置图。

（4）拱坝平面布置形式。

1）等半径拱坝。等半径拱坝采用定圆心、等外半径布置。

2）等中心角拱坝。这种坝型为了维持圆心角为常数，拱坝的上、下游均形成扭曲面，并且出现倒悬，在靠近两岸部分均倒向上游。

3）变半径、变中心角拱坝。拱坝半径、中心角随高度不断变化，可改善应力状态，是一种较好的坝型。

4）双曲拱坝。优点是梁系呈弯曲的形状，兼有垂直拱的作用，垂直拱在水平拱的支撑下，将更多的水荷载传至坝肩；垂直拱在水荷载作用下上游面受压，下游面受拉，而在自重作用于下则与此相反，因而应力状态可得到改善，材料强度得到更充分的发挥。

（5）拱坝高度（H）。坝顶高程的确定与洪水标准有关。依据规范确定永久建筑物设计洪水重现期、校核洪水重现期，换算出拱坝枢纽的洪水标准，综合考虑拱坝的溢流、泄洪方式及泄流能力，进行调洪演算、洪水复核，由此确定校核洪水位。

依据多年平均最大风速、水库吹程等参数，计算波浪超高，根据坝顶工作确定安全超高，与重力坝一样，将上述高度叠加起来，就是拱坝的高度。

9.3.2.4 坝肩岩体稳定性

坝肩岩体失稳的最常见形式是坝肩岩体受荷载后发生滑动破坏。一种情况是发生在岩体中存在着明显的滑裂面，如断层、节理、裂隙、软弱夹层等。另一种情况是当坝的下游岩体中存在着较大的软弱带或断层时，即使坝肩岩体抗滑稳定性能够满足要求，但过大的变形仍会在坝体内产生不利的应力，同样也会给工程带来危害。坝肩失稳的原因有两个方面，一是岩体内存在着软弱结构面；二是荷载作用。工程中必须采取有效措施改善坝肩稳定性。

9.3.2.5 拱坝的泄水与消能

（1）拱坝的泄水方式。拱坝泄水应随地形、地质、水流量、枢纽布置条件的不同，而采取不同的方式。主要有自由跌流式、鼻坎挑流式、坝身泄水孔等方式。

1）自由跌流式。溢流头部采用非真空的标准堰，泄流时水流经坝顶自由跌入下游河床；适用于基岩良好，单宽泄洪量较小的薄的双曲拱坝或小型拱坝。由于落水点距坝趾较近，坝下必须有防护设施。

2）鼻坎挑流式。为了使泄水跌落点远离坝脚，常在溢流堰顶曲线末端以反弧段连接成为挑流鼻坎。堰顶至鼻坎之间的高差一般不大于 $6 \sim 8\mathrm{m}$，大致为设计水头的 1.5 倍，反弧半径约等于堰上设计水头（$R \approx H_d$），鼻坎挑射角一般为 $15° \sim 25°$。由于落水点距坝趾较远，可适用于泄流量较大的轻薄拱坝。

3）滑雪道式。滑雪道泄洪是拱坝特有的一种泄洪方式，其溢流面曲线由溢流坝顶和紧接其后的泄槽组成，泄槽与坝体彼此独立。水流流经泄槽，由槽末端的挑流鼻坎挑出，使水流在空中扩散，下落到距坝较远的地点。由于挑流坎一般都比堰顶低很多，落差较大，因而挑距较远。适用于泄洪量较大、较薄的拱坝。

4）坝身泄水孔式。在水面以下一定深度处，拱坝坝身可开设孔口。位于拱坝1/2坝高处或坝体上半部的泄水孔称作中孔，一般设置在河床中部的坝段，可做成水平、上翘和下弯三种型式，以便于消能与防冲。位于坝体下半部的称作底孔，孔口尺寸往往限于高压闸门的制作和操作条件而不能太大。拱坝泄流孔口在平面上多居中或对称于河床中线布置，孔口泄流一般是压力流，比堰顶溢流流速大，挑射距离远。

（2）拱坝的消能与防冲。

1）跌流消能（水垫消能）。水流从坝顶表孔直接跌落到下游河床，利用下游水垫消能。跌流消能最为简单，但由于水舌入水点距坝趾较近，需要采取相应的防冲设施，如法国的乌格朗拱坝，利用下游施工围堰做成二道坝，抬高下游水位。

2）挑流消能（对冲消能）。鼻坎挑流式、滑雪道式和坝身泄水孔式大都采用各种不同形式的鼻坎，使水流分散、扩散、冲撞或改变方向，在空中消减部分能量后再跌入水中，以减轻对下游河床的冲刷。泄流过坝后向心集中是拱坝泄水的一个特点。我国泉水双曲拱坝采用岸坡滑雪道式对冲消能。

3）底流消能。对重力拱坝，有的也可采用底流消能，如萨扬舒申斯克重力拱坝，高245m，采用下弯型中孔，泄流沿下游坝面流入设有二道坝的收缩式消力池，池的上游端宽123m，下端宽97m，长约130m，二道坝下游护坦长235m，末端设有齿墙，单宽流量为139m³/(s·m)，运用情况良好。其他如窄缝式挑坎，反向防冲消能工等曾在有些工程中采用，效果良好。

9.3.3　土石坝

土石坝建坝历史最悠久，数量最多。中国最早的土石坝出现在公元前600多年，目前我国内已建成的8万多座水坝，土石坝约占90%左右。特别是最近十几年以来，随着大型高效的土石方施工机械的采用，岩土力学理论和电子计算机技术在土石坝设计中的广泛使用，为建筑高土石坝提供了有利条件，土石坝得到了飞跃发展，成为当今世界上坝体高度最高、应用最广泛的坝型。目前世界上最高的土坝为塔吉克斯坦的罗贡土石坝，坝高335m。土石坝的类型见图9.5。

9.3.3.1　土石坝的特点

土石坝主要是用坝址附近的土、石料，经碾压、抛填等方法筑成的挡水建筑物。土石坝结构比较简单，工作可靠，便于维修、加高和扩建，施工技术也容易掌握，便于机械化快速施工。土石坝具有以下的特点：

（1）筑坝材料主要来自坝区，可以就地、就近取材、节省大量水泥、木材和钢材，减少工地的外线运输量；

（2）坝体具有柔性，能适应各种不同的地形、地质和气候条件；

（3）土石坝构造简单，施工技术容易掌握，便于组织机械化施工；

（4）运营管理方便，维修、加高和扩建相对容易；

（5）缺点是施工导流不如混凝土坝方便，坝身一般不能溢流，需另设溢洪道；坝体填筑工程量大，黏性土料的填筑受气候条件影响。

土石坝一般由坝身、防渗体、排水设备和护坡组成。坝身是土石坝的主体，坝的稳定

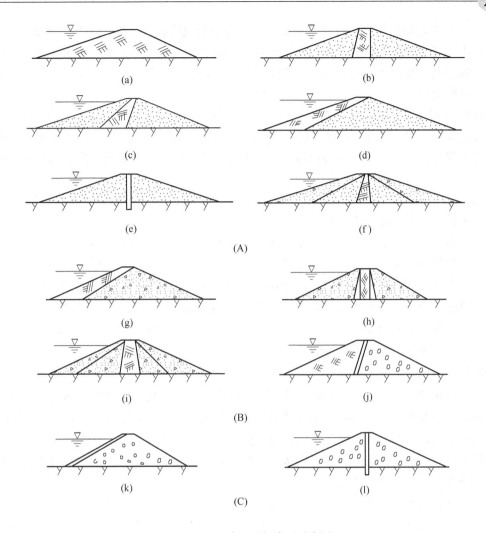

图 9.5 碾压式土石坝类型示意图

（A）土坝；（B）土石混合坝；（C）堆石坝

（a）均质土坝；（b）黏土心墙土坝；（c）黏土斜心墙土坝；（d）黏土斜墙土坝；

（e）混凝土心墙土坝；（f）多种土质坝；（g）黏土斜墙土石坝；（h）黏土心墙土石坝；

（i）心墙多层土石坝；（j）混凝土斜心墙土石坝；（k）面板堆石坝；（l）混凝土心墙堆石坝

主要靠它维持；防渗体可以降低浸润线，减少渗透水量；排水设备可排除渗透水，增强下游坝坡稳定性；护坡是防止波浪、冰层、温度变化、雨水和水流等对坝坡的破坏。

土石坝结构往往面临稳定、渗流、冲刷和沉陷四大难题，只有顺利解决了这四大难题，才能保障土石坝正常工作。

9.3.3.2 土石坝设计

影响土石坝设计的主要因素有：（1）坝址附近的土石料分布状况（包括土石料的种类、性能、储量、运距等）；（2）坝址的地形地质条件；（3）运行要求和施工条件等。因此土石坝设计往往参照已建工程，初拟剖面的尺寸，然后计算和修正，使之成为安全、经济、合理的剖面。

土石坝设计应注意以下几个方面：

（1）具有足够的断面维持坝坡的稳定。土石坝的边坡和坝基稳定是土石坝安全的基本保证。由于受冲刷影响，坝顶和边坡需作防护。国内外土石坝的失事，约 1/4 是由滑坡造成的。施工期、稳定渗流期、水库水位降落期以及地震作用和土石料的 C、ϕ 值都将发生变化，应分别核算。

（2）设置防渗和排水措施以控制坝体和坝基渗流。在渗流区，土石料承受上浮力，减轻了有效重量；浸水使 C、ϕ 值减小；渗流力对坝坡稳定不利；渗流逸出时可能引起管涌、流土等渗流破坏。设置防渗和排水可以控制渗流范围、减小逸出比降，增加抗滑和抗渗稳定。

（3）拟定合理的施工填筑要求。根据现场条件选择好筑坝土石料的种类、坝的结构形式以及各种土石科在坝体内的配置。

（4）泄洪建筑物具有足够的泄洪能力，坝顶在洪水位以上要有足够的安全超高；坝坡应有相应的防冲措施。

（5）采取适当的构造措施，使坝运用可靠和持久。设置并长期进行大坝安全监测。地震区兴建的土石坝，坝基和坝坡均应有足够的抗液化能力。坝基中存在有可液化土壤时，应予清除或采取加固措施。在库水变化范围内，上游坝面应有坚固的护坡，防止波浪冲击和淘刷。下游坝坡应能抗御雨水的冲刷破坏作用。

9.3.3.3　土石坝破坏形式

土石坝在荷载作用下，若剖面尺寸不当或坝体、坝基土料的抗剪强度不足，坝体或坝体连同部分地基发生塌滑失稳，俗称滑坡。坝基内有软弱夹层时，也可能发生塑性流动。饱和细沙受地震作用还可能发生液化失稳。土石坝发生局部滑动后，形成滑裂面。土石坝坝坡稳定计算首先要确定滑裂面的形状，滑裂面的形状和坝体结构、土料及地基性质及坝的工作条件有关。常见的滑裂面的形状可归纳为三种：

（1）曲线滑动面。滑动面顶部陡而底部渐缓，曲面近似圆弧，多发生于黏性土中。

（2）直线或折线滑动面。多发生于非黏性土坡，如薄心墙坝、斜墙坝；折点一般在水面附近。当坝坡干燥或全部浸入水中时呈直线形；当坝坡部分浸入水中时呈折线形。斜墙坝的上游坡失稳时，通常是沿着斜墙与坝体交界面滑。

（3）复合滑动面。厚心墙或黏土及非黏土构成的多种土质坝形成复式滑动面。当坝基内有软弱夹层时，滑动面不再向下深切，而沿夹层形成曲、直组合的复式滑动。

9.3.3.4　土石坝构造

土石坝的构造主要是指坝顶、防渗体、排水设备和护坡等几部分的构造。

（1）坝顶。坝顶构造包括护面、坝肩和排水。坝顶上游侧常设防浪墙，下游侧宜设路肩石。坝顶一般设有护面。公路、铁路过坝时按道路路面要求设置；否则可铺设单层砌石、密实的碎石或砾石层及踏油等。为避免坝顶积水，坝顶一般做成向一侧或两侧倾斜的横向坡面。

（2）防渗体。防渗体的作用是满足防渗、构造、施工及抗裂等要求，降低坝体、渗透坡降和浸润线以增加坝坡的稳定性。防渗体采用的材料主要是黏性土塑性材料以及沥青和混凝土等人工材料；位置基本是心墙和斜墙两大类。

（3）坝体排水。坝体设置排水设备，可将坝体内的渗水有组织地排出坝外，以降低浸润线和孔隙水压力，增强下游坝体的稳定性，防止渗漏变形与冻胀破坏作用；常用的排水构造型式有四种。

1）贴坡排水：贴坡排水构造简单、节省材料、便于维修，能防止渗流逸出点渗透破坏和下游坝坡尾水冲刷；但排水设备未伸入坝体，不能降低浸润线，且防冻性也较差。多用于浸润线很低和下游无水的中小型土石坝。

2）棱体排水：这种排水在下游坝脚处用块石堆成棱体，顶部高程应超出下游最高水位，超出高度应大于波浪沿坡面的爬高。棱体排水可降低浸润线，防止冻胀和渗透变形，保护下游坝脚不受尾水淘刷，且有支撑坝体增加稳定的作用；工作可靠，应用较广。

3）褥垫排水：这种排水将厚约 0.4~0.5m 的块石平铺在坝体内部的坝基上，并用反滤层包裹。褥垫伸入坝体内的长度应根据渗流计算确定。

4）管式排水：这种排水采用管式排水。由纵向（平行坝轴线）和横向排水带组成。埋入坝体的暗管可以是带孔的陶瓦管、混凝土管或钢筋混凝土管，还可以是由碎石堆筑而成。平行于坝轴线的集水管收集渗水，经由垂直于坝轴线的管道排出坝体。

5）综合式排水：在实际工程中常根据具体情况采用几种排水型式组合在一起的综合式排水。当下游高水位持续时间不长时，为了节省石料，可考虑在正常水位以上用贴坡排水，以下用棱体排水；在其他情况下，还可采用褥垫排水与棱体排水组合或贴坡、棱体与褥垫排水组合的型式等。

（4）护坡。护坡的作用是保护土石坝的上下游坡面，以防止波浪淘蚀、雨水冲刷、冻胀和干裂破坏坝体的稳定性。上游护坡表层常采用堆石、干砌石或浆砌石；底层设置砂、砾石垫层。下游护坡要求较低，常用堆石或单层干砌石修筑。

（5）反滤层。土石坝设置了排水后，坝内渗流渗径缩短，渗透坡降加大，在排水体和地基、排水体和坝体接触处及下游逸出处易发生渗透变形。为了保护坝体土和坝基土，设置反滤层。作用是滤土排水，防止在渗流出口处发生渗透破坏。反滤层的材料有人工砂砾料、天然砂砾料、土工织物等。

9.4 农田水利工程

9.4.1 渠系建筑物

9.4.1.1 渠道

灌溉渠道一般可分为干、支、斗、农四级固定渠道。干、支渠主要起输水作用，称为输水渠道；斗、农渠主要起配水作用，称为配水渠道。

从地形条件来说，在平原地区，渠道路线最好是直线。在山坡地区，渠线应尽量沿等高线方向布置，以免过大的挖填方量。从地质条件来说，渠道线路应尽量避开渗漏严重、流沙、泥泽、滑坡以及开挖困难的岩层地带。从施工条件来说，施工时的交通运输、水和动力供应、机械施工场地、取土和弃土的位置等条件。从管理要求来说，渠道布置要和行政区划与土地利用规划相结合，以便于管理和维护。

（1）无坝渠首枢纽。

无坝渠首取水，不同的位置有不同的取水方式。

1）位于弯道凹岸的取水枢纽。枢纽通常由拦沙坎、进水闸、引水渠、沉沙池等组成。

取水口的位置设布在弯道顶点以下水深最深的地方；引水角一般采用30°~50°。适用于河岸稳定、引水量小于河道流量的25%~35%时使用。

2）导流堤式取水枢纽。在不稳定的河道上或坡降较陡的山区河流，引取流量较大时使用。枢纽通常由导流堤、泄水冲沙闸、进水闸等组成。

3）引水渠式取水枢纽。枢纽通常由引水渠、拦沙坎、冲沙闸、进水闸等组成。为防止河岸冲刷变形影响时采用。

4）多首制取水枢纽。其适用于不稳定的多泥沙河流，尤其是山麓性河流。

（2）有坝渠首枢纽。

1）沉沙槽式取水枢纽。枢纽由壅水建筑物、导流墙、冲沙闸、沉沙槽及进水闸等组成。溢流坝坝顶高程以满足引水要求为准，坝顶长度取决于泄洪时上游水位的限制；引水角一般约为45°角，进水闸底板应高出沉沙槽底板1.0~1.5m；冲沙闸必须有一定的过水能力以增加冲沙效果和控制流向；沉沙槽的布置不仅要考虑沉沙所需要的容积，而且还要考虑冲沙防沙的效果。

2）冲沙廊道式取水枢纽。其适用于来水量比较丰富、用水保证率高的情况。枢纽由拦河闸（坝）、冲沙闸、进水闸及冲沙廊道等组成。按照进水闸的布置位置分为侧面引水式和正面引水式两种布置形式；廊道的断面形状最好为矩形，底部和侧墙都应用耐磨材料衬砌。

3）人工弯道式取水枢纽。该方式在我国新疆地区被广泛采用。主要由人工引水弯道、进水闸、冲沙闸、泄洪闸、下游排沙道等组成。

4）底栏栅式取水枢纽。常建于坡陡流急和河床为卵石、砾石且推移质细颗粒不太多的山溪性河道。主要由底栏栅坝、泄洪排沙闸、溢流坝、拦沙坎、导流堤等组成。

9.4.1.2　渡槽

（1）渡槽的作用与组成。渡槽作用是输送水流跨越渠道、河流、道路、山冲、谷口等的架空输水建筑物。渡槽一般适用于渠道跨越深宽河谷且洪水流量较大、渠道跨越广阔滩地或洼地等情况。它比倒虹吸管水头损失小，便利通航，管理运用方便，是交叉建筑物中采用最多的一种形式。

渡槽由槽身、支承结构、基础及进出口建筑物等部分组成。槽身置于支承结构上，槽身重及槽中水重通过支承结构传给基础，再传至地基。

（2）渡槽的类型。渡槽根据其支承结构的情况，分为梁式渡槽和拱式渡槽两大类。

1）梁式渡槽。如图9.6所示，梁式渡槽槽身置于槽墩或排架上，其纵向受力和梁相同，故称梁式渡槽。槽身在纵向均匀荷载作用下，一部分受压，一部分受拉，故常采用钢筋混凝土结构。为了节约钢筋和水泥用量，还可采用预应力钢筋混凝土及钢丝网水泥结构，

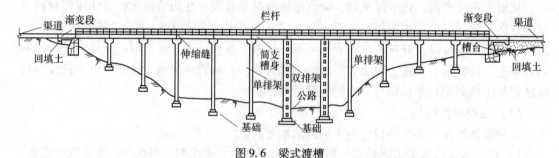

图9.6　梁式渡槽

跨度较小的槽身也可用混凝土建造。根据梁的结构可将梁式渡槽分为简支梁式、双悬臂梁式和单悬臂式三类。

2）拱式渡槽。如图 9.7 所示，拱式渡槽的主要承重结构是拱圈。槽身通过拱上结构将荷载传给拱圈，它的两端支承在槽墩或槽台上。拱圈的受力特点是承受以压力为主的内力，故可应用石料或混凝土建造，并可用于较大的跨度。但拱圈对支座的变形要求严格。对于跨度较大的拱式渡槽应建筑在比较坚固的岩石地基上。根据拱的结构可将拱式渡槽分为石拱渡槽、肋拱渡槽和双曲拱渡槽三类。

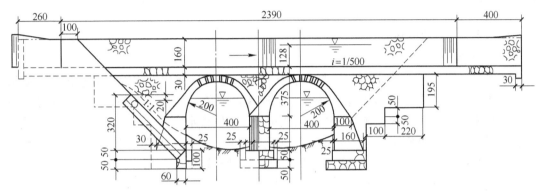

图 9.7 拱式渡槽

渡槽布置时，一般是先根据规划阶段初选槽址和设计任务，在一定范围内进行调查和勘探工作，取得较为全面的地形、地质、水文气象、建筑材料、交通要求、施工条件、运用管理要求等基本资料，然后在全面分析基本资料的基础上，按照总体布置的基本要求，提出几个布置方案，经过技术经济比较，选择最优方案。

9.4.1.3 倒虹吸管

倒虹吸管是设置在渠道与河流、山沟、谷地、道路等相交处的压力输水建筑物，如图 9.8 所示。它与渡槽相比，具有造价低、施工方便的优点，但水头损失较大，运行管理不如渡槽方便。

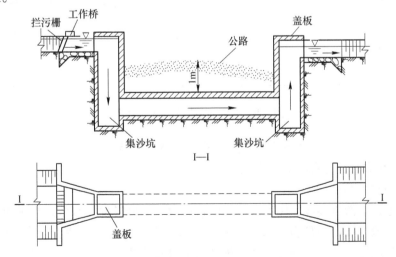

图 9.8 倒虹吸管结构示意图

根据管路埋设情况及高差大小，倒虹吸管的布置形式可分为竖井式、斜管式、曲线式以及桥式等几种管路布置形式。进口段包括进水口、拦污栅、闸门、启闭台、进口渐变段及沉沙池等。出口段包括出水口、闸门、消力池、渐变段等。在倒吸管的变坡及转弯处都应设置镇墩，其主要作用是连接和固定管道。倒吸管的材料应根据压力大小及流量的多少、就地取材、施工方便、经久耐用等原则综合分析选择。常用的材料主要有混凝土、钢筋混凝土、铸铁和钢材等。

9.4.2　水闸

9.4.2.1　水闸概述

（1）水闸的作用。

水闸是一种低水头的水工建筑物，兼有挡水和泄水的作用，用以调节水位、控制流量，以满足水利事业的各种要求。选择闸址应考虑河势、河岸、地势、岸线、岸坡、淤积、材料来源、对外交通、施工导流、场地布置、基坑排水、施工水电供应、水闸建成后工程管理维修和防汛抢险等条件，并应考虑下列要求：占用土地及拆迁房屋少；尽量利用周围已有公路、航运、动力、通信等公用设施；有利于绿化、净化、美化环境和生态环境保护；有利于开展综合经营等。

（2）水闸的类型。

1）按水闸所承担的任务分为节制闸、进水闸、分洪闸、排水闸、挡潮闸、排沙闸、排冰闸、排污闸等，如图9.9所示。

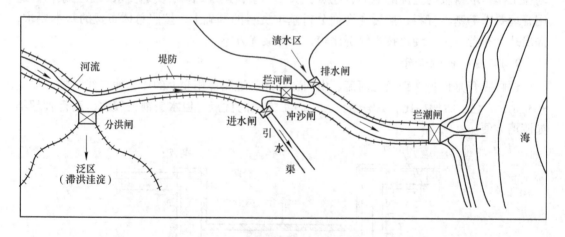

图9.9　水闸的类型及位置示意图

2）按闸室结构形式分为开敞式、胸墙式和封闭式三类。

3）按施工方法分为现浇式、装配式和浮运式三类。

（3）水闸的组成。

水闸一般由上游连接段、闸室段和下游连接段三部分组成，如图9.10所示。

上游连接段主要作用是引导水流平稳地进入闸室，同时起防冲、防渗、挡土等作用。一般包括上游翼墙、铺盖、护底、两岸护坡及上游防冲槽等。

闸室段是水闸的主体部分，通常包括底板、闸墩、闸门、胸墙、工作桥及交通桥等。

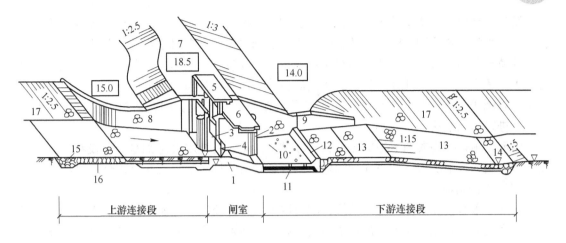

图 9.10 水闸的组成示意图

1—闸室底板；2—闸墩；3—胸墙；4—闸门；5—工作桥；6—交通桥；7—堤顶；8—上游翼墙；
9—下游翼墙；10—护坦；11—排水孔；12—消力坎；13—海漫；14—下游防冲槽；
15—上游防冲槽；16—上游护底；17—上、下游护坡

下游连接段具有消能和扩散水流的作用。一般包括护坦、海漫、下游防冲槽、下游翼墙及护坡等。

9.4.2.2 水闸设计

水闸设计的内容包括闸址选择，确定孔口形式和尺寸，防渗、排水设计，消能防冲设计，稳定计算，沉降校核和地基处理，选择两岸连接建筑物的形式和尺寸，结构设计等。当地基承受的荷载过大，超过其容许承载力时，将使地基整体发生破坏。水闸在运用期间，受水平推力的作用，有可能沿地基面或深层滑动。因此，必须分别验算水闸在不同工作情况下的稳定性。

（1）闸址选择。选择闸址应考虑河势、河岸、地势、岸线、岸坡、淤积、材料来源、对外交通、施工导流、场地布置、基坑排水、施工水电供应、水闸建成后工程管理维修和防汛抢险等条件。

（2）孔口形式和尺寸。闸室有单孔闸、多孔闸之分。闸孔型式有宽顶堰型、低实用堰型和胸墙孔口型。

水闸闸室堰顶高程是指宽顶堰的上表面高程或驼峰堰、实用堰的堰顶高程。宽顶堰的堰顶高程又称为底板高程。堰顶高程一般根据水闸的任务，综合考虑工程任务、过闸单宽流量、地形地质条件、河床抗冲能力、施工和工程总投资等因素确定。

水闸的孔口尺寸应根据水闸的类型和闸室结构形式确定其设计方法。闸孔总净宽应根据泄流特点、下游河床地质条件和安全泄流的要求，结合闸孔孔径和孔数的选用，经技术经济比较后确定。闸孔孔径又是根据闸的地基条件、运用要求、闸门结构形式、启闭机容量，以及闸门的制作、运输、安装等因素，进行综合分析确定。孔宽、孔数和闸室总宽度拟定后，再考虑闸墩等的影响，进一步验算水闸的过水能力。

（3）防渗、排水。水闸的防渗排水设计任务在于经济合理地拟定闸的地下（及两岸）轮廓线形式和尺寸，以消除和减小渗流对水闸产生的不利影响，防止闸基和两岸产生渗透破坏。

防渗设计原则是高防低排。即在高水位侧采用铺盖、板桩、齿墙等防渗设施，用以延长渗径减小渗透坡降和闸底板下的渗透压力；在低水位侧设置排水设施，如面层排水、排水孔或减压井与下游连通，使地基渗水尽快排出，以减水渗透压力，并防止在渗流出口附近发生渗透变形。上游铺盖、板桩及水闸底板等不透水部分与地基的接触线，是闸基渗流的第一条流线，亦称地下轮廓线，其长度称为闸基防渗长度。闸基渗流计算方法有流网法、改进阻力系数法、直线法。

防渗设施是指构成地下轮廓的铺盖、板桩及齿墙，而排水设施则是指铺设在护坦、浆砌石海漫底部或闸底板下游段起导渗作用的砂砾石层。排水常与反滤层结合使用。

（4）消能防冲

水闸泄水时，部分势能转为动能，流速增大，具有较强的冲刷能力，而土质河床一般抗冲能力较低。因此，为了保证水闸的安全运行，必须采取适当的消能防冲措施。要设计好水闸的消能防冲措施。

闸下水流有底流式消能、挑流消能和面流式消能三种消能防冲方式；最常用的是底流式消能。底流式消能有三种形式，即下挖式、突槛式和综合式。

消力池是形成水跃、消刹水流能量的主要场所，包括护坦、海漫防冲槽和防淘墙等；消力池的结构形式及其尺寸应充分满足底流水跃消能的要求。在消力池中可以加设尾坎、趾墩、消力墩和消力梁等辅助消能。

9.4.2.3　闸室与闸门

闸室是水闸的主体部分。开敞式水闸闸室由底板、闸墩、闸门、工作桥和交通桥等组成，有的还设有胸墙。闸室的结构形式、布置和构造，应在保证稳定的前提下，尽量做到轻型化、整体性好、刚性大、布置匀称，并进行合理的分缝分块，使作用在地基单位面积上的荷载较小，较均匀，并能适应地基可能的沉降变形。

（1）闸室各组成部分。

1）底板。闸底板型式有平底板、钻孔灌注桩底板、低堰底板、箱式底板、斜底板、反拱底板等。

2）闸墩。闸墩的作用是分隔闸室、支承上部设备，闸墩在结构上应该满足稳定和强度的要求。闸墩的厚度根据闸孔宽度、受力情况、闸门型式、结构构造要求和施工方法等条件确定。

3）胸墙。胸墙顶部高程与闸墩顶部高程齐平。胸墙底高程应根据孔口泄流量要求计算确定，以不影响泄水为原则。胸墙相对于闸门的位置，取决于闸门的型式。

4）工作桥和交通桥。工作桥是为安装启闭机和便于工作人员操作而设于闸墩上的桥。其宽度取决于启闭机的型式、容量和操作的需要。交通桥的型式有板式、板梁式、拱式。

（2）闸门。闸门按其工作性质的不同，可分为工作闸门、事故闸门和检修闸门等。工作闸门又称主闸门，是水工建筑物正常运行情况下使用的闸门。事故闸门是在水工建筑物或机械设备出现事故时，在动水中快速关闭孔口的闸门，又称快速闸门。事故排除后充水平压，在静水中开启。检修闸门用以临时挡水，一般在静水中启闭。

9.4.3　灌溉与排涝工程

为防治干旱、渍、涝和盐碱灾害，须对农田实施灌溉和排水工程措施。为了达到灌溉引水和农田排水的目的，需修建引配水和排水渠道，以及相应的建筑物，渠道和这些建筑物可称为灌溉排水工程中的水工建筑物，简称灌排工程建筑物。

9.4.3.1　灌溉工程

灌溉工程是当河川径流与灌溉用水在时间和水量分配上不相适应时，选择适宜的地点修筑水库、塘堰和水坝等蓄水工程，调蓄河水及地面径流以灌溉农田的水利工程设施，包括水库和塘堰等。

灌溉工程包括：蓄水工程（拦蓄河槽径流或地面径流的水库、塘坝）、引水工程（从河流或湖泊引水的渠首工程，如引水坝、进水闸等；或指从区外引（调）水的渠道及附属建筑物）、提水工程（从低处向高处送水的抽水站）、输配水工程（灌区内各级渠道及其构筑物，如隧洞、渡槽、倒虹吸、跌水、涵洞、节制闸、分水闸等）、退泄水工程（退泄渠道多余水量的泄水闸、泄水道、退水闸、退水渠等）以及田间工程。

从山谷水库引水灌溉的方式有 3 种：（1）坝上游引水，通过输水洞将库水直接引入灌溉干渠，或在水库适宜地点修建引水渠首枢纽；（2）坝下游引水，将库水先放入河道，再在靠近灌区的适当位置修筑渠首工程，将水引入灌区，适用于灌区距水库较远的地方；（3）坝上游提水灌溉，在蓄水后再由提水设备将水输入灌溉干渠。

平原水库，即在平原洼地筑堤建闸，拦蓄河道及地表径流，以蓄水灌溉或蓄滞洪水。有的并可用于生活供水和养殖。

塘堰主要拦蓄当地地表径流，对地形和地质条件的要求较低，修建和管理均较方便，可直接放水入地。塘堰广泛分布在南方丘陵山区。如湖北省梅川水库灌区，有塘堰 6000 多处，总蓄水量达 $1300 \times 10^4 m^3$，基本上可满足灌区早稻用水。

都江堰水利工程是著名的灌溉工程，主要由成都平原区、岷江、涪江、沱江流域部分丘陵区及龙泉山低山区组成；地跨岷、涪、沱三江，东临涪江，灌区面积 $2.32 \times 10^4 km^2$，受益范围包括成都、德阳、绵阳、乐山、眉山、遂宁、资阳 7 市 37 个县（市、区）。

9.4.3.2　排涝工程

雨水过多或过于集中，而河沟排水能力不足，或外水顶托、排水困难，都能造成低洼地区地面积水，产生涝灾的多余水量称为涝水；排涝工程则是采取工程措施排除危害生产、生活的涝水、以减少水患的水利工程设施。

排涝系统由各级固定排涝沟道以及建在沟道上的各种建筑物所组成，主要任务是排除涝水和控制地下水位。根据各地区和各灌区的排涝类别基本上可以将排涝沟的排涝方式归纳为以下几种：

（1）汛期排涝和日常排涝。汛期排涝是为了防止耕地、农田受涝水淹没。日常排涝是为了控制某地区的地下水位和农田水分。

（2）自流排涝和抽水排涝。当承泄区水位低于排涝干沟出口水位时，一般进行自流排涝，否则需要采取抽水排涝或抽排与滞蓄相结合的除涝排涝方式。

（3）水平排涝和垂直（或竖井）排涝。对于主要由降雨和灌溉渗水成涝的地区，常采用水平排涝方式；如由于以地下深层承压水补给潜水而致渍涝，则应考虑采用竖井排涝方式。

（4）地面截流沟和地下截流沟排涝。对于由外区流入排涝区的地面水或地下水以及其他特殊地形条件下形成的涝渍，可分别采用地面或地下截流沟排涝的方式。

排涝沟的布置，应尽快使排涝地区内多余的水量泄向排涝口。选择排涝沟线路，通常要根据排涝区或灌区内、外的地形和水文条件，排涝目的和方式，排涝习惯，工程投资和维修管理费用等因素，编制若干方案，进行比较，从中选用最优方案。

排涝系统的承泄区是指位于排涝区域以外，承纳排涝系统排出水量的河流、湖泊或海洋等。承泄区应满足一定的要求。

9.5　其他水利工程

除上述水利工程外，还有港口工程、水工隧洞等其他水利工程。这里主要介绍一下港口工程。

9.5.1　港口

（1）港口概述。港口是根据一定程序划定的具有明确的水域、陆域界线，拥有水、陆工程等相应设施，为船舶进出港、锚泊等技术作业，为货物装卸、储存、驳运及相关服务，为旅客乘船服务等需要的水陆建筑工程综合体。

港口可按多种方法分类。按所在位置分为海岸港、河口港和内河港，海岸港和河口港统称为海港；按用途分为商港、军港、渔港、工业港和避风港；按成因分为天然港和人工港；按港口水域在寒冷季节是否冻结分为冻港和不冻港；按潮汐关系、潮差大小，是否修建船闸控制进港分为闭口港和开口港；按对进口的外国货物是否办理报关手续分为报关港和自由港。

港口有三大基本任务：1）实现各种运输方式的衔接，加速车、船、货的周转；2）完成货物在不同运输方式之间的装卸、换装作业；3）为货物的集散、存贮，为旅客的食、宿、上下船等需要提供必要条件和服务。其他任务如为船舶提供技术供应的服务；恶劣天气时，为船舶提供避难场所；海难救助；为开展国际间的文化、科技、经济、贸易、旅游等往来与交流活动提供服务。同时港口还有运输中转的功能、服务的功能、工业的功能、商业贸易的功能以及国防军事的功能。

港口的发展趋势是大型化、集装箱化、深水化、高效、高科技化、信息化网络化，向物流服务中心转化，并且重视环保。

（2）港口的组成。港口由水域和陆域两大部分组成，如图9.11所示。

1）水域。水域包括进港航道、港池和锚地。天然掩护条件较差的海港须建造防波堤。水域是供船舶航行、运转、锚泊和停泊装卸之用，要求有适当的深度和面积，水流平缓、水面稳静。

港口水域可分为港外水域和港内水域。港外水域包括进港航道和港外锚地。港内水域包括港内航道、转头水域、港内锚地和码头前水域或港池。

2）陆域。陆域岸边建有码头，岸上设港口仓库及货场、堆场、港区铁路和道路，并配有装卸和运输机械，以及其他各种辅助设施和生活设施。陆域是供旅客集散、货物装卸、货物堆存和转载之用，要求有适当的高程、岸线长度和纵深。

（3）港口规划。规划是港口建设的重要前期工作，规划涉及面广，关系到城市建设、铁路公路等线路的布局。规划一般分为选址可行性研究和工程可行性研究两个阶段。

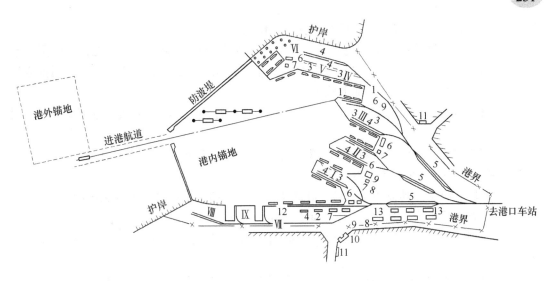

图 9.11 海港结构示意图

Ⅰ—件杂货码头；Ⅱ—木材码头；Ⅲ—矿石码头；Ⅳ—煤炭码头；Ⅴ—矿物建材码头；
Ⅵ—石油码头；Ⅶ—客运码头；Ⅷ—工作船码头及航修站；Ⅸ—工程维修基地
1—导航标志；2—港口仓库；3—露天货场；4—铁路装卸线；5—铁路分区调车场；6—作业区办公室；
7—作业区工人休息室；8—工具库房；9—车库；10—港口管理局；11—警卫室；12—客运站；13—储存仓库

一个港口每年从水运转陆运和从陆运转水运的货物数量总和（以吨计），称为该港的货物吞吐量，它是港口工作的基本指标。港口的规模、泊位数目、库场面积、装卸设备数量以及集疏运设施等皆以吞吐量为依据进行规划设计。

船舶是港口最主要的直接服务对象，港口的规划与布置，港口水、陆域的面积与尺度以及港口建筑物的结构，皆与到港船舶密切相关。因此，船舶的性能、尺度及今后发展趋势也是港口规划设计的主要依据。

（4）港口布置。港口布置必须遵循统筹安排、合理布局、远近结合、分期建设等原则。港口的布置形式可分为三种基本类型。

1）天然港。自然地形的布置，适用于疏浚费用不太高的情况。

2）挖入式。挖入内陆的布置形式，一般地说，为合理利用土地提供了可能性。在泥沙质海岸，当有大片不能耕种的土地时，宜采用这种建港形式。

3）突出式。填筑式的布置。如果港口岸线已充分利用，泊位长度已无法延伸，但仍未能满足增加泊位数的要求，这时只要水域条件适宜，可在水域中填筑一个人工岛。

9.5.2 码头

（1）码头的平面形式。码头是供船舶系靠、装卸货物或上下旅客的建筑物的总称，它是港口中主要的水工建筑物之一。常规码头的布置形式有顺岸式、突堤式、挖入式三种。

1）顺岸式。码头的前沿线与自然岸线大体平行，在河港、河口港及部分中小型海港中较为常用。其优点是陆域宽阔、疏运交通布置方便，工程量较小。

2）突堤式。码头的前沿线布置成与自然岸线有较大的角度，如大连、天津、青岛等港口均采用了这种形式。其优点是在一定的水域范围内可以建设较多的泊位，缺点是突堤宽度往往有限，每泊位的平均库场面积较小，作业不方便。

3）挖入式。港池由人工开挖形成，在大型的河港及河口港中较为常见，如德国汉堡港、荷兰的鹿特丹港等。挖入式港池布置，也适用于泻湖及沿岸低洼地建港，利用挖方填筑陆域，有条件的码头可采用陆上施工。

（2）码头断面形式。码头按其前沿的横断面外形有直立式、斜坡式、半直立式和半斜坡式。

1）直立式码头。岸边有较大的水深，便于大船系泊和作业，不仅在海港中广泛采用，在水位差不太大的河港也常采用。

2）斜坡式码头。其适用于水位变化较大的情况，如天然河流的上游和中游港口。

3）半直立式码头。其适用于高水时间较长而低水时间较短的情况，如水库港。

4）半斜坡式码头。其适用于枯水时间较长而高水时间较短的情况，如天然河流上游的港口。

（3）码头的结构形式。码头的结构形式有重力式、板桩式、高桩式等。

1）重力式。靠自重（包括结构重量和结构范围内的填料重量）来抵抗滑动和倾覆的。从这个角度说，自重越大越好，但地基将受到很大的压力，使地基可能丧失稳定性或产生过大的沉降。这种结构一般适用于较好的地基。

2）板桩式。靠打入土中的板桩来挡土，受到较大的土压力；为了减小板桩的上部位移和跨中弯矩，上部一般用拉杆拉住，拉杆力传给后面的锚碇结构。由于板桩是一较薄的构件，又承受较大的土压力，所以板桩式码头目前只用于墙高不大的情况。

3）高桩式。高桩式主要由上部结构和桩基两部分组成。上部结构构成码头地面，并把桩连成整体，直接承受作用在码头上的水平力和竖向力，并把它们传给桩基，桩基再把这些力传给地基。一般适用于软土地基。

9.5.3　防波堤

防波堤的主要功能是为港口提供掩护条件，阻止波浪和漂沙进入港内，保持港内水面的平稳和所需要的水深，同时，兼有防沙、防冰的作用。防波堤的平面布置，因地形、风浪等自然条件及建港规模要求等而异，一般可分有四大类型：

（1）单突堤。单突堤系在海岸适当地点筑堤一条，伸入海中，使堤端达适当深水处。

（2）双突堤。双突堤系自海岸两边适当地点，各筑突堤一道伸入海中，遥相对峙，而达深水线，两堤末端形成一突出深水的口门，以围成较大水域，保持港内航道水深。

（3）岛堤。岛堤系筑堤海中，形同海岛，专拦迎面袭来的波浪与漂沙。堤身轴线可以是直线、折线或曲线。

（4）组合堤。组合堤亦称混合堤，系由突堤与岛堤混合应用而成。大型海港多用此类堤式。

防波堤的构造类型有斜坡式、直立式、混合式、透空式、浮式等常规防波堤，新型还有喷气式消波设备和喷水式消波设备。

9.5.4　护岸

天然河岸或海岸，因受波浪、潮汐、水流等自然力的破坏作用，会产生冲刷和侵蚀现象。因此，要修建护岸建筑物，用于防护海岸或河岸免遭波浪或水流的冲刷。护岸方法可分为两大类，一类是直接护岸，另一类是间接护岸。

（1）直接护岸。直接护岸即利用护坡和护岸墙等加固天然岸边，抵抗侵蚀；斜面式护坡和直立式护岸墙，是直接护岸方法所采用的两类建筑物。

斜面式护坡一般是用于加固岸坡。护坡坡度常较天然岸坡为陡，以节省工程量。斜面式干砌块石与浆砌块石护坡，护坡材料还可用混凝土板、钢筋混凝土板、混凝土方块或混凝土异形块体等。

（2）间接护岸。间接护岸是利用在沿岸建筑的丁坝或潜堤，促使岸滩前发生淤积，以形成稳定的新岸坡。

利用潜堤促淤就是将潜堤位置布置在波浪的破碎水深以内而临近于破碎水深之处，大致与岸线平行。堤顶高程应在平均水位以下，并将堤的顶面做成斜坡状，这样可以减小波浪对堤的冲击和波浪反射，消减波浪作用，而越过堤顶的水量较多，可促使潜堤和岸线之间落淤，有利于原岸线的巩固。所以，修筑潜堤的作用不仅是消减波浪，也是一种积极的护岸措施。

思　考　题

9-1　水利工程具有哪些特点？

9-2　什么是水工建筑物，水工建筑物如何分类？

9-3　水库引起的环境变化有哪些？

9-4　重力坝、拱坝各有哪些特点？

9-5　土石坝如何分类，防渗体有哪些？

9-6　港口的组成有哪些，基本任务有哪些？

10 环境与土建工程

10.1 概述

环境是人类生存和发展的基础，是极其复杂的辩证综合体。环境可分为社会环境和自然环境。自然环境是人类赖以生存和发展的物质条件，是人类周围各种自然因素的总和，即客观物质世界。《中华人民共和国环境保护法》指出："本法所称环境是指大气、水、土壤、矿藏、森林、草原、野生动物、野生植物、水生生物、名胜古迹、风景游览区、温泉、疗养区、自然保护区、生活居住区等。"它们与人类生存密切相关，因此，必须加以保护。

环境问题随人类生活和生产的发展而出现，并逐渐加剧。环境工程从广义来说，就是综合运用环境科学的基础理论和有关的工程技术，控制环境污染和改善环境质量。环境污染包括水污染、空气污染、固体废物污染、噪声污染、电磁辐射污染、放射性污染和热污染等，而与之相适应的工程也应包括这些方面的治理工程。这些治理工程或多或少都离不开土木工程，如设备基础、厂房等，为环境工程治理达标提供构筑物和装置保证。

10.2 固体废弃物处置

10.2.1 固体废物

固体废物（Solid Waste）指人类在生产建设、日常生活和其他活动中产生的丧失原有利用价值，或者虽未丧失使用价值但被抛弃或者放弃的固态、半固态和置于容器中的气态的物品、物质，以及法律、行政法规规定纳入固体废弃物管理的物品、物质。固体废物污染环境的特点是没有相同形态的环境受纳体，自然界对固体废物的自净能力差，其污染具有滞后性、持续性和不易恢复性；具有时间与空间的相对性以及环境与资源的双重价值。固体废物危害环境的途径主要有：一是将固体废物排入江河湖海，污染地表水、地下水；二是将固体废物地面堆置，污染土壤和大气，占用大量土地；三是危险废物处后，治理难度大，费用高，生态恢复慢。因此对固体废弃物的环境管理、处理和处置尤为重要。为此，我国于 2004 年颁布了《固体废物污染环境防治法》。

固体废物包括工业固体废弃物、生活垃圾、危险废弃物。

工业固体废弃物主要指在工业、交通、矿山等生产活动中产生的固体废物。主要来源于冶金工业、能源工业、石油和化学工业、轻工业、机械电子工业、建筑业和其他行业。

生活垃圾来源于居民、商业、公共地区、城市建设、水处理厂等，包括厨余物、废纸、废塑料、废织物、废金属、废玻璃、废家具、陶瓷瓦片、砖瓦渣土、废旧电器（电子垃圾）、粪便等。

危险废物是指列入国家危险废物名录或者根据国家规定的危险废物鉴别标准和鉴别方

法认定的具有危险特性的固体废物。危险废物又称为有毒有害废物，这类废物泛指除放射性废物以外，具有毒性、易燃性、反应性、腐蚀性、爆炸性、传染性，因而可能对人类的生活环境产生危害的废物。世界卫生组织定义为根据其物理或化学性质、要求必须对其进行特殊处理和处置的废物，以免对人体健康或环境造成影响的废物。主要包括急性毒性废物、易燃性废物、反应性废物、浸出毒性物和腐蚀性废物等。

10.2.2　固体废物处理

　　固体废物处理是通过物理、化学、生物等不同方法，使固体废物转化为适于运输、储存、资源化利用以及最终处置的另一种形体结构。固体废物的物理处理包括破碎、分选、沉淀、过滤、离心等处理方式，其化学处理包括氧化、还原、中和、化学沉淀和化学溶出等处理方法，生物处理包括好氧和厌氧分解等处理方式。热处理是通过高温破坏和改变固体废物组成和结构，同时达到减容、利用的目的，包括焚化、热解、湿式氧化以及焙烧、烧结等。当前有四种处理方法：

　　（1）对含有多种可生物降解物质的固体废物，尤其是城市垃圾，经过适当的预处理，如分选等，可采取好氧或厌氧堆肥处理；也可采用露天堆肥和工厂化机械堆肥。

　　（2）利用固体中大量的可燃成分进行焚烧处理，不仅可取得大量热能，同时灰渣稳定，还可为最终处置创造条件。焚烧炉有多种形式，根据条件进行选建。

　　（3）在缺氧条件下，将可燃固体废物在高温下燃烧、分解、缩合转化为气态、液态和固态物质的过程称为固体废物热解。我国在这方面正在进行研究利用，因为这种方法既可产生可利用的气体、液体，也可产生稳定易处理的固体。热解所使用的装置为热解炉。

　　（4）固体废物的陆地填埋处置可分为卫生填埋和安全填埋，而安全填埋是固体废物最终处置中最经济的方法，已成为大多数国家处理固体废物的一种主要方法。安全填埋场结构如图10.1所示，这种填埋技术要注意防渗处理，注意设置垃圾渗滤液及产气的收集系统等。

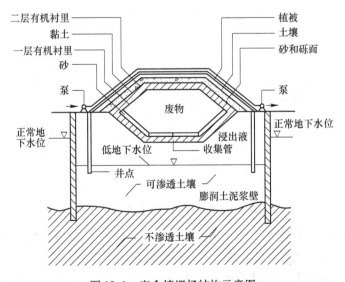

图10.1　安全填埋场结构示意图

固体废物处置是指对已无回收价值或确属不能再利用的固体废物（包括危险废物和放射性废物），采取长期置于与生物圈隔离地带的技术措施，是解决固体废物的最终归宿的手段，故也称最终处置技术，包括海洋处置和陆地处置两大类。海洋处置主要分为海洋倾倒与远洋焚烧两种方法。近年来，随着人们对保护环境生态重要性认识的加深和总体环境意识的提高，海洋处置已受到越来越多的限制。陆地处置包括土地耕作、工程库或贮留池贮存、土地填埋以及深井灌注等几种。土地填埋法是其中最常用的方法。

土地填埋处置是从传统的堆放和填地处置发展起来的一项最终处置技术。其工艺简单、投资较低、适于处置多种类型的废物，目前已成为一种处置固体废物的主要方法（见图 10.2、图 10.3）。土地填埋处置种类很多，采用的名称也不尽相同。按填埋地形特征可分为山间填埋、平地填埋、废矿坑填埋；按填埋场的状态可分为厌氧填埋、好氧填埋、难好氧填埋；按法律可分为卫生填埋和安全填埋等。其优点是操作简便，施工方便，费用低廉，还可同时回收甲烷气体；其缺点是浸出液的渗漏污染地下水，降解气体的释出易引起爆炸和火灾，臭味和病原菌的消除、场地有限。在填埋处置操作方式上，已从堆、填、埋、覆盖向包容、屏蔽、隔离的工程贮存方向上发展。

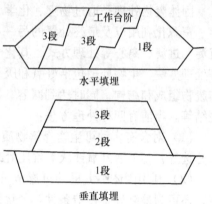

图 10.2　平坦地区填埋处置操作

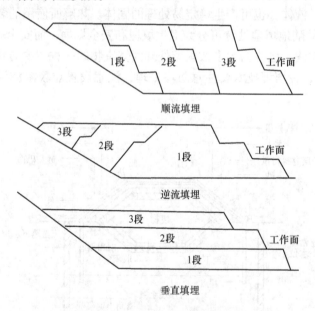

图 10.3　丘陵、峡谷地区填埋处置操作

生活垃圾填埋场如果防渗不当，渗滤液渗入地下，随地下水迁移，长期内造成大面积地下水毒性增加，地上生态系统破坏，抽取使用污染地下水造成毒害。所以，如果固体废物不形成溶液，即可减少迁移的危害；或者阻断有害溶液迁移路径，也能阻止或降低毒害。因此，常采用两种方式对生活垃圾进行处理，一种是将固体废弃物稳定固化、封存；

一种是严格防渗，阻断溶液态污染物迁移。

10.3 排土场、尾矿库工程

10.3.1 排土场工程

排土场是堆放剥离物的场所，是指矿山采矿、隧洞开挖、地下工程等将排弃物集中排放的场所。排渣场、废渣堆、矿渣堆、废石场等通称为排土场。采矿是指露天采矿和地下采矿，包含矿山基建期间的露天剥离和井巷掘进开拓。隧洞广泛应用于交通、水利水电等工程；修建隧洞时，将土或岩石松动、破碎、挖掘并运输出碴、堆放。地下工程是指深入地面以下为开发利用地下空间资源所建造的地下土木工程。这些工程将排弃的土石堆积起来，集中排放的场所构成排土场。

排弃物一般包括腐殖表土、风化岩土、坚硬岩石以及混合岩土，有时也包括可能回收的表外矿、贫矿等。排土场是一种巨型人工松散堆垫体，存在严重的安全问题。排土场失稳将导致土场灾害和重大工程事故，不仅影响到正常生产，使企业蒙受巨大的经济损失，还可能诱发次生地质灾害（如泥石流）。我国先后颁布实施《金属非金属矿山排土场安全生产规则》（AQ 2005—2005）、《有色金属矿山排土场设计规范》（GB 50421—2007）等加强排土场的管理和指导。

排土场应依据可靠的工程地质资料，选择合适的位置，保证排弃土岩时不致因滚石、滑坡、塌方等威胁采矿场、工业场地（工区）、居民点、铁路、道路、输电网线和通讯干线、耕种区、水域、隧道涵洞、旅游景区、固定标志及永久性建筑等的安全。排土场不宜设在工程地质或水文地质条件不良的地带；若因地基不良而影响安全，应采取有效措施。依山而建的排土场，坡度大于 1:5 且山坡有植被或第四系软弱层时，最终境界 100m 内的植被或第四系软弱层应全部清除，将地基削成阶梯状；排土场位置要符合相应的环保要求；排土场场址不应设在居民区或工业建筑主导风向的上风侧和生活水源的上游，含有污染物的废石要按照 GB 18599 要求进行堆放、处置。

排土场可按设置地点、台阶数量、投资阶段等特征进行分类，各类型的特征及适用条件如表 10.1 所示，按排土方式分类如表 10.2 所示。

表 10.1 排土场的类型、特征及适用条件

分　　类		特　　征	适　用　条　件
按设置地点划分	内部排土场	在露天采场或地下开采境界内，不另征地，剥离物运距较近	一个采场内有两个不同标高底平面的矿山；露天矿群或分区开采的矿山，合理安排开采顺序，可实现部分内部排弃
	外部排土场	剥离物堆放在采场境界以外	无采用内部排土场条件的矿山
按地形划分	山坡排土场	初始沿山坡堆放，逐步向外扩大堆放	地形起伏较大的山区和重丘区
	山沟排土场	剥离物在山沟堆放	优先选择沟底平缓、肚大口小沟谷
	平地排土场	在平缓的地面修筑较低的初始路堤，然后交替排弃	地形平缓的地区

分　类		特　征	适　用　条　件
按台阶划分	单台阶排土场	在同一场地单层排弃，有利于尽早复垦	剥离量少、采场出口仅一个、运距短的矿山
	多台阶排土场	在同一场地有两层以上同时排弃，能充分利用空间	多台阶同时剥离的山坡峪天矿；需充分利用排弃空间的矿山
按时间划分	临时性排土场	剥离物需要二次搬运	有综合利用的岩土；剥离物堆置在采场周边或以后开采矿体上；可复垦的表土层
	永久性排土场	剥离物长期堆存	排弃不再回收的岩土
按投资划分	基建排土场	基建剥离期间堆里剥离物的场地	堆里费用列入基建投资
	生产排土场	矿山生产期间堆里剥离物的场地	堆里费用计入生产成本

表 10.2　排土方式及适用条件

分　类		特　征	适　用　条　件
按排土方式分类	人工排土	窄轨铁路运输机车牵引（或人力推或自溜），人工翻车，平整，移道	1. 单台阶排土场堆置高度高； 2. 矿车容量小； 3. 运输量小
	推土机排土	窄轨铁路运输，推土机转排	1. 排土宽度≤25m； 2. 块度大于 0.5m 的岩石不超过 1/3； 3. 排土线有效长度宜为 1～3 倍列车长
		汽车运输自卸，推土机配合	1. 工序简单，排放设备机动性大，各类型矿山都适用； 2. 岩土受雨水冲刷后能确保汽车安全正常作业或影响作业时间不长
	铲运机排土	铲运机装、运、排土	1. 被剥离的岩土质松层厚，含水量簇 20%； 2. 铲斗容积为 4.5～40m³，运距为 100～1000m； 3. 运行坡度：空车上坡≤18°，重车上坡≤11°
	电铲（或推土犁）排土	准轨铁路运输，电铲或推土型排土	1. 排土场基底稳定，其平均原地面坡度≤24°； 2. 所排岩土力学性质较差； 3. 排土段高：电铲≤50m，推土型≤30m； 4. 排土线有效长度≥3 倍列车长
	装载机转排	准轨铁路运输，装载机排土	1. 排土场基底工程地质情况复杂，原地面坡度 >24°； 2. 所排岩土力学性质较差； 3. 排土台阶高度大于 50m； 4. 排土线有效长度宜为 1～3 倍列车长

分　类		特　征	适　用　条　件
按排土方式分类	排土机排土	胶带机运输，排土机排土	1. 排土场基底稳定，其平均原地面坡度≤24； 2. 所排岩土力学性质较好，需有破碎—胶带机配合； 3. 排土机下分台阶的阶段高度小于或等于排料臂长度的 0.5 倍； 4. 排土线的有效长度能便移道周期控制在 2～3 个月内

排土场的主要堆置要素应包括堆置总高度与台阶高度；岩土自然安息角与边坡角；最小平台宽度；有效容积和占地面积等。排土场堆置高度与各台阶高度应根据剥离物的物理力学性质、排土机械设备类型、地形、工程地质、气象及水文等条件确定。

10.3.2　尾矿库

尾矿库是指筑坝拦截谷口或围地构成的、用以堆存金属或非金属矿山进行矿石选别后排出尾矿或其他工业废渣的场所。尾矿是指金属或非金属矿山开采出的矿石，经选矿厂选出有价值的精矿后排放的"废渣"。这些尾矿由于数量大，含有暂时不能处理的有用或有害成分，随意排放，将会造成资源流失，大面积覆没农田或淤塞河道，污染环境。

尾矿库是一个具有高势能的人造泥石流危险源，存在溃坝危险，一旦失事，容易造成重特大事故，是矿山企业最大的环境保护工程项目。修建尾矿库，合理处置尾矿，可以保护环境、利用水资源和保护矿产；可以防止尾矿向江、河、湖、海、沙漠及草原等处任意排放。一个矿山的选矿厂只要有尾矿产生，就必须建有尾矿库。所以说尾矿库是矿山选矿厂生产必不可少的组成部分。

尾矿库一般由尾矿堆存系统、尾矿库排洪系统、尾矿库回水系统等几部分组成（见图10.4）。堆存系统一般包括坝上放矿管道、尾矿初期坝、尾矿后期坝、浸润线观测、位移观测以及排渗设施等。排洪系统一般包括截洪沟、溢洪道、排水井、排水管、排水隧洞等构筑物。回水系统大多利用库内排洪井、管将澄清水引入下游回水泵站，再扬至高位水池；也有在库内水面边缘设置活动泵站直接抽取澄清水，扬至高位水池。

尾矿库使用年限与选矿厂的生产年限相适应。根据尾矿库建设场址不同，可以将其分为山谷型、傍山型、平地型和截河型四种类型尾矿库（见图10.5）。

（1）山谷型尾矿库，是在山谷谷口处筑坝形成的尾矿库。它的特点是初期坝相对较短，坝体工程量较小，后期尾矿堆坝相对较易管理维护，当堆坝较高时，可获得较大的库容；库区纵深较长，尾矿水澄清距离及干滩长度易满足设计要求；但汇水面积较大时，排洪设施工程量相对较大。我国现有的大、中型尾矿库大多属于这种类型。

（2）傍山型尾矿库，是在山坡脚下依山筑坝所围成的尾矿库。它的特点是初期坝相对较长，初期坝和后期尾矿堆坝工程量较大；由于库区纵深较短，尾矿水澄清距离及干滩长度受到限制，后期坝堆的高度一般不太高，故库容较小；汇水面积虽小，但调洪能力较低，排洪设施的进水构筑物较大；由于尾矿水的澄清条件和防洪控制条件较差，管理、维

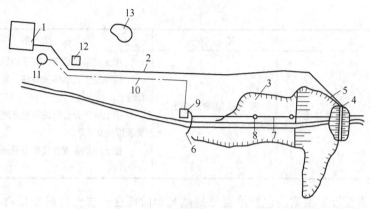

平面示意图

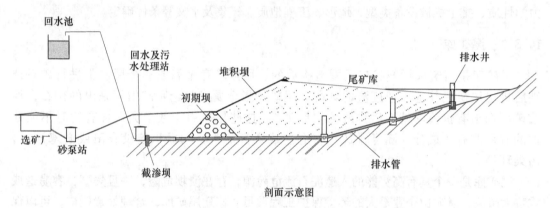

剖面示意图

图 10.4　尾矿库设施示意图

1—选矿厂；2—尾矿运输管；3—尾矿沉淀池；4—初期坝；5—尾矿堆积坝；6—进水头部设施；

7—排出管；8—排水井；9—水泵房；10—回水管路；11—回水池；12—中间砂泵站；13—事故沉淀池

护相对比较复杂。国内低山丘陵地区中小矿山常选用这种类型尾矿库。

（3）平地型尾矿库，是在平缓地形周边筑坝围成的尾矿库。其特点是初期坝和后期尾矿堆坝工程量大，维护管理比较麻烦；由于周边堆坝，库区面积越来越小，尾矿沉积滩坡度越来越缓，因而澄清距离、干滩长度以及调洪能力都随之减少，堆坝高度受到限制，一般不高；但汇水面积小，排水构筑物相对较小；国内平原或沙漠戈壁地区常采用这类尾矿库。例如，金川、包钢和山东省一些金矿的尾矿库。

（4）截河型尾矿库，是截取一段河床，在其上、下游两端分别筑坝形成的尾矿库。有的在宽浅式河床上留出一定的流水宽度，三面筑坝围成尾矿库，也属此类。它的特点是不占农田；库区汇水面积不太大，但尾矿库上游的汇水面积通常很大，库内和库上游都要设置排水系统，配置较复杂，规模庞大。这种类型的尾矿库维护管理比较复杂，国内采用的不多。

正确选择尾矿库库址极为重要。设计时一般须选择多个库址，进行技术经济比较予以确定。一个尾矿库的库容力求能容纳全部生产年限的尾矿量，如确有困难，其服务年限以不少于 5 年为宜；库址离选矿厂要近，最好位于选厂的下游方向，可使尾矿输送距离缩短，扬程小，且可减少对选厂的不利影响；尽量位于大的居民区、水源地、水产基地及重

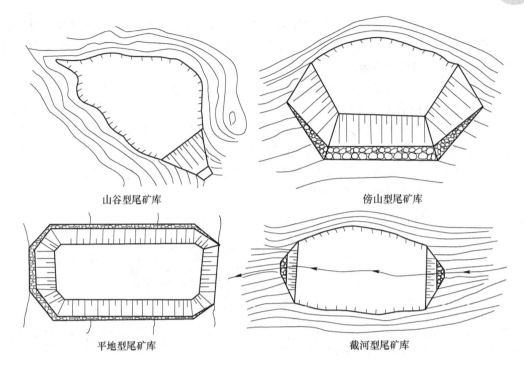

山谷型尾矿库　　　　　　　　　　　　傍山型尾矿库

平地型尾矿库　　　　　　　　　　　　截河型尾矿库

图 10.5　尾矿库类型示意图

点保护的名胜古迹的下游方向；尽量不占或少占农田，不迁或少迁村庄；未经技术论证，不宜位于有开采价值的矿床上部；库区汇水面积要小，纵深要长纵坡要缓，可减小排洪系统的规模；库区口部要小，"肚子"要大，可使初期坝工程量小，库容大；尽量避免位于有不良地质现象的地区，以减少处理费用。

尾矿库安全度主要根据尾矿库防洪能力和尾矿坝坝体稳定性确定，分为危库、险库、病库、正常库四级。

《尾矿库安全管理规定》第十九条规定，闭库后的尾矿库的重新启用或改作他用时，必须经过可行性设计论证，并报安全生产监督管理部门审查批准。

堆土场、废石堆、尾矿坝如果设置不当或管理不严，会造成严重的泥石流、滑坡等事故，导致更大范围的土地破坏以及生命财产的损失。

10.3.3　堆山造景工程

堆山造景工程多是利用工程弃土、建筑垃圾、生活垃圾等固体废弃物，填筑在不能用于城市工程建设的废弃土地上。这样既能使城市固体废弃物和废弃土地得到有效利用，又能很好地美化城市环境。因此，堆山工程逐渐成为城市建设中美化居住环境的一种新时尚。

实马高岛（Pulau Semakau）是位于新加坡本岛以南 8km 的一个垃圾埋置岛（见图 10.6）。由旧实马高岛和锡京岛（Pulau Sakeng）衔接组成，也是世界首个主要采用无机废料，即来自新加坡四个垃圾焚化场的灰烬，连接建成的小岛。人工海堤依据附近海底的地形而建，它把两个小岛紧紧地连在一起，并把附近的海域围成了一个巨大的圆形区域，这个区域内便是垃圾填埋区。长约 7km 的海堤由砂子、石块和泥土堆砌而成，同时铺设聚乙烯土工膜以防止垃圾场内的有害物质向海水渗透。焚烧过后的垃圾灰烬将会被运送到这里进行填埋处理，上面再铺上泥土，然后再种上棕榈树或者其他植物。风光秀丽的实马高岛如今已经成为旅游的热门景点。

天津市用建筑渣土堆建"南翠屏公园"最大规模的人造山（见图10.7）。山体占地12.1万平方米，堆山高度为海拔50m，山体工程总体积为210.5万立方米，使其"变成"一个游览、休闲的大型城市公共绿地。堆山物均是城市新建、扩建或维修建筑物施工中产生的建筑渣土，主要成分为混凝土、石灰、砂石、渣土、灰土等，不掺杂重金属或其他有机物，没有对人体与生态造成危害的化学与放射物质，也不会对环境造成任何污染。堆山公园建成后，将大大改善周边环境质量。

图10.6　新加坡实马高岛（Pulau Semakau）　　　图10.7　天津南翠屏公园内的人造山

堆山造景是一项复杂的工程，其施工工序可概括为以下三步：

第一步，清理场地。清除前事先征询地下管理线分布情况及相关地块管线分布图，以安全施工为前提，遇到不明确的情况及时向有关单位咨询，并请有关人员到相关地块现场认定，要在确保万无一失的情况下施工。进场后要按计划清除绿地范围内的建筑垃圾。

第二步，标高测定。仪器测设现场地形高程，并对比设计地形高程，同时，仪器现场布设设计高程点。施工高程桩采用沿等高线走向布设，在每圈等高线上以一种颜色彩旗竹竿（以适当密度）做标志，不同高程等线可采用不同颜色小旗。

第三步，地形整理。为了适应造景和建筑物修建的需要，地形条件较差的园林工程需要进行地形改造；地形条件好的，也要对土地进行局部的整理。施工的步骤和内容如下：

（1）施工方法的确定。根据工程内容和工程量，决定施工方法和施工机械种类及其投入台数；安排施工机械进场；确定废弃土处理方式或用于填方的土方运入；确认土质是否适合回填；检查龙门桩、控制桩的设置。

（2）处理表土和废土。清除地面杂草、枯树、残根，围护保留树木；挖起肥沃表土，按土方调配方案运至绿化地旁临时堆放。清除地表废弃土，回填至表深沟、深坑。

（3）地面填方。每次填方摊铺厚度在30cm以内，铺填均匀、紧密，压实后再填一层。平坦地形的填方表面凹凸应在6cm以内，作为施工场地的则应在2cm左右。

（4）坡面、崩落的地段整理。填方或挖方成坡面的，应按龙门桩指示的坡度处理。对可能滑坡、崩落的地段，实施加固措施并清除危石。要整理坡面至整洁状态，不得妨碍绿化栽植。

（5）排水处理。采取临时截水沟、排水沟，排除雨水，注意防止土砂流失；填方区应保持一定透水性，以利土方沉降，但不得积水。

（6）完工确认。检查是否按设计图纸整平土地、坡度是否适当、工程安全性是否符合要求。按设计图纸进行土方初步造型后，采用小型压路机或者人工滚动进行碾压，使原本松软的土质得以稳定。地形施工要求坡面曲线自然和顺，形态柔和，无明显的起伏，标高符合设计要求（注意预留沉降量），地形饱满排水顺畅；表土进行全面翻耕，再进行平整场地和置景。

堆山造景工程也可以利用自然界的土石料，尤其是园林或风景区的弃土、弃石；有时还采用水泥、混凝土等材料建造假山，以山石为材料作独立性或附属性的置石造景等。假山是以造景游览为主要目的，以自然山水为蓝本并加以艺术概括和提炼，以土、石等为材料人工构筑的山。掇山可以是群山，也可以是独山；可以是高广的大山，也可以是小山。

10.4 风景园林工程

10.4.1 风景区规划

风景是在一定的条件下，以山水景物以及自然和人文现象所构成的足以引起人们审美与欣赏的景象。风景区（风景名胜区）指风景资源集中、环境优美、具有一定规模和游览条件，可供人们游览欣赏、休憩娱乐或进行科学文化活动的地域。风景名胜区是从人类作为谋取物质生产或生活资料的土地中分离出来，成为专门满足人们精神文化需要的场所。

风景区具有生态功能（保护遗产多样性、提供保护性环境）、游憩功能、景观功能、科教功能和经济功能等多种功能。按景观特征可分为：山岳型风景区、峡谷型风景区、岩洞型风景区、江河型风景区、湖泊型风景区、海滨型风景区、森林型风景区、草原型风景区、史迹型风景区、革命纪念地和综合型风景区等。

风景区规划（风景名胜区规划）是综合保护培育、开发利用和经营管理风景区，并发挥其多种功能作用的统筹部署和具体安排。经相应的人民政府审查批准后的风景区规划，具有法律权威，必须严格执行。风景名胜区总体规划实质是从资源条件出发，为适应社会发展的需要，对风景名胜资源实施有效保护与永续利用，对风景名胜资源的潜力进行合理开发，充分发挥效益，使风景名胜区得到科学经营管理和持续发展的综合部署。"前提是规划，核心是保护，关键在管理"。

规划前，必须调查风景资源。通过调查，可以全面系统地掌握调查区风景资源的数量、分布、规模、组合状况、成因、类型、功能和特征等，从而为风景资源评价、旅游管理和规划部门制定风景区总体规划提供具体而翔实的资料。调查内容包括风景区的地理位置、地质地貌特征、气候特征、水文特征、土壤和植被特征、动物特征和环境背景等自然条件，以及调查区的社会治安、人口、当地居民的文化素养和宗教信仰、物产情况、历史文化和民俗风情社会环境背景；还要调查风景区经济状况、交通条件、基础设施条件、人文景观等风景资源。在此基础上，运用 SWOT 分析等方法，分析风景区的优势（Strengths）、劣势（Weaknesses）、机会（Opportunities）、风险（Threats），把所有的内部因素（包括公司的优势和劣势）都集中在一起，然后用外部的力量来对这些因素进行评估。从风景区的游憩娱乐、审美与欣赏、认识求知、休养保健、启迪寓教、保存保护培育、物质生产与旅游经济等七个主要方面进行风景资源评价。

为了保护文物古建和珍贵景物、重要景点及其周围环境，保持地形、地貌特点，维护生态平衡，避免污染环境，把风景名胜区建成三种不同等级的保护区。风景名胜区规划范围内的文物古迹、珍贵景物、重要景点及其周围环境，自然风景观赏面，皆划为一级保护区；文物古迹和景物、景点、景观的影响范围，它们是人文景观和自然景观得以完美的保证和一级保护区共同组成完整的保护、游览体系，皆划为二级保护区；风景名胜区的外围保护带，皆划为三级保护区。因此，必须对风景区土地进行调查、评价，制定风景区土地利用协调规划；对风景土地进行合理分类，保护风景游赏用地、林地、水源地和优良耕地；突出风景区土地利用的重点和特点，扩大风景用地。

　　风景区的保护与布局应同时兼顾，将景区人为分解成几个相对独立的功能区，常见景区微观层次空间布局模式如图 10.8 所示，此外还有轴对称模式、"三区结构"模式等。

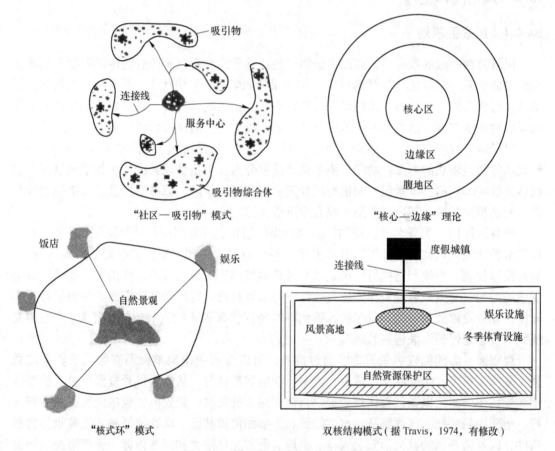

图 10.8　景区微观层次空间布局模式

　　功能分区与景区划分是不同尺度空间的规划手段。景区划分是在大、中尺度的区域空间中，遵循全域覆盖法，根据旅游资源相对一致、旅游活动的连续性、开发建设的一致性等原则进行不同景区的划分。功能分区则是在同一景区内部进行的用地功能划分，对每个所划分区域赋予一定的功能，防止雷同，从而发挥景区整体功能优势。规划内容和项目配置应符合当地的环境承载能力、经济发展状况和社会道德规范，并能促进风景区的自我生存和有序发展。

10.4.2 园林景观设计

园林景观设计是在传统园林理论的基础上，具有建筑、植物、美学、文学等相关专业知识的人士对自然环境进行有意识改造的思维过程和筹划策略，是在一定的地域范围内，运用园林艺术和工程技术手段，通过改造地形、种植植物、营造建筑和布置园路等途径创造美的自然环境和生活游憩境域的过程。通过景观设计，使环境具有美学欣赏价值、日常使用的功能，并能保证生态可持续发展。在一定程度上，体现了当时人类文明的发展程度和价值取向及设计者个人的审美观念。园林设计、景观设计本就是同根同源的。

园林景观设计内容根据出发点的不同有很大不同。大面积的河域治理，城镇总体规划大多是从地理、生态角度出发；中等规模的主题公园设计，街道景观设计常常从规划和园林的角度出发；面积相对较小的城市广场，小区绿地，甚至住宅庭院等又是从详细规划与建筑角度出发，但无疑这些项目都涉及景观因素。景观通常分为硬景观和软景观。硬景观是指人工设施，通常包括铺装、雕塑、凉棚、座椅、灯光、果皮箱、道路、楼台亭阁等等；软景观是指人工植被、河流、假山等仿自然景观。

园林景观设计的效果是实用、经济、美观。首先要考虑实用的原则，因地制宜，具有一定的科学性，园林功能适合于服务对象；实用的观点带有永恒性和长久性。其次要考虑经济问题；正确的选址，因地制宜，巧于因借，就可以减少大量的投资，也解决了部分经济问题。园林设计要根据园林性质和建设需要来确定必要的投资；也要考虑美观，既满足园林布局，造景的艺术要求；在某些条件下美观要求提到最重要的地位，美观本身就适用，就是观赏价值。孤石假山、雕塑作品等起到装饰、美化环境的作用，创造出感人的精神文明气氛。三者之间的关系是相互依存不可分割。当然，同任何事物发展规律一样，根据不同性质、不同类型、不同环境的差异，彼此之间有所侧重。

山水是园林的骨架，凡园林建设必先通过土方工程对原地形进行改造，以满足人们的各种需要，起到背景作用和造景作用。构成园林实体的四大要素为地形、水、植物、建筑及构筑物。地形是四大要素之中的首要要素，也是其他诸要素的依托基础和底界面，是构成整个园林景观的骨架。因此，地形的改造是园林工程中需要首先解决的问题，也是决定整个园林建设成功与否的关键所在。土方工程包含：凿水筑山、场地平整、开槽铺路、挖沟埋管。搞好土方工程的设计，是园林建设首先要解决的重要问题。对地形的整理、改造与合理利用，是园林建设最基础的工程，也是建园的主要工程之一。地形是各种造园要素的依托基础和底界面，是构成整个园林景观的骨架。地形以其极富变化的表现力，赋予园林景观以生机和多样性，使之产生丰富多彩的景观效应。地形的作用不外乎是在地形的骨架作用、空间作用、造景作用、背景作用、观景作用和工程作用等六个主要方面。园林地形有陆地和水体两类，陆地又可分为平地、坡地和山地三类。在进行造园构图时，不但要注意地形的方圆偏正，而且要注意地形的走向去势。根据具体地形条件，削高填低，尽量少动土方，将坡地改造成有起伏变化的地形。

平地是组织开敞空间的有利条件，也是游人集中、疏散的地方。在现代公园中，游人量大而集中，活动内容丰富。所以平地面积须占全园面积的30%以上，且须有一、二处较大面积的平地。园林中，需要平地条件的规划项目主要有：建筑用地、草坪与草地、花坛群用地、园景广场、集散广场、停车场、回车场、游乐场、旱冰场、露天舞场、露天剧场、露地茶室、棋园、苗圃用地等等。利用平地地形挖湖堆山，是营造园林山景和水景的常见处理方式。平地的造景作用还体现在可用其来修建花坛、培植草坪等。用图案化、色彩化的花坛群和大草坪来美化和装饰地面，可以构成园林中美丽多姿的、如诗如画的地面景观。一般的平地植物空间可分为林下空间、草坪空间、灌草丛空间以及疏林草地空间等，这些空间形态都能够在平地条件下获得最好的景观表现。对地面的形状、起伏、变化等进行一系列的处理，都能获得变化多端，扑朔迷离的植物景观效应。从地表径流的情况来看，平地的径流速度最慢，有利于保护地形环境，减少水土流失，维持地表的生态平衡。在平地上要特别强调排水通畅，地面要避免积水。为了排除地面水，要求平地也具有一定坡度。坡度大小可根据地被植物覆盖和排水坡度而定。

坡地就是倾斜的地面，坡地使园林空间具有方向性和倾向性。它打破了平地地形的单调感，使地形具有明显的起伏变化，增加了地形的生动性。坡地又因地面倾斜程度的不同而分为缓坡、中坡和陡坡三种地形。

山地是园林竖向设计、竖向景观的表现内容；所采用的方法主要有三种，即高程箭头法、纵横断面法和设计等高线法。同坡地相比，山地的坡度在50%以上。山地根据坡度大小又可分为急坡地（地面坡度为50%~100%）和悬坡地（地面坡度在100%以上）两种。

园林中的山地大多是利用原有地形、土方，经过适当的人工改造而成。山地面积应低于总面积的30%。山体安排主要有两种形式：一种是属于全园的重心。这种布局一般在山体的四周或两面都有开敞的平地或水面，使山体形成空间的分隔。可登临的山峰、山岭构成全园的竖向构图中心，并可与平地和水面以上的、临近园墙的山岗形成可呼应的整体。如北京紫竹院公园、天津水上公园。另一种是居于全园的一侧，以一侧或两侧为主要景观面，构成全园的主要构图中心。如北京的颐和园，一山北坐，南向昆明湖；北海的琼华岛，位于全园的东南角，面向西北的开阔湖面。山地要有峰、有岭、有沟谷、有山丘。既要有高低的对比，又要有蜿蜒连绵的调和。山丘与平地使山体、山地似断非断，似连非连。力求高低起伏，层次丰富。山道须之字形，回旋而上，或陡或缓富于韵律，并要适时设置缓台和休息性兼远眺静观的亭、台等建筑设施。在陡峭的山道处，还须设置护栏和铁链。要充分利用山地的空间特点，运用山洞、隧道、悬崖、峡谷构成垂直空间、纵深空间与倾斜空间效果，使游人领略大自然的艰险境界。山地类型主要有土山和石山两类。

城市公园是由政府或公共团体建设经营，供公众游玩、观赏、娱乐的园林，有改善城市生态、防火、避难等作用。如北京的颐和园，开封的清明上河园，西安的大唐芙蓉园等。地质公园是以具有特殊地质科学意义，稀有的自然属性、较高的美学观赏价值，具有一定规模和分布范围的地质遗迹景观为主体，并融合其他自然景观与人文景观而构成的一种独特的自然区域。

思 考 题

10-1　固体废物处理方法有哪些？

10-2　排土场按设置地点、台阶数量、投资阶段等特征如何分类？

10-3　尾矿库一般由哪几部分组成，各部分有什么特征？

10-4　矿产资源开发对环境产生很大的影响，集中表现在哪些方面？

10-5　水资源有哪些基本特征？

工程防护及减灾

11.1 地震灾害及防护

　　地震又称地动、地振动，是地壳快速释放能量过程中造成振动，期间会产生地震波的一种自然现象。地球上板块与板块之间相互挤压碰撞，造成板块边沿及板块内部产生错动和破裂，是引起地面震动（即地震）的主要原因。常见的地震作用示意图如图 11.1 所示。

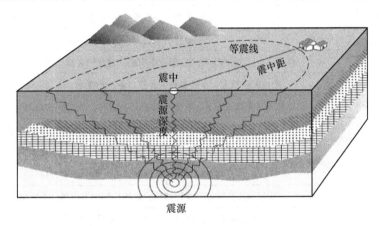

图 11.1　地震作用示意图

　　地震灾害是指由地震引起的强烈地面振动及伴生的地面裂缝和变形，使各类建（构）筑物倒塌和损坏，设备和设施损坏，交通、通讯中断和其他生命线工程设施等被破坏，以及由此引起的火灾、爆炸、瘟疫、有毒物质泄漏、放射性污染、场地破坏等造成人畜伤亡和财产损失的灾害。地震灾害具有突发性和不可预测性以及频度较高等特点，除造成大量人员伤亡和建筑损毁外常产生严重次生灾害，对社会产生很大影响。

11.1.1　地震震级与地震烈度

11.1.1.1　地震震级

　　震级是指地震的大小，是以地震仪测定的每次地震活动释放的能量多少来确定的，震级大的地震，释放的能量多；震级小的地震，释放的能量少。中国目前使用的震级标准，是国际上通用的里氏分级表，共分 9 个等级，在实际测量中，震级则是根据地震仪对地震波所作的记录计算出来的。地震愈大，震级的数字也愈大，震级每差一级，通过地震被释放的能量约差 32 倍。由于震级与震源的物理特性没有直接的联系，因此现在多用矩震级来表示。通常震级大小可分为七类：超微震（震级小于 1 级）、弱震（震级小于 3 级，人们一般不易觉察）、有感地震（震级大于等于 3 级、小于 4.5 级，人们能够感觉到，但一般不会造成破坏）、中强震（震级大于等于 4.5 级、小于 6 级，可造成破坏的地震）、强震

（震级大于等于 6 级、小于 7 级）、大地震（震级大于等于 7 级）和巨大地震（震级大于等于 8 级）。

11.1.1.2 地震烈度

地震烈度表示地震对地表及工程建筑物影响的强弱程度，它是在没有仪器记录的情况下，凭地震时人们的感觉或地震发生后器物反应的程度，工程建筑物的损坏或破坏程度、地表的变化状况而定的一种宏观尺度。其中，地震烈度 6 度表示有轻微损坏，7 度以上为破坏性地震，9 度以上会导致房屋严重破坏以致倒塌，并有地表自然环境的破坏，11 度以上为毁灭性地震，如表 11.1、表 11.2 所示。

表 11.1 中国地震烈度简表

地震烈度	人的感觉及震害
Ⅰ度	无感，仅仪器能记录到
Ⅱ度	个别敏感的人在完全静止中有感
Ⅲ度	室内少数人在静止中有感，悬挂物轻微摆动
Ⅳ度	室内大多数人、室外少数人有感，悬挂物摆动，不稳器皿作响
Ⅴ度	室外大多数人有感，家畜不回家，门窗作响，墙壁表面出现裂纹
Ⅵ度	人站立不稳，家畜外逃，器皿翻落，简陋棚舍损坏，陡坎滑坡
Ⅶ度	房屋轻微损坏，牌坊、烟囱损坏，地表出现裂缝及喷沙冒水
Ⅷ度	房屋多有损坏，少数路基塌方，地下管道破裂
Ⅸ度	房屋大多数破坏，少数倾倒，牌坊、烟囱等崩塌，铁轨弯曲
Ⅹ度	房屋倾倒，道路毁坏，山石大量崩塌，水面大浪扑岸
Ⅺ度	房屋大量倒塌，路基堤岸大段崩毁，地表产生很大变化
Ⅻ度	一切建筑物普遍毁坏，地形剧烈变化，动植物遭毁灭

表 11.2 震级与烈度统计的对应关系

震中烈度	Ⅰ	Ⅱ	Ⅲ	Ⅳ	Ⅴ	Ⅵ	Ⅶ	Ⅷ	Ⅸ	Ⅹ	Ⅺ	Ⅻ
震级	1.9	2.5	3.1	3.7	4.3	4.9	5.5	6.1	6.7	7.3	7.9	8.5

11.1.2 地震灾害的特点

地震灾害是瞬时突发性的社会灾害，往往发生在一两分钟甚至数十秒内便造成严重后果。地震灾害与其他灾害如水灾、旱灾、台风和瘟疫等相比具有以下特点：

（1）突发性比较强，猝不及防。地震前有时没有明显的预兆，以致来不及逃避，造成大规模的灾难。一次地震持续的时间往往只有几十秒，在如此短暂的时间内造成大量的房屋倒塌、人员伤亡，这是其他的自然灾害难以相比的。

（2）破坏性大，成灾广泛。地震波到达地面以后造成了大面积的房屋和工程设施的破坏，若发生在人口稠密、经济发达地区，往往可能造成大量的人员伤亡和巨大的经济损失。地震可以在几秒或者几十秒内摧毁一座文明的城市，能与一场核战争相比，像汶川地震就相当于几百颗原子弹的能量。

（3）社会影响深远。地震由于突发性强、伤亡惨重、经济损失巨大，它所造成的社会影响也比其他自然灾害更为广泛、强烈，往往会产生一系列的连锁反应，对于一个地区甚至一个国家的社会生活和经济活动会造成巨大的冲击。它波及面比较广，对人们心理上的影响也比较大，这些都可能造成较大的社会影响。

（4）防御难度比较大。与洪水、干旱和台风等气象灾害相比，地震的预测要困难得多，地震的预报是一个世界性的难题，同时建筑物抗震性能的提高需要大量资金的投入，要减轻地震灾害需要各方面协调与配合，需要全社会长期艰苦细致的工作，因此地震灾害的预防比起其他一些灾害要困难。

（5）容易产生次生灾害。地震不仅产生严重的直接灾害，而且不可避免的会产生次生灾害。有的次生灾害的严重程度大大超过直接灾害造成的损害。一般情况下次生或间接灾害是直接经济损害的两倍，像滑坡，泥石流，火灾，瘟疫都属于次生灾害。

（6）持续时间比较长。其包括两个方面，其一是主震之后的余震往往持续很长一段时间；其二是由于破坏性大，灾区恢复和重建的周期比较长。

（7）具有某种周期性。一般来说地震灾害在同一地点或地区要相隔几十年或者上百年或更长的时间才能重复地发生，地震灾害对同一地区来讲具有准周期性，在某处发生过强烈地震的地方，在未来几百年或者一定的周期内还可以再重复发生，这是目前对地震认识的水平。

11.1.3　地震灾害因素

地震灾害包括自然因素和社会因素。其中，有震级、震中距、震源深度、发震时间、发震地点、地震类型、地质条件、建筑物抗震性能、地区人口密度、经济发展程度和社会文明程度等，如图11.2所示。

图 11.2　地震造成的城市损毁

不同地区发生的震级大小相同的地震，所造成的破坏程度和灾害大小是很不一样的，地震造成的破坏程度和灾害大小主要受以下自然因素和社会因素的影响：

（1）地震震级和震源深度。震级越大，释放的能量也越大，可能造成的灾害也越大。在震级相同的情况下，震源深度越浅，震中烈度越高，破坏也就越重。一些震源深度特别浅的地震，即使震级不太大，也可能造成"出乎意料"的破坏。

（2）场地条件。场地条件主要包括土质、地形、地下水位和是否有断裂带通过等。一般来说，土质松软、覆盖土层厚、地下水位高、地形起伏大、有断裂带通过，都可能使地震灾害加重。所以，在进行工程建设时，应当尽量避开那些不利地段。

（3）人口密度和经济发展程度。地震，如果发生在没有人烟的高山、沙漠或者海底，即使震级再大，也不会造成伤亡或损失。相反，如果地震发生在人口稠密、经济发达、社会财富集中的地区，特别是在大城市，就可能造成巨大的灾害。

（4）建筑物的质量。地震时房屋等建构筑物的倒塌和严重破坏，是造成人员伤亡和财产损失最重要的直接原因之一。房屋等建构筑物的质量好坏、抗震性能如何，直接影响到受灾的程度，因此，必须做好建筑物的抗震设防。

（5）地震发生的时间。一般来说，破坏性地震如果发生在夜间，所造成的人员伤亡可能比白天更大，平均可达3~5倍。唐山地震伤亡惨重的原因之一正是由于地震发生在深夜，绝大多数人还在室内熟睡。有不少人以为，大地震往往发生在夜间，其实这是一种错觉。统计资料表明，破坏性地震发生在白天和晚上的可能性是差不多的，二者并没有显著的差别。

（6）对地震的防御状况。破坏性地震发生之前，人们对地震有没有防御，防御工作做得好与否将会大大影响到经济损失的大小和人员伤亡的多少。防御工作做得好，就可以有效地减轻地震的灾害损失。

11.1.4　地震灾害

地震是一种破坏力极强的灾害。1906年旧金山大地震，摧毁美国西海岸的许多大城市，死亡人数可能高达3000人。随之而来的大火，对旧金山造成了严重的破坏，可以说是美国历史上主要城市所遭受最严重的自然灾害之一。1960年智利连续遭到225次强烈地震袭击，其中超过8级的3次，超过7级的10次，最大8.5级。这次灾难使10万人家被毁，全国1/5的工业遭到破坏。2004年12月26日印尼苏门答腊岛北部以西近海9级特大地震引发印度洋大海啸席卷南亚、东南亚。多国沿岸的酒店和村庄城镇也受到严重破坏，180万人无家可归。2008年四川省阿坝藏族羌族自治州汶川县发生的8.0级地震，地震造成69227人遇难、17923人失踪，是中华人民共和国成立以来破坏力最大的地震。

（1）地震直接灾害。地震的直接灾害是指由于地震破坏作用（包括地震引起的强烈振动和地震造成的地质灾害）导致房屋、工程结构、物品等物质的破坏，包括以下几方面：

1）房屋修建在地面，量大面广，是地震袭击的主要对象。房屋坍塌不仅造成巨大的经济损失，而且直接恶果是砸压屋内人员，造成人员伤亡和室内财产破坏损失。

2）人工建造的基础设施，如交通、电力、通信、供水、排水、燃气、输油、供暖等生命线系统，大坝、灌渠等水利工程等，都是地震破坏的对象，这些结构设施破坏的后果也包括本身的价值和功能丧失两个方面。城镇生命线系统的功能丧失还给救灾带来极大的障碍，加剧地震灾害。

3）工业设施、设备、装置的破坏显然带来巨大的经济损失，也影响正常的供应和经济发展。

4）牲畜、车辆等室外财产也遭到地震的破坏。

（2）地震次生灾害。地震次生灾害是指由于强烈地震造成的山体崩塌、滑坡、泥石流、水灾等威胁人畜生命安全的各类灾害。

地震次生灾害大致可分为两大类：

一是社会层面的。如道路破坏导致交通瘫痪、煤气管道破裂形成的火灾、下水道损坏对饮用水源的污染、电讯设施破坏造成的通讯中断，还有瘟疫流行、工厂毒气污染、医院细菌污染或放射性污染等；

二是自然层面的。如滑坡、崩塌、泥石流、地裂缝、地面塌陷、砂土液化等次生地质灾害和水灾，发生在深海地区的强烈地震还可引起海啸。图 11.3 所示的是 2008 年 5 月 12 日由于汶川地震产生的唐家山堰塞湖；图 11.4 所示为 2014 年 8 月 3 日云南鲁甸地震引起的山体滑坡灾害。

图 11.3　堰塞湖（汶川地震，唐家山）

图 11.4　山体滑坡（云南鲁甸地震）

11.1.5　建筑地震防护

（1）地震对建筑的破坏作用。地震通常造成大量建构筑物的破坏、损毁，从破坏性质和工程对策角度，地震对结构的破坏作用可分为两种类型：场地、地基的破坏作用和场地的震动作用。

1）场地和地基的破坏作用一般是指造成建筑破坏的直接原因是由于场地和地基稳定性引起的；场地和地基的破坏作用大致有地面破裂、滑坡、坍塌等。这种破坏作用一般是通过场地选择和地基处理来减轻地震灾害的。

2）场地的震动作用是指由于强烈地面运动引起地面设施振动而产生的破坏作用，减轻它所产生的地震灾害的主要途径是合理地进行抗震和减震设计和采取减震措施。

（2）抗震等级。抗震等级是设计部门依据国家有关规定，按"建筑物重要性分类与设防标准"，根据烈度、结构类型和房屋高度等，而采用不同抗震等级进行的具体设计。以钢筋混凝土框架结构为例，抗震等级划分为四级，以表示其很严重、严重、较严重及一般的四个级别。在我国建筑业中，已经开始严格执行这个等级标准。不同结构建筑物抗震等级见表11.3。

表 11.3　不同结构建筑物抗震等级表

结构类型			地震烈度						
			6		7		8		9
			<24	>24	<24	>24	<24	>24	<24
框架结构	高度		<24	>24	<24	>24	<24	>24	<24
	框架		四	三	三	二	二	一	一
	剧场、体育馆等大跨度公共建筑		三		二		一		
框架-剪力墙结构	高度		<60	>60	<60	>60	<60	>60	<50
	框架		四	三	三	二	二	一	一
	剪力墙		三		二		一		
剪力墙结构	高度		<80	>80	<80	>80	<80	>80	<60
	剪力墙		四	三	三	二	二	一	一
部分框支剪力墙结构	框支层框架		二	二	一	一	不应采用	不应采用	
	剪力墙		三	二	二	二			
筒体结构	框架-核心筒结构	框架	三		二		一		
		核心筒	二		二		一		
	筒中筒结构	内筒	三		二		一		
		外筒	三		二		一		
单层厂房结构	板柱的柱		四		三		二		一

（3）建筑抗震设防。在建筑设计和施工中为了减轻或避免地震对建筑物的损毁、减少

人员的伤亡，通常对建筑物进行抗震设防，经过抗震设防的建筑物可以防御和减轻地震的破坏。抗震办法有很多种，其核心要点归结起来主要是减轻地震力，提高房屋整体抗震能力。在具体做法上，应从场地选择，地基处理，结构构造，体型设计等方面考虑。

1）合理选址。建筑场地的工程地质条件对地震破坏的影响很大，常有地震烈度异常现象，即"重灾区里有轻灾，轻灾区里有重灾"，产生的原因是局部地区的工程地质条件不同。从抗震角度讲，建筑工程选址应该避开断层带、滑坡、山崩、地陷，孤立的山包顶部、高差较大的台地边缘、非岩质陡坡、靠河流岸边，可液化土、饱和松散的沙土和粉土，软土地基等不利场址。

2）提高建筑物自身抗震性能。提高建筑物自身抗震性能是目前各国广泛采用的方法。按照中国建筑抗震设计的建筑，其抗震设防目标是：当遭受低于本地区抗震设防烈度的多遇地震影响时，一般不受损坏或不需要修理可以继续使用，当遭受相当于本地区抗震设防烈度的地震影响时，可能损坏，经一般修理或不需修理仍可继续使用，当遭受高于本地区抗震设防烈度预估的罕遇地震影响时，不致倒塌或发生危及生命的严重破坏。

3）减少建筑物的受力（如采取隔震措施）。隔震设计指在房屋底部设置的由橡胶隔震支座和阻尼器等部件组成的隔震层，以延长整个结构体系的自震周期、增大阻尼，减少输入上部结构的地震能量，达到预期防震要求。消能减震设计指在房屋结构中设置消能装置，通过其局部变形提供附加阻尼，以消耗输入上部结构的地震能量，达到预期防震要求。如采用基础隔震技术、弹簧大楼，滚珠大楼，基础浮力技术等等。

4）采取加固措施对已有建筑物采取加固处理。对已有建筑物的加固处理根据结构类型的不同可各有侧重，加强抗震强度的措施主要有两方面：一是增加抗侧力构件的面积，如增设抗震墙，增加柱等；二是加强抗侧力构件的强度，如在原抗震墙上采用砂浆或钢筋网砂浆抹面，压力灌浆，喷射混凝土，带孔洞墙加钢筋混凝寺套和支撑，增设钢筋混凝土构造柱和圈梁等，对预制楼板通过增加复合层的方式加强整体性。通过这些加固措施可以有效增强已有建筑物的整体性和抗震性。

5）优化基础形式。房屋的基础部分也十分重要，在需要和可能的情况下尽量筑得牢靠，放脚加宽，以减轻房屋对地基压应力。基础形式应根据建筑物的实际情况选抗震性能较好的。一般说来，深基础比浅基础好，筏式基础比条形基础好，条形基础比单独基础好，沉箱和整体性地下室最好。加强独立柱基间的拉结，这对于防止建筑物因地震产生偏沉破坏有良好的效果。

11.2 地质灾害与防灾

地质灾害简称地灾，是指在自然或者人为因素的作用下形成的，危害人类生命财产、生活与经济活动或破坏人类赖以生存与发展的资源、环境的地质作用（现象）。地质灾害包括崩塌、滑坡、泥石流、地裂缝、地面沉降、地面塌陷、岩爆、坑道突水、突泥、突瓦斯、煤层自燃、黄土湿陷、岩土膨胀、砂土液化、土地冻融、水土流失、土地沙漠化及沼泽化、土壤盐碱化，以及地震、火山、地热害等。这里所说的地质作用是指促使组成地壳的物质成分、构造和表面形态等不断变化和发展的各种作用。根据发生作用的部位可分为内动力地质作用和外动力地质作用。内动力地质作用是指地壳深处产生的动力对地球内部及地表的作用，如地质构造运动等。外动力地质作用是指大气、水和生物在太阳能、重力能等影响下产生的动力对地壳表层的各种作用，如风化、剥蚀等。依据我国地质灾害已有案例和地质灾害的物质组成、动力作用、破坏形式和速率等，地质灾害可划分为 10 大类 38 亚类。在这些地质灾害中，常见的对人民生命和财产安全危害较大的主要有滑坡、崩塌、泥石流、地面塌陷、地裂缝、地面沉降六种灾害。

11.2.1　地质灾害分类

根据 2004 年国务院颁发的《地质灾害防治条例》规定，地质灾害可划分为 30 多种类型。地质灾害的分类有不同的角度与标准，目前常见的分类方法有：

（1）按其成因而论，主要由自然变异导致的地质灾害称自然地质灾害；主要由人为作用诱发的地质灾害则称人为地质灾害。如由降雨、融雪、地震等因素诱发的称为自然地质灾害，由工程开挖、堆载、爆破、弃土等引发的称为人为地质灾害。

（2）按地质环境或地质体变化的速度而言，可分突发性地质灾害与缓变性地质灾害两大类。前者如崩塌、滑坡、泥石流等，即习惯上的狭义地质灾害；后者如水土流失、土地沙漠化等，又称环境地质灾害。

（3）按地质灾害发生区的地理或地貌特征，可分山地地质灾害和平原地质灾害，前者如崩塌、滑坡、泥石流等，后者如地面沉降、地裂缝等。

（4）按照构成地质灾害的物质分类，可分为固体活动灾害、液体活动灾害和其他活动灾害。所谓固体活动灾害是指地震、地裂缝、构造断裂等灾害；液体活动灾害主要指火山喷发过程中熔岩流动引起的灾害；气体活动灾害主要是指地气灾害。

（5）按地质灾害的生成空间分类，可分为地下地质灾害和地表地质灾害。

11.2.2　地质灾害分级

地质灾害按危害程度和规模大小分为特大型、大型、中型、小型地质灾害险情和地质灾害灾情四级：

特大型地质灾害险情是指受灾害威胁，需搬迁转移人数在 1000 人以上或潜在可能造成的经济损失 1 亿元以上的地质灾害险情。特大型地质灾害灾情是指因灾死亡 30 人以上或因灾造成直接经济损失 1000 万元以上的地质灾害灾情。

大型地质灾害险情是指受灾害威胁，需搬迁转移人数在 500 人以上、1000 人以下，或潜在经济损失 5000 万元以上、1 亿元以下的地质灾害险情。大型地质灾害灾情是指因灾死亡 10 人以上、30 人以下，或因灾造成直接经济损失 500 万元以上、1000 万元以下的地质灾害灾情。

中型地质灾害险情是指受灾害威胁，需搬迁转移人数在 100 人以上、500 人以下，或潜在经济损失 500 万元以上、5000 万元以下的地质灾害险情。中型地质灾害灾情是指因灾死亡 3 人以上、10 人以下，或因灾造成直接经济损失 100 万元以上、500 万元以下的地质灾害灾情。

小型地质灾害险情是指受灾害威胁，需搬迁转移人数在 100 人以下，或潜在经济损失 500 万元以下的地质灾害险情。小型地质灾害灾情是指因灾死亡 3 人以下，或因灾造成直接经济损失 100 万元以下的地质灾害灾情。

11.2.3　地质灾害的特征

地质灾害是地质动力活动与人类社会相互作用的结果，或者说是地质动力系统与社会经济系统相互作用的反映。因此，地质灾害不但具有多种自然属性特征，而且具有多种社会属性特征。这些特征主要表现为：地质灾害的必然性或不可避免性；地质灾害的周期性；地质灾害的群发性；地质灾害与社会经济的互馈性；地质灾害的可防御性以及地质灾害防治的长期性等。

地质灾害还具有隐蔽性强、突发性强和破坏性强等特点，一旦成灾，猝不及防、防不胜防，极易造成重大损失。

地质灾害的隐蔽性体现在人们对地质、地貌等控制滑坡、崩塌、泥石流等地质灾害发生的区域地质环境条件难以了解清楚，即使采用工程勘查等手段，也难以以点带面；降雨、降雪、地震、人类工程活动的随机性又很大，因此，人们很难及时准确地捕捉到有关信息。尽管我们现在已经有了很多现代化手段，有卫星、雷达等高科技的监控措施，但对地质灾害的认识还难以达到人们所期望的准确率

一些地质灾害，如崩塌、滑坡和泥石流的发生常具有突发性，有时会在人们毫无觉察的情况下突然发生，且一旦发生，具有很强的破坏作用。规模较大的地质灾害的摧毁力十分强大，其破坏力是人类难以抗衡的，常给人类生命财产造成重大损失。

11.2.4　地质灾害的诱发因素

任何事物的发生和发展都是有一定诱因的，地质灾害也不例外，地质灾害通常都是在一定的动力诱发下发生的。诱发动力有的是天然的，有的是人为的。

（1）引发地质灾害的主要自然原因。

1）气候因素。气候因素是地质灾害发生的重要因素之一，如大气降水、气温变化等，其中降水与地质灾害形成的关系最为密切，降水量大小、强度、时间长短等均影响地质灾害的形成。

2）地形地貌因素。地质灾害的形成、分布与地形地貌具有密切的关系。

3）地质因素。地质因素是形成地质灾害的最主要的内因，地壳运动、地质构造变动、火山喷发、地震等因素都可以引发地质灾害。地质构造运动不仅控制着地质灾害的分布，而且还是地质灾害发生的主要原因。

（2）引发地质灾害的主要人为原因。随着经济的发展，人类越来越多的工程活动破坏了自然地质结构，导致地质灾害的发生越来越频繁。人类工程活动主要包括房屋工程建设、高速公路建设、铁路工程建设、水利水电工程建设、矿山资源开采等。各种工程的建设严重破坏原始地质构造，切削山体坡角，成为地质灾害形成的主要诱发因素。引发地质灾害的主要人为原因有：

1）开挖边坡。如在修建公路、铁路，或依山建房等建设中，开挖边坡坡脚，形成人工高陡边坡，造成滑坡及崩塌；在沟道中随意堆放弃土或废渣，形成泥石流物源，在强降雨情况下造成泥石流灾害。

2）山区水库与渠道渗漏，增加了土壤的浸润和软化作用，降低了岩土体的抗剪强度，导致滑坡及泥石流。

3）采掘矿产资源不规范，预留矿柱少，造成采空坍塌，山体开裂，继而发生滑坡。或在沟道中随意堆放矿渣，不采取任何工程措施，造成泥石流隐患。

4）其他破坏土质环境的活动如采石放炮，堆填加载、乱砍滥伐，也是导致发生地质灾害的致灾因素。

11.2.5　常见地质灾害类型

在诸多地质灾害中，常见的对人民生命和财产安全危害较大的主要有滑坡、崩塌、泥石流、地面塌陷、地裂缝、地面沉降六种灾害。

（1）滑坡。滑坡是指斜坡上的土体或岩体，受河流冲刷、地下水活动、地震、人工切坡等因素的影响，沿着一定的软弱面或软弱带，整体地或分散地顺坡向下滑动的自然现象。

（2）崩塌。崩塌是指陡坡上被直立裂缝分割的岩土体，因根部空虚，折断压碎或局部移滑，失去稳定，突然脱离母体向下倾倒、翻滚，堆积在坡脚（或沟谷）的地质现象。产生在土体中者称土崩，产生在岩体中者称岩崩。

（3）泥石流。泥石流是山区沟谷中，由暴雨、冰雪融水等水源激发的，含有大量的泥砂、石块的特殊洪流。其往往突然暴发，在很短时间内将大量泥砂、石块冲出沟外，在宽阔的堆积区横冲直撞、漫流堆积，常常给人类生命财产造成重大危害。

（4）地面塌陷。地面塌陷是指地表岩、土体在自然或人为因素作用下，向下陷落，并在地面形成塌陷坑（洞）的一种地质现象。当这种现象发生在有人类活动的地区时，便可能成为一种地质灾害。地面塌陷的形成原因中，以人为因素引起的岩溶塌陷和采空塌陷最为常见。

（5）地裂缝。地裂缝是地表岩、土体在自然或人为因素作用下产生开裂，并在地面形成裂缝的地质现象。如果这种地质现象发生在有人类活动的地区，则可能会对人类生产与生活构成危害，称之为地裂缝灾害。

（6）地面沉降。地面沉降又称为地面下沉或地陷，它是在人类工程经济活动影响下，由于地下松散地层固结压缩，导致地壳表面标高降低的一种局部的下降运动（或工程地质现象）。

11.2.6　地质灾害防治

地质灾害防治是指对不良地质现象进行评估，通过有效的地质工程技术手段，改变这些地质灾害产生的过程，以达到防止或减轻灾害发生的目的。地质灾害防治工作，实行预防为主、避让与治理相结合的方针，按照以防为主、防治结合、全面规划、综合治理的原则进行。

11.2.6.1　地质灾害评估

对于已经发生的地质灾害，地质灾害评估的基本方法和主要内容是调查地质灾害活动规模，统计地质灾害对人口、财产以及资源、环境的破坏程度，核算地质灾害直接经济损失与间接经济损失，评定地质灾害等级。对于有发生可能但尚未发生的地质灾害，地质灾害评估是预测评价地质灾害的可能程度，对此有人称之为地质灾害风险评估或地质灾害风险评价。其基本内容和步骤是：首先分析评价地质灾害活动的危险程度和地质灾害危险区受灾体的可能破坏程度，即地质灾害的危险性评价和灾害区的易损性评价，在此基础上进一步分析预测地质灾害的预期损失，即进行地质灾害的破坏损失评价。地质灾害评估的基本目的是通过单项指标或综合指标定量化反映地质灾害的主要特点和破坏损失程度，为规划、部署和实施地质灾害防治工作提供依据。地质灾害危险性评估包括下列内容：

（1）阐明工程建设区和规划区的地质环境条件基本特征。

（2）分析论证工程建设区和规划区各种地质灾害的危险性，进行现状评估、预测评估和综合评估。

（3）提出防治地质灾害措施与建议，并做出建设场地适宜性评价结论。

11.2.6.2 地质灾害勘察

地质灾害勘查是用专业技术方法调查分析地质灾害状况和形成发展条件的各项工作的总称，主要调查了解灾区地质灾害分布情况、形成条件、活动历史与变化特点，灾区社会经济条件、受灾人口和受灾财产数量、分布及抗灾能力；地质灾害防治途径、措施及其可行性。地质灾害勘查的目的是为评价与防治地质灾害提供基础依据。

11.2.6.3 地质灾害监测

地质灾害监测就是运用各种技术和方法，测量、监视地质灾害活动以及各种诱发因素动态变化，它是预测地质灾害的重要依据，是减灾防灾的重要内容。地质灾害监测的中心环节是通过直接观察和仪器测量记录地质灾害发生前各种前兆现象的变化过程和地质灾害发生后的活动过程。此外，地质灾害监测还包括对影响地质灾害形成与发展的各种动力因素的观测。地质灾害监测方法主要有卫星与遥感监测；地面、地下、水面、水下直接观测与仪器台网监测。

地质灾害监测的主要目的是：查明灾害体的变形特征，为防治工程设计提供依据；施工安全监测，保障施工安全；防治工程效果监测；对不宜处理或十分危险的灾害体，监测其动态，及时报警，防止造成人员伤亡和重大经济损失。

11.2.6.4 地质灾害治理

滑坡、崩塌、泥石流在地质灾害中是发生数量最多、造成危害最严重的灾种，有效地减轻其对人类生命财产的威胁，最大限度地减少灾害损失，常对这三类地质灾害采取工程措施进行防治，主要工程措施如下：

A 崩塌灾害防治的工程措施

（1）拦挡。对中、小型崩塌可修筑遮挡建筑物或拦截建筑物。拦截建筑物有落石平台、落石槽、拦石堤或拦石墙等，遮挡建筑物有明洞、棚洞等。

在危岩带下的斜坡上，大致沿等高线修建拦石堤兼挡土墙，既可拦截上方危岩掉落石块，又可保护堆积层斜坡的相对稳定状态，对危岩下部也可起到反压保护作用。

（2）支撑与坡面防护。支撑是指对悬于上方、可能拉断坠落的悬臂状或拱桥状等危岩采用墩、柱、墙或其组合形式支撑加固，以达到治理危岩的目的。

对危险块体连片分布，并存在软弱夹层或软弱结构面的危岩区，首先清除部分松动块体，修建条石护壁支撑墙保护斜坡坡面。

（3）锚固。板状、柱状和倒锥状危岩体极易发生崩塌错落，利用预应力锚杆（索）

可对其进行加固处理，防止崩塌的发生。锚固措施可使临空面附近的岩体裂缝宽度减小，提高岩体的完整性。因此，锚杆（索）是一种重要的斜坡加固措施。该方法适用于危岩体上部的加固。

（4）灌浆加固。固结灌浆可增强岩石完整性和岩体强度。经验表明，水泥灌浆加固可使岩体抗拉强度提高 0.1MPa，相当于安全系数提高 50% 以上。在施工顺序上，一般先进行锚固，再逐段灌浆加固。

（5）疏干岸坡与排水防渗。通过修建地表排水系统，将降雨产生的径流拦截汇集，利用排水沟排出坡外。对于滑坡体中的地下水，可利用排水孔将地下水排出，从而减小孔隙水压力、减低地下水对滑坡岩土体的软化作用。

（6）削坡与清除。削坡减载是指对危岩或滑坡体上部削坡，减轻上部荷载，增加危岩体和滑坡体的稳定性。对规模小、危险程度高的危岩体可采用爆破或手工方法进行清除，彻底消除崩塌隐患，防止造成危害。削坡减载的费用比锚固和灌浆的费用要小得多。但削坡减载有时会对斜坡下方的建筑物造成一定损害，同时也破坏了自然景观。

（7）软基加固。保护和加固软基是崩塌防治工作中十分重要的一环。对于陡崖、悬崖和危岩下裸露的泥岩基座，在一定范围内喷浆护壁可防止进一步风化，同时增加软基的强度。若软基已形成风化槽，应根据其深浅采用嵌补或支撑方式进行加固。

（8）线路绕避。对可能发生大规模崩塌的地段，即使是采用坚固的建筑物，也经受不了大型崩塌的破坏，故铁路或公路必须设法绕避。根据当地的具体情况，或绕到河谷对岩、远离崩塌体，或移至稳定山体内以隧道通过。

（9）加固山坡和路堑边坡。在临近道路路基的上方，如有悬空的危岩或体积巨大的危石威胁行车安全，则应采用修筑与地形相适应的支护、支顶等支撑建筑，或是用锚固方法予以加固；对深凹的坡面须进行嵌补，对危险裂缝应进行灌浆处理。

B　滑坡灾害防治的工程措施

（1）排除地表水和地下水。滑坡滑动多与地表水或地下水活动有关。因此在滑坡防治中往往要设法排除地表水和地下水，避免地表水渗入滑体，减少地表水对滑坡岩土体的冲蚀和地下水对滑体的浮托，提高滑带土的抗剪强度和滑坡的整体稳定性。

地表排水的目的是拦截滑坡范围以外的地表水使其不能流入滑体，同时还要设法使滑体范围内的地表水流出滑体范围。地表排水工程可采用截水沟和排水沟等。

排除地下水是指通过地下建筑物拦截、疏干地下水，降低地下水位，防止或减少地下水对滑坡的影响。根据地下水的类型、埋藏条件和工程的施工条件，可采用的地下排水工程有：截水盲沟、支撑盲沟、边坡渗沟、排水隧洞以及设有水平管道的垂直渗井、水平钻孔群和渗管疏干等。

（2）减重与加载。通过削方减载或填方加载方式来改变滑体的力学平衡条件，也可以达到治理滑坡的目的。但这种措施只有在滑坡的抗滑地段加载，主滑地段或牵引地段减重才有效果。

如果滑坡的滑动方式为推动式，并具有上陡下缓的滑动面，采取后部主滑地段和牵引地段减重的治理方法可起到治理滑坡的作用。减重时需经过滑坡推力计算，求出沿各滑动面的推力，才能判断各段滑体的稳定性。减重不当，不但不能稳定滑坡，还会加剧滑坡的发展。

加载，即在滑坡前部或滑坡剪出口附近填方压脚，以增大滑坡抗滑段的抗滑能力。采用此项措施的前提条件是滑坡前缘必须有抗滑地段存在。与减重一样，滑坡前部加载也要经过精确计算，才能达到稳定滑坡的目的。

（3）抗滑挡土墙。抗滑挡土墙工程破坏山体平衡小，稳定滑坡收效快，是滑坡整治中经常采用的一种有效措施。对于中小型滑坡可以单独采用，对于大型复杂滑坡，抗滑挡土墙可作为综合措施的一部分。设置抗滑挡土墙时必须弄清滑坡滑动范围、滑动面层数及位置和推力方向及大小等，并要查清挡墙基底的情况，否则会造成挡墙变形，甚至挡墙随滑坡滑动，造成工程失效。

（4）锚索。锚索是通过外端固定于坡面，另一端锚固在滑动面以内的稳定岩体中穿过边坡滑动面的预应力钢绞线，直接在滑面上产生抗滑阻力，增大抗滑摩擦阻力，使结构面处于压紧状态，以提高边坡岩体的整体性，从而从根本上改善岩体的力学性能，有效地控制岩体的位移，促使其稳定，达到整治顺层、滑坡及危岩、危石的目的。

（5）抗滑桩。抗滑桩是以桩作为抵抗滑坡滑动的工程，抗滑桩是在滑体和滑床间打入若干大尺寸锚固桩并使两者成为一体，从而起到抗滑作用，所以又称锚固桩。桩的材料有木桩、钢板桩、钢筋混凝土桩等。近年来，抗滑桩已成为滑坡整治的一种关键工程措施，并取得了良好的效果。

（6）微型桩。微型桩指直径小于300mm、长细比大于30的插入桩或灌注桩，其桩径较小，可以达到很大的深度，穿过各种岩石和障碍物，甚至可以做到任何斜度；因其配筋量很大，可承受弯曲应力，而位移很小；施工时震动、地面扰动和噪音小，既能用于地下水位以上，也能用于地下水位以下，并能在困难的条件下进行安设；在场地狭窄、出入困难、环境和工作条件较差的情况下，显示出明显的优点。

（7）护坡工程。护坡工程主要是指对滑坡坡面的加固处理，目的是防止地表水冲刷和渗入坡体。对于黄土和膨胀土滑坡，坡面加固护理较为有效。具体方法有混凝土方格骨架护坡和浆砌片石护坡。在混凝土方格骨架护坡的方格内铺种草皮，不仅绿化，更可起到防冲刷作用。

（8）绕避。绕避属于预防措施而非治理措施。对于大型滑坡或滑坡群的防治，由于工程难度大，防治工程造价高，工期长，有时不得不采取绕避的方式来预防滑坡灾害。

（9）其他措施。针对滑带土的不良工程性质，通过提高滑带土强度的方法防止滑坡滑动。这种方法包括钻孔爆破、焙烧、化学加固和电渗排水等。从理论上来说，这些方法是可行的，但由于技术和经济方面的原因，在实践中还很少应用。

C 泥石流灾害防治的工程措施

（1）跨越工程。在泥石流沟上方修筑桥梁、涵洞跨越避险工程，使泥石流有排泄通道，又能保证道路的畅通。

（2）穿越工程。在泥石流下方修筑隧道、明硐和渡槽的穿越工程，使泥石流从上方排泄，下方交通不受影响。这是通过泥石流地区的又一种主要工程形式，对于隧道、明洞和渡槽设计的选择，总的原则是因地制宜。

（3）防护工程。对泥石流地区的桥梁、隧道、路基及重要工程设施修筑护坡、挡墙、顺坝和丁坝等防护工程，从而抵御泥石流的冲刷、冲击、侧蚀和淤埋等危害。

（4）排导工程。修筑导流堤、急流槽、束流堤等排导工程，改善泥石流流势、增大桥梁等建筑物的排泄能力。

（5）拦挡工程。修筑拦砂坝、固床坝、储淤场、支挡工程、截洪工程等拦挡工程，控制泥石流的固体物质和雨洪径流，削弱泥石流的流量、下泄量和能量，以减缓泥石流的冲刷、撞击和淤埋等危害。

对于防治泥石流的工程措施，常须采取多种措施结合应用。最常见的有拦碴坝与急流槽相结合的拦排工程，导流堤、拦砂坝和急流槽相结合的拦排工程，拦砂坝、急流槽和渡槽相结合的明洞（或渡槽）工程等。防护工程也常与其他工程配合应用。多种工程措施配合使用，比单纯采用某一种工程措施要更为有效，也更为经济合理。

防治地质灾害，除上述工程措施外，还要加强灾害监测，有效地进行灾害预测预报，最大限度地减少灾害损失，并且合理保护和治理各个区域的地质自然环境，以削弱灾害活动的基础条件。其基本途径是根据区域条件，科学地进行资源开发和工程建设活动，特别注意合理利用资源，避免过度开发。在山区应广泛植树造林，治山治水，宜农则农，宜牧则牧，宜林则林，涵养水土，防治水土流失；在城镇和沿海地区，也应注意合理开发利用水资源，量入为出，以保持地下水动态平衡。只有这样，才能从根本上消除地质灾害，确保人民生命财产安全，保证资源的合理利用，维持国民经济的可持续发展。

11.3　工程检测及加固

现代建筑结构设计和施工中，建筑结构工程的安全、可靠是建筑工程的头等大事。建筑物在规定的时间内，在规定的条件下，即正常设计、正常施工、正常使用和维护的条件下，应满足安全性，适用性和耐久性的要求。在需要对建筑物的施工质量进行评定时，或当建筑物由于某种原因不能满足某项功能的要求或对满足某项功能的要求产生怀疑时，就需要对建筑物的整体结构、结构的某一部分或某些构件进行检测。当判定被检结构存在安全隐患时，就应该对其进行加固处理，或者拆除。

11.3.1　建筑结构检测

建筑结构检测技术是以相应现行规范为根据、以实验为技术手段，测量能反映结构或构件实际工作性能的有关参数，为判断结构的承载能力和安全储备提供重要依据。建筑结构检测不仅对新建工程安全性能的评定起重要作用，而且对于危旧房屋的更新改造、古建筑和受损结构的加固修复等提供直接的技术参数。

结构检测工作包括的内容比较多，一般有结构材料的力学性能检测、结构的构造措施检测、结构构件尺寸检测、钢筋位置及直径检测、结构及构件的开裂和变形情况检测及结构性能实荷检测等。按所检的结构种类把建筑结构检测方法分为：混凝土结构检测包括结构性能实荷检测、混凝土强度回弹法、超声波法、超声回弹综合法、取芯法、拉拔法；砌体结构检测包括轴压法、扁顶法、原位单剪法、原位单砖双剪法、推出法、筒压法、砂浆片剪切法，回弹法、点荷法、射钉法；钢结构检测包括结构性能实荷检测与动测、超声波无损检测、射线检测、涡流检测、磁粉检测、涂层厚度检测、钢材锈蚀检测和钢-混凝土组合结构检测包括钢管混凝土的强度与缺陷检测等。

对某些结构或构件为获得其结构整体受力性能或构件承载力、刚度或抗裂性能，可进行结构或构件的整体性能的静力实荷检验。对某些重要建筑和大型的公共建筑还可进行结构的动力测试。其中，静力实荷检验可分为使用性能检验、承载力检验和破坏性检验。使用性能的检验主要用于验证结构或构件在规定荷的作用下不出现过大的变形和损伤，结构或构件经过检测后还必须满足正常使用要求；承载力检验主要用于验证结构或构件的设计承载力；破坏性检验主要用于确定结构或模型的实际承载力。

11.3.2 建筑结构加固

当通过对结构进行检测判定被检结构存在安全隐患时或不能满足某项功能的要求时，就需要对建筑物的整体结构、结构的某一部分或某些构件进行加固处理，以消除安全隐患并满足其功能要求。常用的加固方法有以下几种：

（1）加大截面加固法。加大截面加固法是在钢筋混凝土构件外部外包混凝土（通常是在钢筋混凝土受弯构件受压区增加混凝土现浇层，受拉区增加配筋量），增大构件截面积和配筋量，增加截面有效高度，从而提高构件正截面抗弯、斜截面抗剪能力和截面刚度，起到加固补强的作用。

（2）置换混凝土加固法。该法是剔除部分陈旧的混凝土，置换成新的混凝土，新混凝土的强度等级应比原结构、构件提高一级，且不得低于C20级。比较适用于钢筋混凝土构件的局部加强处理，有时也用于受压区混凝土强度偏低或有严重缺陷的梁、柱等钢筋混凝土结构构件的加固。

（3）粘结外包钢加固法。粘结外包型钢加固法是把型钢（钢板）包在被加固构件的外边，即采用环氧树脂化灌浆等方法把型钢与被加固钢筋混凝土构件粘结成一整体，使钢材与原构件整体工作共同受力。加固后的构件，由于受拉、受压区钢材截面积增大，从而正截面承载力和截面刚度都有大幅度提高。该方法常用干柱、桁架、梁和一般钢筋混凝土结构物的加固，特别是构件加固后不允许显著增大原构件截面尺寸，但又要求大幅度提高构件承载能力的钢筋混凝土构件。

（4）粘贴纤维增强塑料加固法。外贴纤维加固是用特制胶结材料把纤维增强复合材料贴于被加固构件的相应区域，使它与被加固构件截面共同工作，达到提高构件承载能力的目的。目前常用粘贴碳纤维复合材料的方法来加固。此法可用于各种受力性质的钢筋混凝土构件和一般构筑物构件。

（5）绕丝加固法。直接在构件外饶上高强钢丝（钢绞线），该方法的优缺点与加大截面法相近。适用于混凝土结构构件斜截面承载力不足的加固，或需要对受压构件施加横向约束力的场合。在加固防腐要求较高的构件时，利用镀锌钢绞线和防腐砂浆组成的复合材料对混凝土构件进行加固补强，两种材料在加固中起着不同的作用，防腐高强钢丝起到抱箍的作用，防腐砂浆起到锚固钢丝和保护层作用，使其共同工作整体受力，以提高构件的承载力。这种方法实际是一种体外配筋，通过提高构件的配筋率，从而相应提高构件的承载能力，所以被广泛地应用在钢筋混凝土建筑物的加固处理及水中钢筋混凝土结构的防渗漏、防腐蚀加固处理。

（6）增设支承加固法。增设支承加固法是在需要加固的结构构件中增设支承，减少受弯构件的计算跨度，从而减少作用在被加固构件上的荷载效应，达到提高结构构件承载力水平的目的。常用于对使用条件和外观要求不高的场所。该法简单可靠，受力明确，易拆卸，易恢复原貌。但是，严重损害原建筑物的原貌和使用空间，所以要用在具体条件许可的钢筋混凝土结构加固上。

（7）预应力加固法。该法是一种采用外加预应力钢拉杆（分水平拉杆、下撑式拉杆和组合式拉杆）或撑杆，对结构进行加固的方法。预应力加固法广泛用于混凝土梁、板等受弯构件以及混凝土柱（用预应力顶撑加固）的加固，具有广泛的应用前景。该法加固效果好而且费用低，但增加了施加预应力的工序和设备。

思 考 题

11－1　地震灾害的特点是什么，其影响因素有哪些？

11－2　地震的直接灾害和次生灾害分别有哪些？

11－3　常见的地质灾害包括哪些，各有什么特点？

11－4　引发地质灾害的主要人为因素有哪些？

11－5　滑坡灾害防治的工程措施主要有哪些？

11－6　建筑结构加固的常用方法有哪些？

参 考 文 献

[1] 刘光忱. 土木建筑工程概论 [M]. 4 版. 大连：大连理工大学出版社，1999.

[2] 陕西省建筑设计研究院编. 建筑材料手册 [M]. 4 版. 北京：中国建筑工业出版社，2004.

[3] 郭玉起. 建筑材料 [M]. 2 版. 北京：水利水电出版社，2011.

[4] 西安建筑科技大学等. 建筑材料 [M]. 3 版. 北京：中国建筑工业出版社，2004.

[5] 洪向道. 新编常用建筑材料手册 [M]. 2 版. 北京：中国建材工业出版社，2010.

[6] 叶跃忠. 建筑材料 [M]. 2 版. 成都：西南交通大学出版社，2010.

[7] 施惠生，郭晓潞. 土木工程材料 [M]. 重庆：重庆大学出版社，2011.

[8] 吴科如，张雄. 土木工程材料 [M]. 2 版. 上海：同济大学出版社，2008.

[9] 湖南大学等. 土木工程材料 [M]. 2 版. 北京：中国建筑工业出版社，2011.

[10] 朋改飞. 土木工程材料 [M]. 2 版. 武汉：华中科技大学出版社，2013.

[11] 柯国军. 土木工程材料 [M]. 2 版. 北京：北京大学出版社，2012.

[12] 孔宪明. 建筑与道路工程材料手册 [M]. 北京：中国标准出版社，2010.

[13] 姜志青. 道路建筑材料 [M]. 4 版. 北京：人民交通出版社，2013.

[14] 李亚杰，方坤河. 建筑材料 [M]. 6 版. 北京：水利水电出版社，2009.

[15] 魏鸿汉. 建筑材料 [M]. 4 版. 北京：中国建筑工业出版社，2012.

[16] 李崇智，周文娟. 建筑材料 [M]. 北京：清华大学出版社，2014.

[17] 孙刚，张丽华. 建筑工程概论 [M]. 北京：科学出版社，2005.

[18] 商如斌. 建筑工程概论 [M]. 天津：天津大学出版，2010.

[19] 颜高峰. 建筑工程概论 [M]. 北京：人民交通出版社，2008.

[20] 任福田. 交通工程学 [M]. 2 版，北京：人民交通出版社，2008.

[21] 刁心宏，李明华. 城市轨道交通概论 [M]. 北京：中国铁道出版社，2009.

[22] 交通运输部公路局，中交第一公路勘察设计研究院有限公司. JTG B01—2014 公路工程技术标准 [S]. 北京：人民交通出版社，2014.

[23] 中交公路规划设计院有限公司. JTG D63—2007 公路桥涵地基与基础设计规范 [S]. 北京：人民交通出版社，2007.

[24] 李晓江.《城市轨道交通技术规范》实施指南 [M]. 北京：中国建筑工业出版社，2009.

[25] 张庆贺，等. 地铁与轻轨 [M]. 北京：人民交通出版社，2001.

[26] 张新天，罗晓辉. 道路工程 [M]. 北京：中国水利水电出版社，2001.

[27] 杨少伟. 道路勘测设计 [M]. 2 版. 北京：人民交通出版社，2004.

[28] 龚晓南. 高等级公路地基处理设计指南 [M]. 北京：人民交通出版社，2005.

[29] 沈耀良，汪家权. 环境工程概论 [M]. 北京：中国建筑工业出版社，2000.

[30] 周国强. 环境影响评价 [M]. 2 版. 武汉：武汉理工大学出版社，2009.

[31] A·H·尼尔逊. 混凝土结构设计 [M]. 12 版. 北京：中国建筑工业出版社，2003.

[32] 王春生. 路基路面工程 [M]. 北京：人民交通出版社，2007.

[33] 铁道部第一勘察设计院. 铁路工程设计技术手册·路基（修订版）[M]. 北京：中国铁道出版社，1995.

[34] 铁道部第一勘察设计院. 铁路工程设计技术手册·线路（修订版）[M]. 北京：中国铁道出版社，1994.

[35] 吴志强，李德华. 城市规划原理 [M]. 4 版. 北京：中国建筑工业出版社，2010.

[36] 张彦法，陈尧隆，刘景翼. 水利工程 [M]. 北京：水利水电出版社，1993.

[37] 陈尧隆，陈德亮，夏富洲. 水工建筑物 [M]. 5 版. 北京：水利水电出版社，2008.

[38] 陈胜宏．水工建筑物［M］．北京：水利水电出版社，2014．

[39] 颜宏亮．水工建筑物［M］．北京：水利水电出版社，2012．

[40] 林益才．水工建筑物［M］．北京：水利水电出版社，1997．

[41] 陈诚，温国利．重力坝设计与施工［M］．北京：水利水电出版社，2011．

[42] 华东水利学院，水工设计手册·第一卷·基础理论［M］．北京：水利电力出版社，1983．

[43] 华东水利学院，水工设计手册·第二卷·地质·水文·建筑材料［M］．北京：水利电力出版社，1983．

[44] 华东水利学院，水工设计手册·第四卷·土石坝［M］．北京：水利电力出版社，1983．

[45] 华东水利学院，水工设计手册·第五卷·混凝土坝［M］．北京：水利电力出版社，1983．

[46] 华东水利学院，水工设计手册·第六卷·泄水与过坝建筑物［M］．北京：水利电力出版社，1983．

[47] 华东水利学院，水工设计手册·第七卷·水电站建筑物［M］．北京：水利电力出版社，1983．

[48] 王琳．固体废物处理与处置［M］．北京：科学出版社，2014．

[49] 闫波．环境工程土建概论［M］．哈尔滨：哈尔滨工业大学出版社，2002．

[50] 潘懋，李铁锋．环境地质学［M］．北京：高等教育出版社，2003．

[51] 李国鼎，等．环境工程手册-2 固体废物污染防治卷［M］．北京：高等教育出版社，2003．

[52] 杨国清．固体废物处理工程［M］．北京：科学出版社，2000．

[53] Integrated Solid Waste Management—Engineering Principles Management Issuse（固体废物的全过程管理—工程原理及管理问题）．影印版［M］．北京：清华大学出版社，2000．

[54] 丁大钧，蒋永生．土木工程概论［M］．3 版．北京：中国建筑工业出版社，2010．

[55] 董羡，黄林青．土木工程概论［M］．北京：水利水电出版社，2011．

[56] 刘伯权．土木工程概论［M］．北京：科学出版社，2009．

[57] 李毅，王林．土木工程概论［M］．武汉：华中科技大学出版社，2008．

[58] 易成．土木工程概论［M］．2 版．北京：中国建筑工业出版社，2013．

[59] 崔京浩．新编土木工程概论—伟大的土木工程［M］．北京：清华大学出版社，2013．

[60] 刘光忱．土木建筑工程概论［M］．大连：大连理工大学出版社，2008．

[61] 段树金，向中富，何若全．土木工程概论［M］．重庆：重庆大学出版社，2012．

[62]【澳】Henry J. Cowan．建筑结构力学［M］．易钟煌，余美茵，吴向等译．北京：高等教育出版社，1992．

[63] 郑力鹏．中国古代建筑防风灾的历史经验与措施［J］．古建园林技术，1991(3)(4)，1992 (1)．

[64] 贺少辉．地下工程［M］．北京：清华大学出版社，北京交通大学出版社，2008．

[65] 张道真．地下室防水设计的几点意见［J］．中国建筑防水，2001 (5)：11～14．

[66] Wiberg L. Mapping and classification of the stability conditions within clay areas ［J］. Swedish geotechnical institute, 1982, Report No. 15：134, Linkoping.

[67] Bjurstrom G. Grundvattenytans nivaforandringar konsekvenser fran geoteknisk synpunk ［R］. 1977, BFR, report T2：148, Stockholm.

[68] Bessel D, Woudt V, Hagen R M. Crop responses at excessively high soil moisture levels ［J］. In：Luthin J. (ed) Drainage of agricultural lands, American society of agronomy, Publisher madison, Wisconsin, 1957.

[69] 彭丽敏，王薇，余俊．地下建筑规划与设计［M］．长沙：中南大学出版社，2012．

[70] 朱建明，王树理，张忠苗．地下空间设计与实践［M］．北京：中国建材工业出版社，2007．

[71]［美］吉迪恩·S·格兰尼，［日］尾岛俊雄著，许方，于海漪译．城市地下空间设计［M］．北京：中国建筑工业出版社，2005．

[72] 王文卿．城市地下空间规划与设计［M］．南京：东南大学出版社，2000．

[73] 图鸿宾，张金彪，那允伟．地下世界［M］．北京：人民交通出版社，2003.

[74] 关宝树，杨其新．地下工程概论［M］．成都：西南交通大学出版社，2001.

[75] 门玉明，王启耀．地下建筑结构．北京：人民交通出版社，2007.

[76] 门玉明，等，地下建筑工程［M］．北京：冶金工业出版社，2014.

[77] 朱合华，张子新，廖少明．地下建筑结构［M］．北京：中国建筑工业出版社，2005.

[78] 毛鹤琴．土木工程施工［M］．武汉：武汉理工大学出版社，2007.

[79] 周传波，等．地下建筑工程施工技术［M］．北京：人民交通出版社，2008.

[80] 贺永年，刘志强．隧道工程［M］．北京：中国矿业大学出版社，2002.

[81] 李志业，曾艳华．地下结构设计原理与方法［M］．成都：西南交通大学出版社，2003.

[82] 贺少辉．地下工程［M］．北京：清华大学出版社，北京交通大学出版社，2008.

[83] 铁道部第二勘测设计院．铁路工程设计技术手册·隧道（修订版）［M］．北京：中国铁道出版社，1999.

[84] 郑永来，杨林德，李文艺，周健．地下结构抗震［M］．上海：同济大学出版社，2005.

[85] 朱永全，宋玉香．地下铁道［M］．北京：中国铁道出版社，2012.

[86] 王树理．地下建筑结构设计［M］．2 版．北京：清华大学出版社，2009.

[87] 沈春林，等．地下防水设计与施工［M］．北京：化学工业出版社，2006.

[88] 彭立敏，刘小兵．交通隧道工程［M］．长沙：中南大学出版社，2003.

[89] 荆万魁．工程建筑概论［M］．北京：地质出版社，1993.

[90] 耿永常．地下空间建筑与防护结构［M］．哈尔滨：哈尔滨工业大学出版社，2005.

[91] 施仲衡．地下铁道设计与施工［M］．西安：陕西科学技术出版社，1997.

[92] 范立础，等．桥梁工程［M］．2 版．北京：人民交通出版社，2012.

[93] 陈政清．桥梁风工程［M］．北京：人民交通出版社，2005.

[94] 周景星．基础工程［M］．3 版．北京：清华大学出版社，2015.

[95] 应惠清．土木工程施工［M］．2 版．上海：同济大学出版社，2007.

[96] 《工程地质手册》编委会，工程地质手册［M］．4 版．北京：中国建筑工业出版社，2007.

[97] 孙妙芳．建筑设备［M］．上海：同济大学出版社，2004.

[98] 李钰．建筑施工安全［M］．北京：中国建筑工业出版社，2009.

冶金工业出版社部分图书推荐

书　名	作　者	定价（元）
冶金建设工程	李慧民　主编	35.00
土木工程安全检测、鉴定、加固修复案例分析	孟　海　等著	68.00
历史老城区保护传承规划设计	李　勤　等著	79.00
老旧街区绿色重构安全规划	李　勤　等著	99.00
建筑工程经济与项目管理（第2版）（本科教材）	李慧民　主编	39.00
地下结构设计原理（本科教材）	胡志平　主编	46.00
高层建筑基础工程设计原理（本科教材）	胡志平　主编	45.00
工程经济学（本科教材）	徐　蓉　主编	30.00
工程造价管理（第2版）（本科教材）	高　辉　主编	55.00
岩土工程测试技术（第2版）（本科教材）	沈　扬　主编	68.50
现代建筑设备工程（第2版）（本科教材）	郑庆红　等编	59.00
土木工程材料（第2版）（本科教材）	廖国胜　主编	43.00
混凝土及砌体结构（本科教材）	王社良　主编	41.00
工程结构抗震（本科教材）	王社良　主编	45.00
工程地质学（本科教材）	张　荫　主编	32.00
建筑结构（本科教材）	高向玲　编著	39.00
土力学地基基础（本科教材）	韩晓雷　主编	36.00
建筑安装工程造价（本科教材）	肖作义　主编	45.00
高层建筑结构设计（第2版）（本科教材）	谭文辉　主编	39.00
土木工程施工组织（本科教材）	蒋红妍　主编	26.00
施工企业会计（第2版）（国规教材）	朱宾梅　主编	46.00
土木工程概论（第2版）（本科教材）	胡长明　主编	32.00
土力学与基础工程（本科教材）	冯志焱　主编	28.00
建筑装饰工程概预算（本科教材）	卢成江　主编	32.00
支挡结构设计（本科教材）	汪班桥　主编	30.00
建筑概论（本科教材）	张　亮　主编	35.00
Soil Mechanics（土力学）（本科教材）	缪林昌　主编	25.00
SAP2000结构工程案例分析	陈昌宏　主编	25.00
理论力学（本科教材）	刘俊卿　主编	35.00
岩石力学（高职高专教材）	杨建中　主编	26.00
建筑设备（高职高专教材）	郑敏丽　主编	25.00
建筑施工企业安全评价操作实务	张　超　主编	56.00
现行冶金工程施工标准汇编（上册）		248.00
现行冶金工程施工标准汇编（下册）		248.00